U0454758

湖南省新闻出版基金重点图书资助项目
湖南大学出版社赫曦学术出版基金资助项目

海底钻机系统
原理与关键技术

万步炎 著

湖南大学出版社
·长沙·

图书在版编目（CIP）数据

海底钻机系统原理与关键技术/万步炎著.--长沙：
湖南大学出版社，2024.12. --ISBN 978-7-5667-3910
-0

Ⅰ. TE951；TE922

中国国家版本馆CIP数据核字第20241LW577号

海底钻机系统原理与关键技术
HAIDI ZUANJI XITONG YUANLI YU GUANJIAN JISHU

著　　者：万步炎

策划编辑：罗红红　刘　锋　黎　镔

责任编辑：黎　镔　罗红红　尹　磊

印　　装：长沙新湘诚印刷有限公司

开　　本：787 mm×1092 mm　　1/16　　印　张：21　　字　数：401千字

版　　次：2024年12月第1版　　　　　　印　次：2024年12月第1次印刷

书　　号：ISBN 978-7-5667-3910-0

定　　价：158.00元

出 版 人：李文邦

出版发行：湖南大学出版社

社　　址：湖南·长沙·岳麓山　　　　　邮　编：410082

电　　话：0731-88822559（营销部）　　88821174（编辑部）　　88821006（出版部）

传　　真：0731-88822264（总编室）

网　　址：http：//press.hnu.edu.cn

版权所有，盗版必究

图书凡有印装差错，请与营销部联系

前言

　　海洋作为地表上最为广袤的区域，是生命起源地和成长的摇篮，同时蕴藏着丰富的能源、矿产和生物资源。海洋地质钻探作为一种探索海洋海底地层深处奥秘的关键技术手段，通过获取海底地层深处岩石、沉积物等样品，为深入了解海洋的地质结构和演变历史、开发利用海底矿产资源、开展海洋民用和军事工程建设活动等提供宝贵的数据和依据，在认识海洋、开发海洋、建设海洋等方面发挥着不可替代的作用。目前，深海地质钻探主要有钻探船和海底钻机两类技术。钻探船作为依托船体的海洋地质钻探装备，是最早采用的海洋地质钻探装备，已有近百年的发展历史，至今仍然引领着全球性的综合大洋钻探计划（International Ocean Discovery Program，IODP），追逐着率先从海洋穿透地壳抵达地幔的科学梦想。海底钻机是 40 年前才出现的海洋地质钻探装备，其作业方式是通过铠装脐带缆将钻机从所搭载的母船上布放至海底，依靠远程遥控钻机的方式直接在海底进行钻探作业，具有作业效率高、成本低和机动性强等优势，已成为最具发展潜力的深海地质钻探技术之一。

　　作者及其团队成员长期致力于深海地质钻探技术与装备的研究与开发工作，主持研发了国内全系列海底钻机及深海底地质钻探工艺技术，推动了我国海底钻机从无到有，从跟跑到并跑、领跑的跨越式发展。20 世纪 90 年代起，作者团队从零开始，于2003 年成功研发了我国首台海底浅孔钻机，实现了我国海底钻机技术零的突破；于2010 年成功研制了海底中深孔钻机，为我国在公海大洋"跑马圈地"提供了关键的深海底地质钻探技术与装备；2015 年，成功研发了我国首台海底多用途钻机系统"海牛号"及高品质低扰动地质取芯工艺，实现了我国海底钻机技术从跟跑到并跑的跨越，解决了我国首个千亿方自营深水大气田"深海一号"海底工程地质勘察的燃眉之急；2021 年，成功研发出世界首台海底大孔深全孔全程保压取芯钻机系统"海牛Ⅱ号"及复杂地层自适应智能钻进取芯工艺，在南海 2000 多米深海海底成功钻进 231 米，刷新海底钻机海上实钻深度的世界纪录，实现了我国海底钻机技术从并跑到领跑的跨越，圆满完成我国东海全部、南海部分天然气水合物钻探任务。

本书是作者团队 30 余年来在海底钻机钻探领域研究与开发工作的系统总结。全书系统介绍海底钻机钻探系统的组成原理及其关键技术，共分为 8 章。首先，第 1 章"海洋地质钻探与海底钻机"主要介绍海底钻机钻探技术特点，系统阐述海底钻机的发展历程与趋势；然后分章介绍海底钻机钻探六项关键技术，包括液压动力技术、钻机动力头与钻管接卸技术、取芯工艺技术、遥测遥控技术、高压供变电技术和收放技术；最后，第 8 章"试验与工程应用"主要介绍实验室试验和海上试验过程，并展示一些海底钻机的工程应用场景。本书主要面向从事海洋矿产装备研发、水下作业设备运维、海洋地质勘探及大型装备设计制造领域的科技人员，还可以作为海洋机器人、地质工程和海洋技术等学科方向参考书，供高等学校教师和研究生使用。

在此，感谢科技部、自然资源部、国家自然科学基金委员会和湖南省相关部门等对本书涉及的研究与开发工作的长期支持；感谢湖南科技大学和合作单位长期以来的关心和支持；感谢海洋矿产资源探采装备与安全技术国家地方联合工程实验室、湖南科技大学机电工程学院、深海深地矿产资源开发技术与装备教育部工程研究中心的师生们在相关研究工作和书稿编写过程中的帮助和支持。目前，尚未见有文献对海底钻机系统原理与关键技术进行系统介绍，我希望通过这本书，吸引更多人的关注、支持，共同促进我国海洋地质钻探技术、海洋装备制造业快速发展。受限于个人水平与时间，书中或有不足之处；同时，为求内容全面，书中吸纳了国内外同行的研究成果，虽已列出主要参考文献，但难免有所遗漏，敬请谅解和指正。

著者

2024 年 7 月

目　录

第 1 章

海洋地质钻探与海底钻机

海洋是生命起源地和成长的摇篮，也是蕴藏丰富的资源宝库。随着人类社会的不断发展，人们认识海洋的兴趣更加浓厚，开发海洋的愿望更加急切，建设海洋的要求更加强烈。海洋地质钻探，作为探索海底地层深处奥秘的核心技术手段，通过精确钻取和分析海底岩石、沉积物等样本，能够有效获取宝贵的地质信息。这些信息为深入理解海洋地质结构、演变历史提供了重要依据，同时为海底矿产资源的开发利用及军事工程的建设活动奠定了坚实的数据基础。在认识海洋、开发海洋、建设海洋的进程中，海洋地质钻探发挥着不可替代的关键作用，成为推动海洋科学研究与海洋经济发展的重要力量。本章将从海洋地质钻探的角度出发，分析海底钻机与钻探船的技术特点，介绍海底钻机钻探系统的工作原理及其基本结构，系统阐述国内外海底钻机的发展历程与未来发展趋势。

1.1　海洋地质钻探

1.1.1　海洋地质钻探背景

全世界海洋总面积约为 3.61 亿 km^2，占地球表面积的 71%。海洋平均水深约为 3795 m，其中，太平洋是五大洋中面积最大、平均深度最深的一片海洋，平均深度约 3970 m，世界上已知的海洋最深处为位于太平洋的马里亚纳海沟，其深度约为 11034 m；大西洋平均深度约为 3627 m，最大深度约为 9218 m，位于波多黎各海沟内；印度洋平均深度约为 3897 m，最深处约为 9074 m，位于阿米兰特海沟；北冰洋平均深度约为 1225 m，最深处约为 5449 m，位于南森海盆。海洋地质钻探技术的发展，对于人类认识、开发、建设如此广阔与深邃的海洋具有非常重要的意义。

1.1.1.1　探索海洋奥秘与地球起源的钥匙

海洋是生命起源地和成长的摇篮，也是人类认知相对不足的领域。海洋地质钻探作为一种探索海底地层深处的关键手段，可以为人类揭示地球演化历史与生物多样性的演化规律。在揭示地球演化历史方面，通过分析钻探获取的沉积物和岩石样本，科学家推测出过去的气候变化、地壳演化和生物进化等重要过程。例如，对深海沉积物的分析可以还原过去几百万年甚至几亿年的地球气候变迁。这些研究成果不仅对于了解地球演化的机制和趋势有重要意义，还能为预测未来的气候变化和自然灾害提供科学依据。深海生态系统是生物圈的重要组成部分。在探索深海生物多样性方面，通过海洋地质钻探钻取深海微生物样本，有助于了解深海生态系统的组成和演化，发现新的物种和生物间的相互作用关系，并研究深海生物的适应性和生存策略。这对于维护深海生态系统的稳定性、保护深海生物资源以及探索新的生物技术应用都具有重要意义。在推动海洋科学研究的发展方面，海洋地质钻探不仅为海洋科学研究提供了丰富的数据和样本，还推动了相关技术和方法的进步。例如，深海钻探技术的发展使得科学家们能够探索到更深的海域，获取更多宝贵的信息和资源。同时，钻探过程中使用的定位系统、采样技术和传输系统等也为其他海洋科学研究提供了支持和借鉴。

1.1.1.2　开发海洋能源与矿产资源的重器

海洋蕴藏着丰富的能源、矿产和生物资源，是人类赖以生存与发展的物质基础。在陆地资源日趋紧张的当下，海洋资源的开发与利用成为世界各国竞争的热点。海洋地质钻探作为探索海洋深处的关键手段，可以为人类发现与利用能源和矿产资源提供依据。在确定资源类型及分布方面，通过海底地貌、地层特征、岩石组成等方面的研究，可以揭示海洋资源的类型和分布情况。例如，通过海洋地质钻探可以确定沉积物中的矿物质及其富集程度，进而发现具有经济价值的矿产资源，如石油、天然气和金属矿产等。同时，海洋地质钻探技术还可以帮助确认海底火山、沉积盆地等地质构造，从而为寻找与地质构造相关的资源提供线索。海洋地质钻探不仅有助于发现新的资源，还能评估资源开发的潜力和可持续性。通过对钻探获取的样本进行详细分析，科学家可以了解资源的品质、数量和分布特点，从而为资源的合理开发和利用提供科学依据。此外，海洋地质钻探还可以评估资源开发的潜在风险和对周边环境的影响，为环境保护和可持续发展提供重要参考。随着全球能源需求的不断增加，海洋能源的开发成为一个重要的方向。在促进海洋能源的开发方面，通过分析钻探获取的海底岩石和沉积物样本中的能源资源含量和分布特点，为海洋能源的开发提供科学依据。例如，在深海钻探中发现天然气水合物（可燃冰）等新型能源资源，为海洋能源的开发提供了新的方向和机遇。

1.1.1.3　海洋工程安全与可持续发展的保障

海洋作为地球上最为广袤的区域，是人类生存与活动不可或缺的场所，也是世界各国竞争的战略空间。海洋地质钻探作为探索海洋的关键手段，可以为海洋工程的安全与可持续发展提供保障。在海洋工程建设方面，通过钻探获取的海底地质数据，可以为海洋工程的设计、施工和监测提供关键信息。例如，在海底隧道、海底电缆和海上风电场等工程建设中，需要了解海底地形、地貌和地质构造等信息，以确保工程的安全和稳定。海洋地质钻探可以提供这些关键信息，为海洋工程的建设提供科学依据和技术支持。在海洋环境保护方面，通过分析钻探获取的海底沉积物和岩石样本，可以了解海洋污染物的来源、分布和迁移规律，为海洋环境保护提供科学依据。同时，钻探过程中获取的地球物理和地球化学数据，也可以为海洋环境监测和评估提供重要参考。这些信息有助于制定有效的海洋环境保护措施，促进海洋生态系统的健康和可持续发展。在海洋灾害预防方面，通过钻探获取的海底地质数据，可以了解海底地形、地貌和地质构造等信息，为海洋灾害的预防提供科学依据。例如，在海底滑坡、地震和海啸等灾害的预防中，海洋地质钻探可以提供海底地质构造和沉积物的稳定性等关键信息，为海洋灾害的预防提供技术支持和决策依据。

海洋地质钻探对于海洋科学研究、海洋资源开发和工程建设等方面具有重要意义，但其在实施过程中也面临着技术、经济、环境等诸多方面的挑战。第一，海洋地质钻探需要使用高精度的钻探设备和先进的技术方法。然而，目前对于深海钻探技术与装备的研究还相对不足，需要进一步创新和发展。第二，海洋地质钻探需要投入大量的人力、物力和财力资源。然而，这些资源往往受到限制，制约了海洋地质钻探的展开，特别是在一些发展中国家或地区。因此，需要合理规划和配置资源，提高钻探效率、降低钻探成本。第三，海洋地质钻探对海洋生态环境具有一定的影响。钻探过程中可能会产生噪声、振动和扰动、浊流，甚至废水等污染物，对海洋生态系统造成干扰和破坏。因此，在钻探过程中需要加强环境监测和管理，确保钻探活动对海洋生态环境的影响尽可能小；同时，还需要加强相关法律法规的制定和执行，促进海洋经济的可持续发展。第四，海洋地质钻探通常涉及跨界合作和资源共享，面临着国际合作方面的挑战。国际合作的难度较大，并且缺乏国际上统一的法律框架。这会增大海洋地质钻探的复杂性和挑战，并可能导致资源争端和冲突的发生。因此，需要加强国际合作中的交流，为跨界钻探项目提供更好的合作机制和法律框架；同时，还需要促进国际资源共享和信息交流，通过国际组织促进合作和解决潜在的冲突。

1.1.2　海洋地质钻探技术

海洋地质钻探是一种利用海上钻探船、海底钻机等专业钻探装备，以获取海底深部地层岩石样本与信息资料的钻探方法，是开展海洋特别是深海地质及环境科学研究，进行海洋矿产资源勘探和海底工程地质勘察所必需的关键技术。目前，海洋地质钻探装备主要有钻探船（包括钻井平台、钻井船）和海底钻机两类。

1.1.2.1　钻探船

钻探船作为依托船体的钻探装备，常用于勘探海底地质结构。船上设有井架、钻机及采样、化验等设备，以实现可移动的海上钻井作业。钻探船可分为地质取芯船与海洋石油钻探船，漂浮于水面，适用于深浅水作业。钻探船具备自航能力，具有移动灵活、适用范围广、自持力强及可搭载多样设备等优势。通常，井架设于船中央，以减少船体摇晃对钻井的影响。除移动式钻井外，钻探船还可搭载无人遥控潜水器（ROV）、自主水下航行器（AUV）及船上实验室等勘探设备。钻探船的作业模式通常分为两种：一种为隔水管钻探作业，另一种为无隔水管钻探作业。

图 1-1 为钻探船取芯作业示意图，其中展示了隔水管钻探与无隔水管钻探的特点。隔水管钻探作业指在海底防喷器与海上钻井船之间安装钻井隔水管，借此完成钻井液循环。这包括常规、高压及铝合金三种类型的隔水管钻探作业。常规类型应用最为广泛，其他两种类型质量更轻。隔水管钻探方式要求携带大量隔水管和浮力块，导致船体规模大、吨位高、成本高，采用这种钻探方式的钻探船有"决心号""地球号"等。无隔水管钻探又分为开式、

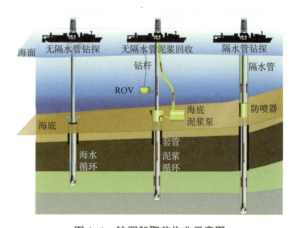

图 1-1　钻探船取芯作业示意图

泥浆闭式循环钻探两种模式，特点如下：①与隔水管钻探方式相比，无须配置隔水管和防喷器。②开式钻探常利用超前孔裸眼钻进法，单孔直达预定深度。③泥浆闭式循环钻探作业时，钻杆、泥浆管线、泥浆泵与海水直接接触，而泥浆管线与泥浆泵共同作用实现岩屑泥浆的循环输运。钻探船依靠船舶拥有的动力驱动钻机钻进和取样，钻探船结构庞大复杂，能够应对各种赋存条件、软硬程度的地层，钻进深度可达万米，但其作业受海况影响较大。

1.1.2.2 海底钻机

海底钻机是一种工作于海底的钻探装备，无须依托钻探船或钻井平台。海底钻机搭载在大型海洋科学考察船（母船）上，在指定钻探点的海面利用配套的铠装收放缆绞车系统布放至海底，然后操作人员从母船甲板进行遥测遥控，使海底钻机执行钻进取芯作业。海底钻机可以应对各种赋存条件、软硬程度的地层，钻进深度可以达到数百米，作业完成后，再将海底钻机回收至母船甲板（图 1-2）。与钻探船相比较，海底钻机钻探具有以下四个方面的优势：一是其钻探钻进过程、取芯作业都是在海底完成，大大节约了钻杆钻具、岩芯管穿过水体下放与回收的作业时间；二是海底钻机钻探作业几乎不受母船和海况的影响，取芯率较高；三是海底钻机便于母船搭载和支持，需要的操作和保障人员较少；四是母船可以同时支持其他作业任务，钻探取芯成本低。随着工作水深的增加，海底钻机的钻探技术优势愈加明显。实际上，海底钻机通常是针对深海环境设计的，其设计工作水深可达数千米。然而，即使在数百米的水深，海底钻机在效率和成本方面的技术优势已经十分突出。因此，海底钻机被视为深海钻探领域中最具发展潜力的设备。

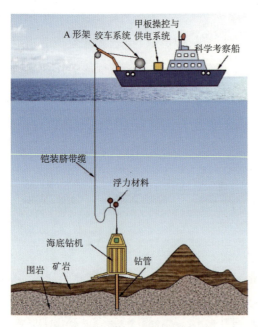

图 1-2　海底钻机取芯作业示意图

1.2　海底钻机系统作业流程及系统构成

1.2.1　作业流程

海底钻机系统作业流程包括六个阶段：母船动力定位、海底钻机布放、海底钻机着底与调平、海底钻机钻探作业、海底钻机回收、岩芯处理（图 1-3）。现分别对这六个阶段进行详细介绍。

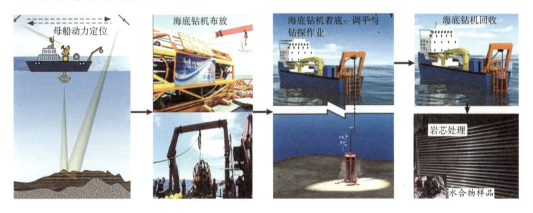

图 1-3　海底钻机系统工作示意图

1.2.1.1　母船动力定位

当母船抵达钻探区域后，动力定位系统（dynamic positioning system，DPS）启动，以确保母船在风力、海流等外界干扰下保持稳定，始终位于目标区域正上方。系统通过 GPS 获取母船实时位置，随后，系统利用船载推进器主动调整推力方向和力度，抵消外界干扰，保持母船稳定。这一协同工作模式能够有效应对海上作业的动态环境变化，为钻探作业提供可靠的平台和支撑。

1.2.1.2　海底钻机布放

海底钻机布放是钻探作业的关键环节，其精准度直接影响钻探效率。该过程依靠绞车系统和脐带缆将钻机从母船布放至海底。操作人员通过控制绞车速度和脐带缆长度，确保钻机平稳下降。脐带缆需承受钻机质量、海水压力及母船运动产生的动态载荷，故采用高强度材料以确保安全性和可靠性。在布放过程中，操作人员需监控钻机姿态，避免倾斜或摆动。其中，定点布放需采用超短基线（super-short baseline，SSBL）确定钻机与母船的相对位置，通过船载 GPS 确定钻机的布放点。随着钻机接近海底，离底高度计开始测量与海底的距离，通常采用声波或激光技术提供高精度距离反馈。同时，钻机上的摄像头实时传输海底图像，帮助操作人员了解地形、底质及潜在障碍物。根据离底高度计和摄像头的数据，操作人员调整绞车下放速度，确保钻机保持适当的离底高度。此时，母船动力定位系统也发挥作用，通过微调位置，确保钻机对准目标区域并选择稳定的着底点，从而避免因地形不平坦导致倾倒。

1.2.1.3　海底钻机着底与调平

海底钻机的着底与调平是确保钻探作业顺利进行的关键步骤，直接影响钻探质量与设备安全。钻机到达海底后，液压动力系统与自动化控制技术协同工作，启动支腿，确保钻机稳定着底。支腿通常设计为多点支撑结构，位置和长度可调，以适应不同海底地形，确保钻机稳固并防止倾斜或滑动。如果遇到地形不平，液压驱动的伸缩支腿可调整长度和角度，平衡钻机姿态。传感器系统实时监测钻机水平状态，操作人员通过液压控制系统精确调整支腿，确保稳定性。为了确保钻杆垂直入岩，液压驱动的伸缩支腿还可在调平后进一步调整钻机姿态，校正钻杆角度。这一过程依靠高精度传感器与液压控制系统，确保精准调平与角度修正。

1.2.1.4　海底钻机钻探作业

在完成稳定着底与调平后，海底钻机进入钻探作业阶段，这是钻探过程中最关键的一步，将直接影响地质样本的质量和分析的可靠性。机载传感器、实时监控系统和精密操作共同确保作业过程的高效与安全。钻探时，动力系统启动，驱动钻杆和钻头高速切入岩层。操作人员根据岩层硬度和钻深需求调整转速、钻压和钻进速率，保证钻探顺利进行。同时，钻压、扭矩和振动传感器实时采集数据，通过脐带缆传输至母船，供操作人员分析。摄像监控系统实时捕捉海底环境和钻探细节，帮助操作人员跟踪进展，并提供应对突发情况和后续研究的数据支持。

1.2.1.5　海底钻机回收

在完成钻探作业后，需要将钻机从海底回收到母船。回收过程需精确控制，确保设备的安全和作业的顺利结束。首先，操作人员通过液压动力系统收起钻机的支腿，将其升起并准备回收。此时，母船的动力定位系统继续发挥作用，保持母船在海底钻机上方的精确位置，避免海流、风浪等因素对回收作业造成影响。接下来，通过绞车系统将钻机缓慢拉起，操作人员必须实时监控绞车的牵引力、速度和钻机状态，确保其垂直向上移动，避免出现倾斜或摆动。回收至母船甲板后，钻机会被固定在甲板上，等待进一步的检查和维护。整个回收过程需要特别关注海况变化和设备安全，避免由于操作失误或外界干扰造成损失或事故。

1.2.1.6　岩芯处理

海底钻机回收并固定于母船甲板后，按顺序逐根将装满岩芯的岩芯管从钻机上卸下，小心且精准地提取管内岩芯并转移到母船的岩芯处理区，处理时要确保岩芯的完整性与可分析性。岩芯样本通常被分段保存，以便后续分析。每段岩芯会经过详细的标记、编号与记录，以确保与钻探深度、地质层位等数据对应。岩芯处理首先进行的是清理工作，即去除岩芯表面的泥沙和海水，然后进行切割与取样。对于不同的研究需求，岩芯可能会被进一步分割成更小的样本，供实验室分析使用。岩芯的保存是关键环节，为防止样本变质或污染，岩芯会被保存在专门的存储环境中，以保持其原始的地质特征。

1.2.2　系统构成

海底钻机系统是一种高度集成的海洋工程设备，作为一种关键性技术装备，被设计用于在深海环境中开展复杂的勘探作业。海底钻机系统由水上和水下两大部分构成，主要涉及以下四个部分：海底钻机本体、遥测遥控系统、高压供变电系统和收放系统（图 1-4）。

1.2.2.1　海底钻机本体

海底钻机本体是海底钻机系统的核心组成部分，也被视为关键装备，其结构设计和合理配置直接影响钻探作业的成败。海底钻机本体通常由以下部分构成：机架、液压动力系统、动力头及推进系统、钻管接卸存储机构、钻杆钻具以及冲洗液循环系统。

1）机架

海底钻机的外框架结构较陆地钻机复杂，其不仅要提供内部部件的安装空间，还要防止钻机收放及着底过程中碰撞，故一般采用封闭式笼形设计，以保证机架有足

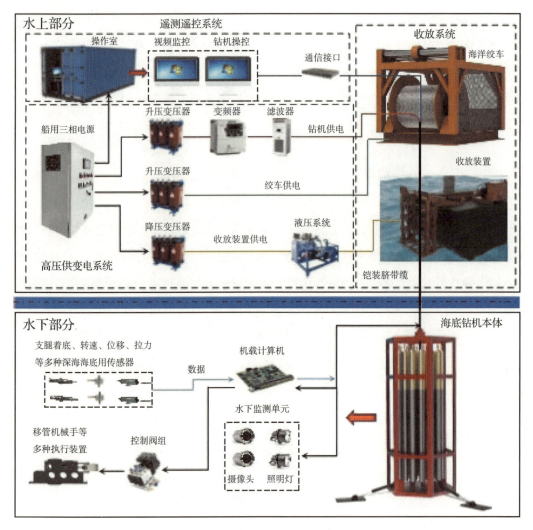

图 1-4　海底钻机系统构成

够的强度和刚度。英国的 RockDrill1、RockDrill2 钻机，俄罗斯和我国的海底钻机均采用封闭式框架设计；而使用专用收放设备的钻机，由于设备已提供部分保护，可采用部分开放或完全开放的框架设计，如日本 BMS 钻机、澳大利亚 PROD 钻机和德国 MeBo 钻机。考虑到海底钻机质量常超过 10 t，其机架结构一般采用半封闭式设计，既保证强度和刚度，又尽量减轻质量，并需满足稳定性、便捷性及标准化运输要求。海底浅孔钻机多采用 2.3 m × 2.3 m 方形底盘与方柱形外框架，不仅结构规整，便于内部部件排布，还降低了重心，增强了稳定性。海底浅孔钻机主要用于获取表层富钴结壳数据，支腿仅用于作业时的稳定支撑；而中深孔钻机需确保钻具垂直钻入岩层，故需配备多条支腿以实现底盘调平功能，适应倾斜地形并保持水平，满足深海钻探的高精度需求。海底中深孔钻机采用油缸驱动向外伸展的三条调平支撑支腿，布置在八边形底盘的三个关键点，呈 120° 对称分布，可调节支腿伸缩长度，使钻机在倾斜坡面上调整至水平，确保钻具垂直进入岩层，同时防止倾倒或滑动。支腿的最大伸出长度应确保钻机在 15° 坡面上能够稳定着底，其前端配备可更换的带裙边脚板，以适应不同底质，保障钻探作业的精准性与稳定性。

2）液压动力系统

海底钻机所采用的液压动力系统，涵盖陆地全自动接杆钻机液压系统的基本功能和组成部分，包括液压油箱、电机、油泵、液压阀、执行元件以及软硬油管等关键部件。此系统能够执行支腿调平、钻进驱动、钻管钻具接卸移位等任务。然而，相较于陆地钻机，海底钻机的液压动力系统在设计上要考虑特定环境因素和技术挑战。

在海洋环境中，每下降 100 m 水深就会增加 1 MPa 的水压，当水深达到 10 000 m 时，水压高达 100 MPa。海底钻机的液压动力系统常处于极端恶劣的海底环境，这类环境具有高压、低温、强腐蚀性和高导电性等特点。因此，系统面临深海密封、压力平衡及电气隔离等技术挑战，既要选择耐高压、耐腐蚀的定制液压组件，又要设计满足空间容量、腐蚀防护和电气绝缘等要求的箱体。液压阀组、电机油泵等关键部件多被封装于充满油液的箱体内部。这种设计避免了像陆地液压系统那样将液压元件暴露在外。海底钻机的液压动力系统由主电机油泵组件、两个液压控制阀箱总成、液压压力补偿装置、液压管路及各类液压执行机构（如油缸和液压马达）等组成。液压动力系统的设计除主电机的选型、液压元器件的选择外，还涉及多种技术，包括主要液压动力技术与液压控制技术、深海压力补偿技术、深海密封技术、液压压力缓冲技术、深海专用油缸设计技术，以及主油泵恒功率控制技术等。这些技术确保海底钻机能够在极端的海洋环境下稳定、安全地执行作业任务。

3）动力头及推进机构

作为钻管动力输入来源的关键装置，动力头通过液压驱动实现钻杆的旋转运动，并结合推进系统完成钻具的轴向进给。与此同时，动力头还需满足复杂深海环境下的高稳定性与高可靠性要求，确保在高压、低温、强洋流等极端条件下稳定运行。此外，为适应多种作业需求，钻进动力头通常集成通孔给水、绳索打捞、压力补偿、钻管拧卸等多项功能，是深海钻探设备自动化和高效化的重要保障。钻机推进系统负责将钻具稳定、精准地推入岩层，实现连续钻进作业。其通过带动钻机动力头沿垂直滑轨上下滑动，克服钻进过程中岩层的阻力，从而实现动力头和钻具的进给。推进系统的设计不仅要求高效传递推进力，还需与动力头、钻管接卸装置等模块紧密配合，实现作业的协调性与连续性。

早期海底钻机采用提钻取芯的方式，结构形式为全液压贯通式钻进机构，设计简单紧凑。全液压贯通式钻进机构将钻进单元设计为独立模块，安装在机架的滑轨上，并通过升降油缸沿滑轨上下移动。在钻进操作中，首先将钻进机构下降至岩石表面，并通过液压阀设定的压力将其顶紧在岩石表面，然后启动钻具进行回转钻进。钻进完成后，先起拔钻具，通过钻进机构头部顶紧于岩石表面的作用力将岩芯拔断，拔断后的岩芯负载直接传递至岩体，随后整体收回钻进机构至机架内。这种设计的优势在于钻进机构能够稳固顶紧在岩石表面，形成一个可靠的支点，从而有效稳定钻具。这种结构有助于岩芯的保护，尤其是在大坡度开孔时能够有效防止钻头沿岩面滑移，从而大幅提高开孔成功率，解决开孔难题。此外，钻头在顶紧岩石表面后再开始钻进，可以确保钻进深度和岩芯长度的精确性。拔断岩芯所需的力（可高达 100 kN）直接由岩石表面承受，避免了机架和支腿因过大的拔芯力而产生变形。该设计采用液压马达实现旋转运动，功率相对较小，但具备强行拧卸钻管的能力。然而，随着海底钻机钻进深度的不断增加，这种依赖单回次提钻取芯的钻进动力头效率较低，已无法满足大深度勘探作业的需求。

现代海底钻机钻进动力头需要具备以下能力：能提供强大的推力、高钻速、大扭矩以及能够快速提升，支持绳索取芯技术。基于这些要求，海底钻机的动力头机构通常采用绳索取芯技术与推进动力头相结合的模式。这种设计的优势在于显著增强海底钻机的钻进能力，结合绳索取芯技术后，可使钻机的钻探深度从几十米提升至上百米，满足深海勘探的需求。

4）钻管接卸存储机构

对于海底钻机而言，当其钻深能力超过 5 m 时，使用单根钻管完成全程钻探已不现实。更长的钻管不仅要求钻机具备更高的结构高度，还会显著增加设备在下放、回收以及支撑调平过程中的难度。同时，由于海底作业环境的特殊性，钻杆钻具在作业过程中无法由人工在作业现场进行补充或更换，大型海底钻机必须提前将作业所需的钻杆和钻具存放在储管架中，并配备专用的移管机械手，以实现钻杆和钻具的抓取、移动、接卸及存储。因此，钻管接卸存储系统的分段取芯技术已成为深海钻探的主流选择。

现代海底钻机设置的钻管接卸存储机构，包括钻管存储机构、钻管接卸装置两个部分。该机构通过钻管存储机构、钻管接卸装置的协同工作，完成钻管的存储、接卸和移管操作。在深海复杂环境下，接卸存储机构需要满足自动化、高存储密度、高精度定位和高可靠性等要求。例如，两个单排转盘式旋转存储机构，这种设计的优势在于能够分别存储钻杆和岩芯管，能更好地适应海底作业的需求。同时，钻管接卸存储机构的设计应尽量简化结构，以提高可靠性并确保在极端海底环境下高效作业。

在海底钻机的钻探作业中，可能面临卡钻的风险。一旦发生卡钻，钻机和母船可能被固定在钻探位置，难以脱离。此外，如果在作业过程中出现供电、通信、控制或液压动力系统的故障，并且无法在短时间内排除问题，钻机可能无法回收已深入孔内的长钻杆或多个钻杆，导致整机无法回收上船。为确保钻机的安全回收，需要可靠的技术手段实现孔内钻杆与钻机的分离。这种在海底钻探作业中，针对卡钻或其他突发事故，使钻杆与海底钻机、海底钻机与铠装脐带缆能够实现自动分离的技术，被称为"逃生技术"。如日本 BMS 钻机配备声控弃钻装置，能够在事故发生时实现钻杆抛弃与钻机抛弃的双重安全逃生，保障钻机和母船的安全。我国海底中深孔钻机配备多种事故逃生方案，包括：①强力起拔，通过增加拉力尝试将钻杆强行拔出。②卸扣装置，在孔口通过机械方式快速断开钻杆连接。③液压与水压抛弃，利用液压或水压系统在紧急情况下强制分离钻杆。④声学弃钻，通过声控系统实现钻杆的快速抛弃，确保钻机可以安全回收。这些逃生技术为海底钻机在面对突发事故时提供了多层次的安全保障，不仅能够有效降低设备损失，还能避免因卡钻或设备故障对母船和作业人员造成的潜在威胁。

5）钻杆钻具

海底钻机的钻进取芯技术有两种方案，即提钻取芯和绳索取芯。提钻取芯的结构相对简单、设计难度较小、对传感器个数和精度要求相对较低，同时，钻杆采用大锥度螺纹，无须精确对准即可实现快速接卸。因此，提钻取芯方案在海底浅孔、中深孔钻机中应用广泛，如华盛顿大学海底 3 m 岩芯钻机、我国海底浅孔钻机、日本 BMS 钻机、英国 RockDrill2 钻机、我国部分海底中深孔钻机、澳大利亚 PROD 钻机、改造前的德国 MeBo 钻机以及美国 ROVDrill 钻机中的基本型等。提钻取芯的缺点包括：①每钻 2~3 m 就需要将全部钻杆钻具提出钻孔，然后再放回孔底继续钻进。提放钻杆钻具所需要的辅助作业时间较长，并且钻孔越深，辅助作业时间越长。②每次提放钻具都会对孔壁有破坏作用。如果地层复杂、岩石不完整，则极易造成卡钻等孔内事故，且孔越深这种危险越大。③每次将钻具提出孔外后，上部孔壁岩石可能掉落孔底，使得该岩石再次被取芯，这样就容易造成样品地层混淆。

与提钻取芯相比，绳索取芯的主要优势体现在：当钻孔深度较深时，辅助作业时间相对短、作业效率高、对孔壁的护壁作用较好以及岩芯质量较高。目前，世界上采用绳索取芯方案的海底钻机有改造后的德国 MeBo 钻机以及美国 ROVDrill 钻机中的 M50 型和 M80 型。但是，绳索取芯方案结构复杂、设计难度大、可靠性低。此外，在岩石破碎程度高或岩石研磨性高的地层，绳索取芯的优势也难以体现。因此，对于海底钻机来说，只有在钻进深度大于 20 m 时，才采用绳索取芯技术。

现代海底钻机一般采用绳索取芯技术，其钻具采用国际标准 HQ3 绳索取芯金刚石钻具规格，包含外管总成和内管总成，缩短了打捞头部分的长度，可有效适应复杂地层的钻探需求。海底钻机上的绳索取芯钻具工作原理：①钻进作业过程中，内管总成预先组装并存放于钻机的储备室中，随钻机一同下放至海底。每次作业开始时，操作人员利用绞车和钢丝绳将打捞器与内管总成连接，并将内管投放至钻杆中心孔内。内管总成在重力作用下自动下落到位，堵塞内外管之间的环状间隙，阻止海水通过间隙流动，同时通过花键间隙保持水路循环畅通。②钻探过程中，单动机构运行以确保岩芯管的单动性，同时将卡断岩芯的力精确传递至钻头。③钻探结束后，操作人员通过打捞器回收内管总成，并将其返回储备室，同时投放新的内管总成至钻杆内，继续进行钻探作业。通过这种循环操作，系统实现了高效、连续的绳索取芯钻探，为海底钻机在复杂地层条件下的作业提供了可靠保障。

6）冲洗液循环系统

海底钻机的冲洗液循环系统是确保钻探作业顺利进行的关键部分，主要功能包括清洁钻孔、冷却钻头、润滑钻具、稳定孔壁以及抑制岩屑对钻进系统的阻塞。随着钻探深度的增加，特别是在深海环境下，钻探过程中所产生的热量和岩屑不仅对钻具本身构成威胁，而且可能导致孔壁坍塌或卡钻。因此，海底钻机的冲洗液循环系统必须具备耐高压、耐腐蚀、稳定性强和流体循环效率高等特性。

海底钻机的冲洗液循环系统通常由液体供应装置、液体输送管路、回流管路、压力控制系统、过滤装置以及排放系统等组成。这些组件协同工作，确保液体流动的高效性与系统的长时间稳定性。冲洗液通常为海水或特制的泥浆液，需具有良好的流动性、较高的悬浮能力以及较强的清洁性，以便有效带走钻探过程中产生的碎屑和其他杂物。液体的选择会依据不同的作业需求和地质条件进行调整，确保最大限度地提高钻探效率。

冲洗液循环系统的设计不仅需要满足钻探作业的基本需求，还需要具有自动化控制功能，确保在不同作业条件下能够及时调整冲洗液的流量和压力，达到最佳的作业效果。在深海环境中，可靠的冲洗液循环系统可以大大提高钻探效率，减少设备损耗，并且减少钻探过程中可能发生的故障或事故，确保海底钻机作业的高效与安全。

1.2.2.2　遥测遥控系统

遥测遥控系统负责对海底钻机系统的布放回收、寻址着底、钻探取芯等操作，进行全程可视化监测以及手动、半自动、自动三种模式的操作控制。有别于陆地钻机系统，海底钻机的遥测遥控系统有如下特殊性：①海底钻机距母船操作人员数千米，要求遥测遥控系统具备多路图像视频信号的高速实时处理与传输能力，能为操作人员构建一个"身临其境"的视觉环境。②机载液压控制阀、用电设备、强电供配电系统的操作控制，要求遥测遥控系统还应具备众多开关量与模拟量的输入输出通道。③海底钻机机载传感器数量多，要求其耐海水腐蚀的同时具有较高的抗压能力（数十兆帕以上）。

海底钻机遥测遥控系统主要包括甲板操作控制台、机载控制系统和光纤通信系统三个子系统，各部分均由相应的硬件和软件构成。甲板操作控制台主要采集的控制量包括高压大功率电源的三相电压、电流、有功功率、无功功率、功率因数等，同时负责对高压大功率电源进行远程控制保护。机载控制系统是包含众多芯片元件、控制众多设备的复杂系统，要求能够实现海底钻机本体各液压机械部件、强电系统及传感系统的可靠控制，完成海底钻探取芯任务。光纤通信系统通过采用数千米脐带缆中的光纤，实现甲板操作控制台和机载控制系统之间的长距离通信。脐带缆的长度根据作业任务而定。

海底钻机机载传感器是确保海底钻机在海底高效、可靠运行的关键。部分传感器是海底钻机特有的，陆地钻机并不需要，例如漏水检测传感器、支腿着底传感器和海水背压传感器等。许多专为海底钻机设计的传感器并不容易购买，需要进行专门研发。我国在研发海底钻机的过程中，也研发了一批此类专用传感器，包括钻具转速传感器、漏水检测传感器、支腿着底传感器、钻进动力头行程及位置传感器等，这些传感器都必须能够集成并有效地在海底钻机上工作。此外，海底钻机的机载控制计算机通常还需要配备机载 UPS 应急电源，以防止脐带缆发生断电事故，从而避免钻机在遇到紧急情况时无法处理或响应。

1.2.2.3　高压供变电系统

海底钻机的供电方式主要有两种：一种是自带电池供电，另一种是通过脐带缆供电。自带电池的供电方式受限于电池容量，一般适用于钻深能力较小（小于 2 m）的小型海底浅孔钻机，例如我国和俄罗斯的海底浅孔钻机。俄罗斯的海底浅孔钻机使用蓄电池与 24 V 浸油直流电机作为动力源。直流电机中使用的碳刷在浸油环境中容易形成不导电的油膜，从而导致电机无法正常工作，甚至发生故障，而且维修起来非常困难。此外，由于电压较低，在同等功率下，采用蓄电池的海底钻机启动电流和运行电流较大（例如俄罗斯钻机的电机额定电流约为 600 A，启动电流可能达到 3000 A），这不仅会导致电机发热严重、能量损耗增大，还可能使接触器触点烧结，甚至对蓄电池造成不可逆的损害，从而缩短其使用寿命。

脐带缆供电，即从母船甲板依靠脐带缆进行电力供应。这种供电方式适用于各类海底钻机，特别是大中型海底钻机。通过脐带缆供电的海底钻机可以采用三相交流输电和直流输电两种电力输送模式。采用三相交流输电模式的系统结构简单、成本较低、电压转换方便，然而，其缺点是功率因数较低，沿程损耗较大，电缆发热严重，输电效率和能力相对较低。与此相反，采用直流输电模式的系统虽然具有较高的输电效率和能力，但系统结构更为复杂，成本相对较高。

输电模式的选择主要取决于母船甲板设备的性能和配套能力。从整体来看，三相交流输电模式是最常见的选择。我国海底浅孔钻机采用逆变器与浸油三相交流电机技术，成功解决了传统蓄电池供电系统的诸多问题，并具备多项显著优点：①三相交流电机不使用碳刷，结构简单且可靠性高，几乎无须维护。②逆变器能够实现电机的软启动，在适当的启动时间参数下，电机的启动电流与工作电流相等，从而避免对蓄电池造成过大负担，延长其使用寿命。③逆变器还大大简化了控制系统对电机启停的控制，只需使用一对小型继电器常开触点即可。④逆变器内置了强大的过电流、过电压、欠电压、电机失速等保护功能，无须为电机增加额外的保护元件，从而减轻了控制系统的负担。⑤在必要时，逆变器还可提供变频调速、正反转控制及多速挡等功能。⑥由于电机的电压等级较高，其额定电流仅为 30~40 A，远低于俄罗斯海底浅孔钻机的电机电流（约 600 A），显著降低了电量损耗，有效控制了电缆发热问题。

现代海底钻机高压供变电系统将母船电力通过脐带缆传输至海底钻机，经过一系列的升压、降压、稳压及保护措施，确保电力稳定且安全地供至高压电机。在电机启动前，系统进行一系列预检，确保各部件处于正常工作状态；启动后，系统会实时监控电机运行状况，及时调整供电参数，以保障海底钻机的高效、稳定运行。国内外多种型号海底钻机均采用高压电机供变电系统。例如，MeBo、MeBo200 均配备 2 台功率 65 kW 的 3000 V 高压电机；FUGRO 钻机配备单台 110 kW 的 3300 V 高压电机；我国中深孔钻机也配备有 3000 V 高压电机。高压供变电系统的构成主要包括甲板供变电系统、配备光电滑环的脐带缆及其绞车装置、机载供变电系统、用电设备等。高压供变电系统设计时还必须考虑如下两个方面：①系统及人员安全保护机制的完善与可靠性，涵盖漏电与绝缘保护机制，以及过压 / 过流及欠压 / 欠流、不间断供电等保护措施。②考虑到船电系统与陆地常规供电系统的差异，既要保证有充足的供电能力，也要保证供电可靠性，并设计专门的电路设备、组件。

1.2.2.4　收放系统

收放系统是专为复杂海洋环境下海底钻机的布放与回收作业而设置的，一般包括海洋绞车、铠装脐带缆、母船 A 形架、收放装置等，这些设备的可靠性关系到海底钻探作业的安全性和效率。根据母船甲板的作业面积及配套设备的能力，布放回收设备可分为通用型和专用型两种。通用设备对钻机尺寸有较大的限制。例如，我国"大洋一号"科考船上的通用设备要求钻机机身高度不超过 4 m。使用这种设备的典型海底钻机包括华盛顿大学的 3 m 海底钻机、日本的 BMS 钻机和我国的海底中深孔钻机等。专用设备能够在甲板上倒放海底钻机，并通过 A 形架横躺姿势完成下放。这种设计不受 A 形架高度的限制，可允许钻机高度放宽至 7~8 m。然而，专用设备对甲板空间和配套装备水平的要求较高。我国"海牛号"钻机、澳大利亚的 PROD 钻机和德国的 MeBo 钻机都配备了专用收放装置。

海底表面通常并不平整，特别是在热液硫化物矿区，地形地貌更为复杂。与陆地钻机不同，海底钻机无法在作业前进行地面平整，也无法通过地脚螺栓固定到地面。因此，需要借助海底探测与定位技术，提前测量、选定钻机着底点的宏观地形范围（≥ 10 m），小范围的微地形特征待钻机接近海底后通过摄像系统进行目测确定。通常情况下，海底钻机在着底时会倾斜或不稳定，这需要依靠自身质量坐稳。为了保证钻具能够垂直进入地层并顺利取芯，海底钻机通常设计有具备调整底盘水平和提供稳定支撑能力的动力支腿。可见，海底钻机收放是一个收放系统和海底钻机协同作业的过程，目的是确保海底钻机安全、精准着底。

1.3　海底钻机发展历程与展望

1.3.1　海底钻机发展历程

自 1986 年美国华盛顿大学研制了世界首台海底取芯钻机以来，海底钻机以其钻进取样效率高和成本低的优势获得了迅速发展。图 1-5 描绘了世界上几个重要国家的海底取芯钻机钻深能力的发展历程。本书将海底钻机按照钻探深度分为四类：钻进深度小于 5 m 为海底浅孔钻机，钻进深度在 5~50 m 为海底中深孔钻机，钻探深度在 50~200 m 为海底深孔钻机，钻探深度超过 200 m 为海底超深孔钻机。

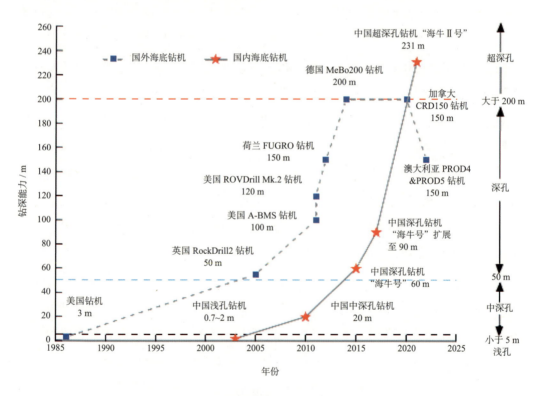

图 1-5　世界海底钻机钻深能力发展历程

1.3.1.1　国外海底钻机发展历程

1）美国海底钻机

1986 年，由华盛顿大学委托美国 WA（Williamson and Associates）公司研制了世

界首台海底钻机。该钻机适用水深 5000 m，钻探能力 3 m，钻孔直径 60 mm，岩芯直径 33 mm，钻头类型为孕镶金刚石钻头，钻机外形尺寸为 3 m（底座宽）× 5 m（高）（图 1-6）。

图 1-6　华盛顿大学 3 m 钻机

世界首台海底钻机结构设计特点包括：①采用 3 条液压支腿进行调平，每条液压支腿能实现独立控制，可在 15°范围内将钻机底盘调平。②在取芯技术方面，采用提钻取芯技术。③在液压系统与压力平衡技术方面，采用回路液压系统，其钻进功能、支腿调平以及视频摄像机云台动作状态等均由液压驱动。④在供电以及通信方面，通过托马斯调查船上的铠装同轴电缆实现供电以及遥控钻机，同时也可依靠该电缆实现钻机的回收与下放。

1996 年，美国 WA 公司为日本金属矿业事业团（MMAJ）研制了 BMS 海底中深孔岩芯取芯钻机。其外形长宽高尺寸为 4.42 m × 3.6 m × 5.48 m，钻深能力 20~30 m，取芯直径 36.4 mm，采用传统取芯技术进行取芯作业，并且通过旋转式钻具库来容纳钻具；利用液压驱动方式、光电复合缆分别进行钻探与电力供应。目前，美国 WA 公司旗下的 BMS 海底钻机已经发展为一系列产品，包括 BMS 钻机、A-BMS 钻机等。A-BMS 钻机与初代 BMS 钻机相比，在钻深能力和取芯技术方面有了很大改进，它开始采用绳索取芯技术，同时对钻具库也进行了升级，可容纳多种钻具、钻杆和套管等取芯工具。A-BMS 钻机适用水深 4000 m，理论钻探能力 100 m（可扩展至 150 m），钻孔直径 96 mm（可扩展到国际绳索取芯钻探标准的 PQ 系列钻具，钻孔直径为 122.6 mm），取芯直径 63.5 mm（所获取的 PQ 系列钻具的取芯直径为 85 mm），空气中净重约 13.8 t（水中净重约 10.7 t，不含工具和岩芯样品），钻机长宽高尺寸为 5.8 m × 5.3 m × 6.2 m（图 1-7）。

图 1-7　A-BMS 海底钻机

　　2006 年，美 国 CO（Canyon Offshore）公 司 采 购 英 国 PSS（Perry Slingsby Systems）公司研制的两台海底钻机，并搭载于遥控无人潜水器 ROV（Remote Operated Vehicle）上，开展了水深 2000 m 左右的商业矿物调查服务。为了增大钻机的适用性与适用范围，2011 年，由美国 CO 公司牵头加拿大 CR（Cellula Robotics）

图 1-8　ROVDrill Mk.2 海底钻机

公司对 ROV 钻机进行升级改造，成品即为 ROVDrill Mk.2 钻 机。ROVDrill Mk.2 钻机的长宽高尺寸为 5.6 m×2.2 m×2.4 m，空气中净重约 18 t，适用水深为 2500 m，最大钻深能力为 120 m，硬岩岩芯取芯直径 50~72 mm，沉积物取样直径范围为 55~85 mm，以 N 系列（直径 66.7 mm）钻杆作为主要的旋转杆和推杆，同时也可采用 B 系列（直径 54.2 mm）钻杆作为推杆，且在必要时可采用 H 系列钻杆（直径 88.9 mm）作为套管进行钻探作业。目前，ROVDrill Mk.2 钻机可同时搭载多种钻具与取样器，未来还将搭载活塞取样器以及测井工具（图 1-8）。

相较于 ROV 钻机，ROVDrill Mk.2 钻机在钻进深度、适用水深、探测工具以及取芯技术上均有了很大提升：①提高了钻深能力，可携带单根长度为 3 m、总钻进深度为 120 m 的各种钻具、取样器（ROV 钻机仅可搭载单根长度为 2 m、总钻进深度为 22 m 的旋转取芯工具）。②提升了下套管作业能力，由只具备直径 66 mm 的单套管工具升级到脚夹、控制装置和工具处理系统。③部署了推送取样和现场测试工具以及旋转取芯工具，并将动力头推力从 5 kN 左右升级到 75~100 kN，且能进行圆锥贯入试验（CPT）并实时反馈试验数据（原 ROV 钻机没有 CPT 能力）。④增加了旋转取芯技术，且取芯直径由原先的 48.7 mm 增至 85 mm。⑤采用先进的聚合物泥浆系统（之前仅限海水）。⑥全面升级了控制系统以适应其他增添的功能。⑦拥有长达 9.14 m 的专用控制箱，能放置额外的设备（如人员操作椅和视频显示装置）以便于人员操作。

2）加拿大海底钻机

2014 年，加拿大 CR 公司为日本 FSMW（Fukada Salvage & Marine Works）公司设计并制造了 CRD100 遥控海底钻机，可实现手动、半自动以及全自动控制。其长宽高尺寸为 3.1 m×3.1 m×5.7 m，空气中净重约 13.5 t（水中净重约 10.5 t，不含工具和岩芯样品），适用水深为 3000 m，最大钻深能力为 65 m（图 1-9）。该钻机的特点：①配备 4 条液压驱动支腿，可在 30° 斜坡上调平并且进行钻进作业，可以使用自动或者手动调平功能进行多支腿俯仰运动，也可指挥每条支腿单独运动。②配备姿态传感器、导航传感器、1 套摄像装置和 4 个具有自动航向和巡航控制功能的推进器。③配备主动升沉补偿绞车，可从母船上进行下放和回收。④配备旋转钻具库，采用 2 个机械臂进行夹持作业，具备 65 m 的连续取芯以及 12 m 套管钻探能力，可获取直径 61.1 mm、长 1.5 m 的岩芯样品。⑤既可以使用常规旋转取芯作业，也可以使用绳索取芯作业。

近期，加拿大 CR 公司推出了 CRD150 钻机，CRD150 钻机作为 CRD100 钻机的升级版，是一种先进、可远程操作的海底钻机。CRD150 钻机根据地层特性，可在海底 200 m 以内地层进行压入取芯、旋转取芯以及 CPT 探测，其中最大连续取芯的理论深度为 110 m。其长宽高尺寸为

图 1-9　CRD100 遥控海底钻机

6.5 m×2.4 m×3 m，空气中净重约 18 t，理论作业水深可达到 3000 m，取芯直径 62 mm。该钻机的特点：①拥有机动推进器、导航传感器和摄像装置，可让地面操作员在海底复杂地形环境下准确定位钻机。②可以直接部署到海底并对泥线进行精确的井下深度测量。③在进行 CPT 探测时，试验数据可以准确地与现有数据集绑定，所有的测量数据都可实时传输到加拿大 CR 公司提供的专用设备中。

3）澳大利亚海底钻机

2003 年，澳大利亚的 BGP（Benthic Geotech Pty）公司委托美国 WA 公司设计并制造了 PROD1 钻机。经过多年的发展，现已形成了 PROD 系列钻机，包括 PROD1、PROD2&PROD3 以及 PROD4&PROD5。PROD1 钻机长宽高尺寸为 2.3 m ×2.3 m×5.8 m，空气中净重约 10 t（水中净重约 6 t，不含工具和岩芯样品），作业水深 2000 m，理论钻深能力 125 m（已测试过的最大钻深为 100 m），最大推力 60 kN，硬岩取芯直径 35 mm，软质沉积物取芯直径 44 mm，可搭载多种现场测试工具。

目前在使用中的 PROD2&PROD3 钻机与 PROD1 钻机的主要区别在于作业水深、钻进深度、最大推力、取芯直径、可携带的作业工具种类以及现场测试工具的测试性能。PROD2&PROD3 钻机的长宽高尺寸为 2.3 m×2.3 m×5.8 m，空气中净重约 14 t，最大作业水深 3000 m，最大钻深能力 125 m，最大推力 80 kN，硬岩取芯直径 72 mm，软质沉积物取芯直径 75 mm，取样长度 2.75 m。该钻机结构设计的特点：① 稳定支撑及调平技术方面，PROD2&PROD3 的三脚架结构和 3 个独立的可调伸臂再搭配精确的传感器使得钻机能够在倾斜（最大坡度 30°）或起伏的表面支撑调平，同时其支撑脚板是特别设计的大面积脚板，能够在不穿透海床的情况下降落在沉积物上。②取芯与测试技术方面，采用两个旋转式工具库，可容纳高达 260 m 的取样筒、测试工具、钻杆以及套管等工具，其中包括标准压电圆锥贯入仪、Benthic's 创新型球贯入仪、碳氢化合物分析系统和深水探测器，可进行现场分析测试以及多种数据输出。③硬岩取芯方面，采用单根钻具配备独立钻头的方式进行取芯作业，钻具可根据需要搭配自制的薄壁取芯钻头或专业取芯钻头来使用。④沉积物取样方面，采用自制液压技术系留式活塞取芯工具（HTPC），利用环境静水压力进行沉积物取样以及维持压力稳定。

值得一提的是，BGP 公司推出的 PROD4&PROD5 海底钻机最大作业水深可达 4000 m，最大钻深能力达 150 m（图 1-10）。与 PROD2&PROD3 海底钻机相比，

PROD4&PROD5 钻机的特点：①在原有钻机装备的基础上又增加了近两倍的工具，通过搭载的机械臂取出工具负载进行钻探作业。②增加了钻头增强包（DEP），钻头增强包位于钻头模块下方，提供第二个驱动头、提升机油缸、岩屑泵和夹具组，可以同时进行套管和钻探，保证钻孔不坍塌。

图 1–10　PROD4&PROD5 海底钻机

4）英国海底钻机

2005 年，英国地质调查局（BGS）自行研制了一款海底中深孔岩芯钻机——RockDrill2 钻机。目前，它是世界上使用频率和钻孔成功率较高的一种海底钻机。

RockDrill2 钻机高 4.75 m，腿端跨度 3.1 m，空气中净重约 6 t，适用水深为 4000 m，最大钻深能力为 55 m，单根取芯长度为 1.72 m，取芯直径为 61.1 mm（图 1–11）。它的前身是 1987年由 BGS 设计，能在一台钻机上使用两种采样系统（岩石钻机和振动掘进系统）的组合体——RockDrill1 钻机。RockDrill1 钻机的最大工作水深为 2000 m，能够通过传统的旋转取芯器技术在硬岩中提取长达 5 m 的岩芯，在软沉积物环境中使用振动取芯器可提取长达 6 m 的岩芯。

RockDrill2 钻机与 RockDrill1 钻机相比，最大的不同体现在取芯方式、钻进深度以及工

图 1–11　RockDrill2 海底钻机

具搭载等方面，其结构设计的特点有：①在稳定支撑及调平技术方面，在机架对称的三边上装有由丝杆螺母机构驱动的 3 条调平支腿，可在海底调平钻机，同时配备了软沉积物着陆系统，可部署在海底沉积物地区。②在取芯技术方面，采用绳索取芯技术且搭载了一系列测井工具，包括光学、声学和光谱伽马（OAG）记忆测井仪、双感应测井仪和磁化率测井仪等，同时还开发了一种气体顶盖系统，用于评估天然气水合物的体积。近期，RockDrill2 钻机系统又研发了可以安装在钻孔中的钻孔塞、Niskin采水瓶（卡盖式采水器）和示踪剂。其中钻孔塞可将钻孔与周围海水隔离，便于后续ROV 的采样；Niskin 采水瓶和示踪剂主要用于获取取芯前后的水样并评估钻井液对作业区域内海水的污染情况。③在下放与回收方面，可通过其自身携带的集装箱进行下放与回收操作。

5）德国海底钻机

2005 年，德国不来梅大学海洋环境研究中心（MARUM）成功研制出了 MeBo 海底深孔钻机，经过一系列升级改造，逐渐形成了 MeBo70、MeBo200 系列海底钻机。MeBo70 钻机，空气中净重约 10 t（水中净重约 7 t，不含工具和岩芯样品），理论适用水深 2000 m，最大钻进深度 80 m，单回次进尺深度 2.5 m，取芯直径 57~63 mm，最大取芯长度 70 m，于 2008 年实现绳索取芯技术。目前，使用中的 MeBo200 钻机是MARUM 与 Bauer Maschinen GmbH 于 2014 年合作开发的第二代海底钻机（图 1-12）。该钻机长宽高尺寸为 2.5 m×2.5 m×8.4 m（支腿收回），空气中净重约 10 t，理论适用水深 2700 m，钻深能力 150 m，通过更换钻杆和套管，在完全装载下，钻深能力可扩展至 200 m，钻孔直径 103 mm，取芯直径 65 mm。

图 1-12　MeBo200 海底钻机

相较于 MeBo70 钻机，MeBo200 钻机的不同点在于具有更大的钻具容纳量，更深的钻进深度、单回次进尺深度，更先进的保压取芯技术以及测井工具。MeBo200 钻机采用增大的钻具库（从最初的 68 个存储槽增加到 96 个，存储槽直径可根据不同需求进行更改），框架内行程长度增加（由 2.5 m 增加至 3.5 m），同时还可搭载保压取芯钻具（MDP）（钻孔直径 73 mm，取芯直径 45 mm，取芯长度 1.3 m，保压能力 20 MPa）。此外，MeBo200 钻机还搭载相关钻孔测井工具，如伽马射线探头、测量感应 / 电阻率和磁化率探头以及测量 P 波速度的声波工具等。MeBo200 钻机还可利用 CPT 工具进行原位探测。

6）荷兰海底钻机

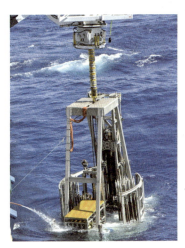

图 1-13　FUGRO 海底钻机

FUGRO 海底钻机是荷兰 FUGRO 公司于 2011 年构思并在 2012 年宣布研制的一款海底钻机（图 1-13）。该钻机可获取从海底软黏土到硬岩石的高质量土壤样品。该钻机有两种型号，分别是 SFD-I 海底钻机与 SFD-II 海底钻机。SFD-I 海底钻机的长宽高尺寸为 5.4 m×3.8 m×6.6 m，适用水深 4000 m，最大钻深能力 150 m，取芯直径 73 mm，采用绳索取芯技术（可搭载 N 到 P 系列钻具），携带 FUGRO 原位测试工具和标准岩土取样器。与 SFD-I 海底钻机相比，SFD-II 海底钻机的不同点在于其长宽高尺寸为 5.4 m×4.3 m×7.0 m，配备有自动回转钻管装卸系统、装卸臂，且在下放与回收系统（LARS）的占地面积显著减少的同时增加了转盘内泥浆液的容量。

该型号钻机的共同特点在于：①配备 4 条独立升降支腿，可在 25° 斜坡上支撑并调平，其底座可根据不同海底情况进行更换。在钻进作业时，动力头可实现双向旋转。②可在现场进行孔压静力触探测试。③采用标准的 ROV 通用绞车进行钻机的下放与回收，并使用船上电缆进行供电，供电电压 480 V，电流 500 A，同时可实现工业级 ROV 遥测操控钻机。

1.3.1.2　国内海底钻机发展历程

1）海底浅孔钻机

我国海底钻机的研制起步较晚，2003 年方才成功研制出第一台海底浅孔钻机。该

图1-14　我国海底浅孔钻机

钻机的长宽高尺寸为 $1.8 m \times 1.8 m \times 2.3 m$，空气中净重约 2.8 t（水中净重约 1.8 t，不含工具和岩芯样品），适用水深 4000 m，钻深能力 0.7~2 m，取芯直径 60 mm（图 1-14）。此后经过数次升级改进，逐渐形成了多种型号的海底浅孔钻机系列产品。与华盛顿大学海底 3 m 钻机相比，我国研制的海底浅孔钻机不仅在取芯直径、支腿调平等方面都有较大的提高，同时还初步实现了保温取芯。

　　我国海底浅孔钻机结构设计的特点包括：①在稳定支撑及调平技术方面，采用 4 条液压支腿进行调平，可在 20° 范围内将钻机底盘调平。②在取芯技术方面，采用提钻取芯技术方案。岩芯保压装置采用弹簧加活塞结构，取样管外部包裹保温材料，内部设有恒温调节装置，从而对岩芯起到保温的作用。③在液压系统与压力平衡技术方面，采用全液压驱动设计，可大范围调节钻进参数，从而提高对各种岩石的适应性。④在电力方面，采用蓄电池、逆变器和 220 V 浸油三相交流电机作为动力源。

　　2）海底中深孔钻机

　　2008 年，我国开始研制海底中深孔钻机，其设计工作水深 4000 m、取芯直径 50 mm、钻深能力 20 m。该钻机长宽高尺寸为 $2 m \times 2 m \times 4 m$（图 1-15），于 2010 年研制成功，并在南海海域进行海上实钻取芯试验。

　　我国海底中深孔钻机结构设计的特点：①在稳定支撑及调平技术方面，钻机上装备有 3 条液压驱动的可伸缩调平支腿，可在 15° 范围内将钻机调平。②在取芯技术方面，采用提钻取芯技术方案。③在钻管接卸存储技术方面，采用两个单排转盘式储管架，分别存放钻杆和岩

图1-15　我国海底中深孔钻机

芯管。每个储管架各附带一个机械手实现钻杆钻具装卸，具备强力起拔、卸扣、液压及水压抛弃钻杆、声学弃钻等四种事故安全逃生技术。④在液压系统与压力平衡技术方面，采用全液压动力头结构设计，同时采用了带有弹簧加压装置的皮囊式正压压力补偿器。⑤在脐带缆供电与通信技术方面，针对母船"大洋一号"科考船甲板配套设备的现状，综合深海无功功率就地补偿技术、深海充油平衡式继电控制技术以及万米脐带缆高压供电。同时，依托机载传感器系统进行数据采集，经过机载计算机处理后，通过万米脐带缆将数据高速传输至甲板操作计算机，实现对钻机的实时控制。⑥在布放与回收技术方面，利用母船上通用的脐带缆及绞车，实现钻机的布放与回收。

3）海底深孔钻机

2012 年，我国启动了海底深孔钻机的研制工作，其设计工作水深 4000 m，岩芯直径 50 mm，钻深能力 60 m。该钻机于 2015 年研制成功，并被命名为"海牛号"海底深孔钻机；2017 年进行改进，钻深能力扩展至 90 m。该钻机空气中净重约 8.3 t（水中净重约 6.7 t，不含工具和岩芯样品），长宽高尺寸为 2.2 m×2.2 m×5.6 m，总功率 55 kW（图 1-16），需母船为后甲板提供 1 路三相 AC380 V/450 kW 电源接口，海底钻机布放和回收过程中所需功率约为 400 kW，所需时间合计约 2.5 h。该钻机在进行地质取样时所需功率峰值为 55 kW，平均 25~30 kW；从母船甲板布放至地质取样结束并回收至母船甲板上的单次作业时间为 15~30 h，视海底地质情况而定。

图 1-16　"海牛号"海底深孔钻机

我国海底深孔钻机结构设计的特点包括：①在取芯技术方面，首次采用绳索取芯技术，能够实现回转钻进钻取硬岩岩芯。钻机系统携带 1 根长 3.3 m、直径 94 mm 的钻具，23 根长 2.5 m 的钻杆，24 根长 3 m 的岩芯管，采用国际标准 HQ3 绳索取芯金刚石钻具规格，包括外管、内管及内管半合衬管三层岩芯管，钻孔直径为 95 mm，岩芯直径为 60 mm。同时，系统还支持压入式获取沉积物的功能，所用工具是在标准钻具尺寸基础上自行研发的超前钻具，超前沉积物取样管嵌入在表镶金刚石钻头的内部，且突出 20 mm。该技术还可进行海底原位 CPT 探测（包括土工力学、土体温度测量、土体摄像等）。②在稳定支撑及调平技术方面，钻机支腿设计采用油缸驱动、向外伸展的 3 条调平支撑支腿。每条支腿根部都安装有位置传感器，能够检测支腿是否已经触地。每条支腿前端配有带裙边的脚板，其大小可根据钻探点地质情况进行更换。系统控制舱携带海底钻机姿态传感器，完成姿态数据的计算后，向钻机支腿驱动油缸控制阀发出调节指令，实现钻机自动调平。③在钻管接卸存储技术方面，采用机械手配合拧卸扣装置进行钻管的接卸。绳索取芯钻管接卸存储机构包括钻管储管架、移管机械手、接卸卡盘和钻具夹持器等部件，能够完成 48 根钻具内外管的存取、移位和丝扣接卸等。④在光纤动力复合电缆供电与通信技术方面，采用脐带缆三相交流高压输电方式进行供电，同时通过安装在勘探船甲板上的强电集装箱内的甲板变配电及测控子系统实现通信。⑤在布放与回收技术方面，光电复合缆配合设计独特的 V 形滑槽甲板收放系统，便于钻机的收放操作。该收放系统具有多个优点，包括便于钻机与收放装置对齐与靠拢、减少对海底钻机机架的冲击，以及在钻机收放过程中降低海浪对钻机的影响等。

4）海底超深孔钻机

2017 年，我国启动了"海底大孔深保压取芯钻机系统"项目，目标是研制作业水深不小于 2000 m，钻探深度不小于 200 m，保压成功率不小于 60%，可有效满足我国海底天然气水合物资源勘探的海底超深孔钻机（后被命名为"海牛Ⅱ号"）。与"海牛号"海底多用途钻机相比，"海牛Ⅱ号"的钻探深度更大、适用水深更深，且具备保压功能。"海牛Ⅱ号"是我国首台海底超深孔保压取芯钻机，适用水深 4500 m，全孔全程保压取芯深度 231 m，岩芯直径 45.5 mm，长宽高尺寸 2.56 m×2.56 m×7.6 m，空气中净重约 12.5 t（水中净重约 10 t，不含工具和岩芯样品）；三相 AC3300 V+ 单相 AC1200 V 供电，总功率 75 kW，光纤通信；采用保压绳索取芯技术，携带 1 根长 3.7 m 的钻具，77 根长 3 m 的钻杆，78 根长 3.7 m 的保压岩芯管；具备多用途，既可取硬岩岩芯，也可取沉积物岩芯，还可进行 CPT 等孔内探测。"海牛Ⅱ号"海底钻机从母船甲板布放至地质取样结束并回收至母船甲板上的单次作业时间约为 60~72 h，具体耗时视海底地质情况而定；自带甲板配套收放系统（图 1-17）。2021 年 4 月，"海牛Ⅱ号"海底大孔深保压取芯钻机系统在南海超 2000 m 的海底成功下钻 231 m，刷新世界海底钻机钻探深度纪录，成为世界首台海底钻探深度大于 200 m，同时具备全孔全程保压取芯功能的海底钻机，标志着我国在这一技术领域达到世界领先水平。

图 1-17 "海牛Ⅱ号"海底超深孔钻机

1.3.2 未来发展趋势

相较于陆地与天空的探索，人类对深海的研究与开发仍停留在初始阶段，深海至今仍是人类知识体系中相对薄弱的部分。而这片领域又蕴藏着丰富的生物资源、矿产资源、油气资源以及宝贵的空间资源，这些资源目前大多还未被人类充分探索与利用。然而，就海洋地质与环境科学研究来说，研究工作展开的广度和深度，必然受到技术和经济因素的制约，成本低、效率高、样品质量高、海域适应性强的海底钻机自然成为世界海洋科学研究的重要支撑。就海洋地质资源开发利用来说，在陆地矿产资源日趋紧张的今天，世界各国越来越重视深海矿产资源的开发和利用。根据《联合国海洋法公约》约定：要想在"区域"内的国际海底矿区获得专属勘探权和优先商业开采权，需要遵循国际海底管理局的相关规则、规章以及程序，对签订合同内的环境广袤的、地质条件复杂多变的国际海域矿区进行专属勘探。因此，低成本、效率高、样品质量高、海域适应性强的海底钻机自然成为各国海洋资源竞争的有力武器。随着海洋地质科学研究与探索已从深海延伸至更为深邃莫测的深渊领域，由此引发的海洋地质资源竞争，特别是深海矿产资源争夺呈现出愈演愈烈之势。

1.3.2.1 全海深

从海洋地质与环境科学研究而言，海洋最深处超过 10 000 m，蕴藏着丰富的有关地球演变、生命起源、气候变化等方面的宝贵信息，从深海获取岩芯样本一直是科学家们的夙愿。从海洋地质资源开发而言，一些具有战略意义的稀有矿产资源都存在于深海，如太平洋海域的稀土富集海洋沉积物等就处于 6000 m 深的海底。就目前全球新型海底钻机来说，设计工作水深大多仅达到 4000 m，如英国 RockDrill2 钻机工作水深 4000 m、美国 A–BMS 钻机工作水深 4000 m、澳大利亚 PROD4&PROD5 钻机工作水深 4000 m、我国"海牛号"系列海底钻机工作水深 4500 m。所以，为了满足深海科学研究和深海地质资源勘探需要，无论从钻探成本、效率角度，还是从取芯样品质量、适应性角度，研究开发全海深海底钻机都具有不可替代的重要意义。

1.3.2.2 超钻深

从海洋地质与环境科学研究而言，占地球表面约 71% 的海洋还存在大量的未知海域，非常需要经济、便捷的海底钻机去探索，且海底钻进取芯深度越深，获得的地层地质信息就越丰富。从海洋地质资源开发而言，一些具有商业开发前景的矿产资源，如天然气水合物就分布在海床下大约 300~500 m 厚的沉积物中。在我国南海海域就发现了多个水深 1000 多米、埋深 200~300 m 的天然气水合物沉积物。从海洋海底工程建设而言，无论是油气田海底工程还是风电场海底基础，都需要大量钻深几十米到几百米的地质钻探。就目前全球新型海底钻机来说，设计钻孔深度都在 200 m 左右。我国"海牛Ⅱ号"钻机实际钻深达到了 231 m，创造了海底钻机钻深新纪录。所以，为了满足海洋科学研究、深海重要矿产资源勘探战略需要和深远海油气田、风电场工程建设现实需求，扩展海底钻机钻探应用，研究开发钻深能力达到 500 m 的超钻深海底钻机具有重要意义和现实紧迫性。

1.3.2.3 高品质

无论是海洋科学研究还是海洋地质资源与工程地质钻探，确保钻探取芯样本的高品质至关重要，因为岩芯样本是直接获取地质信息的基础，是全面准确认知海洋、评估矿产资源价值和设计海底工程的依据。高品质岩芯样本离不开低扰动取样与原位保真技术。深海钻探取样经历了钻进取样与钻机回收过程，在这个过程中岩芯样本经受的环境压力、温度等会发生显著变化,样本的物理化学生物特性也会随之变化,导致气相溶解、组分损失、有机物分解、嗜压微生物死亡、化学梯度以及变价离子氧化态的变化等问题出现。这就要求取样时能够实现原位环境的保真、保持。例如,天然气水合物在海底赋存时是固态,随着钻机和岩芯样本回收,其环境压力下降,天然气水合物就会挥发。目前,海底钻机保真受限于钻进取芯工艺和结构,多采用机械密封保压、取芯管涂层保温等方法,岩芯样品保真效果仍然不够理想。深海钻机在钻进取样过程中,岩芯既要承受钻具的挤压、冲击作用,又会经受钻进岩屑冲洗水的冲刷,这些可能导致岩芯样本的原始层弯曲、变形和物质流失,从而破坏了样本信息的完整性。因为没有复杂海况、船舶、钻杆对钻探取芯的扰动,海底钻机钻探取芯率明显优于钻探船,实际钻探取芯率高达 80%,但是仍然不够稳定,有时甚至低于 50%。特别是在海底钻机向更大的工作水深和更大的钻进深度方向发展的背景下,岩芯样本环境变化将更加显著,钻进过程中机具与岩芯相互作用更为复杂。所以,以高品质岩芯样本为目标,研究开发岩芯全程保真和低扰动取芯技术具有重要意义。

1.3.2.4　多功能

海底钻机的主要功能是获取岩芯,这使钻探技术在众多的深海探测技术中具有不可替代的地位。然而,海底钻机实际作业时,每一次布放、回收,都需要一定的人力物力和时间成本,自然希望海底钻机具有多种功能,完成多种探测任务。目前,海底钻机会携带多种探测作业工具,包括测量仪、多种探头、声波工具等。例如,英国 RockDrill2 钻机不仅具备岩芯取样功能,还配备了一系列测井工具,包括光学、声学和光谱伽马(OAG)记忆测井仪、双感应测井仪以及磁化率测井仪。此外,该钻机还承载了一种气体顶盖系统,可以用于评估天然气水合物的体积。值得一提的是,该钻机还可携带钻孔塞、Niskin 采水瓶和示踪剂,这些设备可以安装在钻孔中,为海底微生物研究提供重要支持。Niskin 采水瓶和示踪剂主要用于获取取芯前后的水样,并评估钻井液对孔隙水的污染情况,为海底微生物研究提供可靠数据。澳大利亚 PROD2&PROD3 钻机既可进行硬岩取芯,也可利用环境静水压力采用自系留式活塞取芯工具进行沉积物取样,还能利用标准压电圆锥贯入仪、制液压技术 Benthic's 创新型球贯入仪以及碳氢化合物分析系统和深水探测器进行现场分析测试。德国 MeBo200 钻机除进行岩芯取样外,还搭载了钻孔测井工具,包括伽马射线探头、测

量感应 / 电阻率和磁化率探头、CPT 探头以及声波工具，能够进行现场测试与探测。特别值得一提的是，目前海底钻机在完成一个点位的钻探取芯后，需要依靠母船行驶至下一个点位才能进行作业，这对于需要在较小区域内进行多个点位工程地质钻探的项目而言，无疑增加了整体的作业时间和成本。所以，未来海底钻机将发展成为具有一定的行走运动能力、多种海底作业手段的集合体或者海底作业平台。

1.3.2.5　专业化和便利化

通过配备专用的移动式甲板配套装备，如移动式电缆绞车、操作控制室、升沉补偿装置等，海底钻机的作业得以更加专业化和便利化，显著减少了海底岩芯取样的辅助作业时间。以澳大利亚 PROD 海底钻机为例，其被誉为"便携式"是因为其整机系统——包括整个水面控制与布放回收子系统以及水下钻机本体——全部实现了"集装箱化"。专用光电复合电缆及绞车、水面供电系统和甲板操作控制室都安装布置在几个标准船用集装箱内，使用时也无须取出，只需将集装箱体固定在母船甲板上即可作为工作间使用。同样，水下钻机本体和专用布放回收装置在装运时也整体安放于标准船用集装箱内，上船后再从集装箱内取出。这种设计使得钻机系统的运输、吊装以及在母船上部署使用、撤退下船等都变得非常方便灵活，从而实现"便携"的目的。英国海底中深孔钻机 RockDrill2 也采用了类似的设计理念，整机系统实现集装箱"便携化"，整个钻机系统安放于 5 到 6 个标准船用集装箱内，极大地便利了运输过程。在"便携化"基础上，未来钻机逐渐发展为矩阵模块设计钻机，实际应用时，各模块按顺序布放至海底，在海底完成模块组装。这种专业化和便利化兼具的海底钻机将成为未来深海探测装备的首选。

参考文献

[1] ZHONG H P. Exploitation and utilization of marine resources and protection of marine ecology[C]// IOP Conference Series:Earth and Environmental Science. IOP Publishing, 2019, 369(1):012009.

[2] MAESTRO-GONZÁLEZ A. The future of mining:the exploitation of marine geological resources as global commons[J]. Security in the Global Commons and Beyond, 2021:51-68.

[3] REN Z Q, ZHOU F, ZHU H, et al. Analysis and research on mobile drilling rig for deep seabed shallow strata[J]. Marine Technology Society Journal, 2021, 55(2):81-93.

[4] FREUDENTHAL TWEFER G. Shallow drilling in the deep sea:a new technological perspective for the next phase of scientific ocean drilling[C]//IODP New Ventures in Exploring Scientific Targets (INVEST) Conference, 2009:1-6.

[5] ISHIBASHI J, MIYOSHI Y, TANAKA K, et al. Pore fluid chemistry beneath active hydrothermal fields in the mid-Okinawa trough:results of shallow drillings by BMS during TAIGA11 cruise[J]. Subseafloor Biosphere Linked to Hydrothermal Systems:TAIGA Concept, 2015:535-560.

[6] NAKAMURA K, SATO H, FRYER P, et al. Petrography and geochemistry of basement rocks drilled from Snail, Yamanaka, Archaean, and Pika hydrothermal vent sites at the Southern Mariana trough by Benthic Multi-Coring System (BMS)[J]. Subseafloor Biosphere Linked to Hydrothermal Systems:TAIGA Concept, 2015:507-533.

[7] PHEASANT I, WILSON M, STEWART H A. British Geological Survey remotely operated sea bed rockdrills and vibrocorers:new advances to meet the needs of the scientific community[C]. International Workshop on Marine Technology, 2015.

[8] EDMUNDS J, MACHIN J B, COWIE M. Development of the ROVDrill Mk.2 seabed push sampling, rotary coring and in-situ testing system[C]//Offshore Technology Conference. OTC, 2012:OTC-23395-MS.

[9] LUDVIGSEN M, AASLY K, ELLEFMO S, et al. ROV based drilling for deep sea mining exploration[C]//OCEANS 2017-Aberdeen. IEEE, 2017:1-6.

[10] PAK S J, KIM H S. A case report on the sea-trial of the seabed drill system and its technical trend[J]. Economic and Environmental Geology, 2016, 49(6):478-490.

[11] OCHI K, JACKSON E, HIRTZ H, et al. A new generation seafloor drill UNICORN-1[C]//OCEANS 2016 MTS/IEEE Monterey. IEEE, 2016:1-9.

[12] SOYLU S, HAMPTON P, CREES T, et al. Automation of CRD100 seafloor drill[C]// OCEANS 2016 MTS/IEEE Monterey. IEEE, 2016:1-8.

[13] DAVIES P J, WILLIAMSON M, FRAZER H, et al. The portable remotely operated drill[J]. The APPEA Journal, 2000, 40(1):522-530.

[14] RYANG W H, KIM S P, HAHN J. Geoacoustic characteristics at the DH-2 long-core sediments in the Korean continental margin of the East Sea[C]//EGU General Assembly Conference Abstracts, 2015.

[15] FREUDENTHAL T. MeBo200-Entwicklung und bau eines ferngesteuerten bohrgerätes für kernbohrungen am meeresboden bis 200 m bohrteufe, schlussbericht[R]. Berichte aus dem MARUM und dem Fachbereich Geowissenschaften der Universität Bremen, 2016, 308:1-9.

[16] RIEDEL M, FREUDENTHAL T, BIALAS J, et al. In-situ borehole temperature measurements confirm dynamics of the gas hydrate stability zone at the upper Danube deep sea fan, Black Sea[J]. Earth and Planetary Science Letters, 2021, 563:116869.

[17] SPAGNOLI G, FREUDENTHAL T, STRASSER M, et al. Development and possible applications of Mebo200 for geotechnical investigations for the underwater mining[C]// Offshore Technology Conference. OTC, 2014.

[18] WAN B Y, ZHANG G, HUANG X J. Research and development of seafloor shallow-hole multi-coring drill[C]//ISOPE International Ocean and Polar Engineering Conference. ISOPE, 2010.

[19] KIRKWOOD W J. STEELE D E. Active variable buoyancy control system for MBARI'S ROV[C]// Proceeding of the OCEANS'94, Oceans Engineering for Today's Technology and Tomorrow's Preservation, 1994:471-476.

[20] 万步炎, 彭奋飞, 金永平, 等. 深海海底钻机钻探技术现状与发展趋势 [J]. 机械工程学报, 2024, 60(22):385-402.

[21] 金永平, 董向阳, 万步炎, 等. 深海金属采矿装备与技术发展现状及分析 [J]. 煤炭学报, 2024, 49(08):3316-3334.

[22] 邹丽, 孙佳昭, 孙哲, 等. 我国深海矿产资源开发核心技术研究现状与展望 [J]. 哈尔滨工程大学学报, 2023, 44(05):708-716.

[23] 金永平, 万步炎, 刘德顺. 深海海底钻机收放装置关键零部件可靠性分析与试验 [J]. 机械工程学报, 2019, 55(08):183-191.

[24] 刘德顺, 金永平, 万步炎, 等. 深海矿产资源岩芯探测取样技术与装备发展历程与趋势 [J]. 中国机械工程, 2014, 25(23):3255-3265.

[25] 汪品先 . 大洋钻探五十年 : 回顾与前瞻 [J]. 科学通报 , 2018, 63(36):3868-3876.

[26] 张汉泉 , 陈奇 , 万步炎 , 等 . 海底钻机的国内外研究现状与发展趋势 [J]. 湖南科技大学学报 (自然科学版), 2016, 31(01):1-7.

[27] 万步炎 , 黄筱军 . 深海浅地层岩芯取样钻机的研制 [J]. 矿业研究与开发 , 2006 (S1):49-51+130.

[28] 朱伟亚 , 万步炎 , 黄筱军 , 等 . 深海底中深孔岩芯取样钻机的研制 [J]. 中国工程机械学报 , 2016, 14(01):38-43.

[29] 朱伟亚 . 深海底岩芯取样钻机强电系统的设计 [D]. 长沙 : 湖南大学 , 2016.

[30] 王志伟 , 陈国明 , 孙久洋 . 天然气水合物勘探与开发技术研究及方案设计 [C]// 西安石油大学 , 陕西省石油学会 . 2018 油气田勘探与开发国际会议 (IFEDC 2018) 论文集 . 中国石油大学 (华东) 海洋油气装备与安全技术研究中心 , 2018:9.

[31] 李福建 , 王志伟 , 李阳 , 等 . 大洋钻探船深海钻探作业模式分析 [J]. 海洋工程装备与技术 , 2018, 5(05):320-326.

[32] 万步炎 , 金永平 , 黄筱军 . 海底 20 m 岩芯取样钻机的研制 [J]. 海洋工程装备与技术 , 2015, 2(01):1-5.

[33] 万步炎 , 彭奋飞 , 金永平 , 等 . 海洋探测装备收放缆力学性能研究综述 [J]. 中国机械工程 , 2024, 35(09):1521-1533.

[34] 周怀瑾 . 深海海底超深孔钻机支撑系统分析与试验研究 [D]. 湘潭 : 湖南科技大学 , 2020.

第 2 章

液压动力技术

本章将全面介绍动力头式全液压海底钻机的液压动力系统。首先详细阐述液压动力系统的基本原理，并据此提出液压动力系统的设计要求。然后在此基础上，进行液压动力系统的功率计算，并进一步选择适配的液压油，以确保系统的高效运行。针对深海作业环境的特殊性，本章还将介绍水下液压动力通用技术，探讨海底钻机液压系统的压力平衡机理及常见的压力补偿装置，并进行系统压力补偿体积计算。在密封结构方面，本章将介绍往复密封原理及其设计方法，并采用有限元仿真方法，深入分析滑环槽型类型、参数、槽数以及滑环厚度、高度等关键因素对密封性能的影响，为密封结构设计优化提供参考。

2.1　水下液压动力技术

无论是水下液压系统，还是陆地液压系统，其组成部件几乎相同，通常包括油箱、电动机、液压缸、泵和阀门等基本组件。因此，陆地和水下液压系统在原理上是一致的。此外，不同水下设备之间的液压动力系统在基本回路设计方面也具有许多相似之处。这种一致性使得不同设备的液压系统能够相互借鉴，包括具体的实验设计和问题应对方法。

虽然水下液压动力技术与陆地液压动力技术在基本原理上是一致的，但是这两者也存在显著差异。首先，它们的显著区别是水下液压系统存在于压力环境下，为应对这种外部压力，水下液压系统通常采用压力补偿技术进行调整和适应。此外，水下装备的液压控制阀组件为了防止海水腐蚀和实现有效隔离密封，不能直接暴露在外，因此，大部分液压阀组件会被封装在一个由防腐材料制成的箱体中，这个箱体被称为"阀箱"。另外，陆地上的液压系统一般采用传统的矿物油或其他油介质作为能量传递介质，而水下液压系统可以利用其周围天然存在的海水作为液压介质实现系统的能量传递。

在当前的海洋活动中，环境友好性已成为关键考量之一。使用海水作为液压介质能够有效避免传统液压油对水下环境的污染和影响。这种方法的优势不仅在于环保，还在于简化液压系统的结构，因为无须额外设置专用的液压补偿装置，消除了对传统液压油箱的需求，进而降低了设备的总质量和成本。

然而，使用海水作为液压介质也存在明显的缺点。海水本身具有一定的腐蚀性，特别是对液压系统中的阀芯和泵等关键部件，因而需要采用特殊材料以抵抗腐蚀，这就增加了制造和维护成本。此外，海水的润滑性能较差，可能会影响泵和阀门的使用寿命。因此，海水作为液压介质还面临潜在的技术挑战。目前，海底钻机液压系统一般采用矿物油作为液压介质。

2.2　液压动力系统设计

2.2.1　液压动力系统设计要求

鉴于海底钻机的全液压特性，其液压传动系统的设计不仅是机械设计的核心内容之一，同时也直接决定了各项功能的实现效果及整体性能的优劣。虽然陆地全液压钻机的液压系统设计经验在很大程度上适用于海底钻机，例如液压原理图设计、工作参数的选择与计算、系统及元器件的静态和动态响应分析等；但在液压元器件的选型设计、密封材料与结构的选择、深海环境下的压力补偿、油箱及系统的散热设计、元器件的封装与连接方式、自动控制策略，以及设计过程中需考量的各项因素的优先级等方面，海底钻机与陆地钻机存在显著差异，需要特别关注和处理。海底钻机液压动力系统的设计应满足如下要求。

1）必须选用深海适用的液压元器件

这些元器件必须能耐深海高压，耐海水腐蚀，内部没有封闭的空腔。对用于超大深度（水深大于 4000 m）的液压元器件，其材质及公差配合设计还必须考虑深水压力下的体积收缩与变形。液压控制阀必须采用开放的湿式电磁铁驱动。

2）必须采用适用于深海机电设备的特殊密封措施

这包括采用高耐压密封材料和结构，以及采用油和海水双向密封等方式。整个海底钻机液压系统需要完全封闭，确保与外部海水隔离，同时具备良好的密封性和抗腐蚀性能。

3）必须采取深海压力补偿措施

这是为了确保系统所有元器件必须能在数十兆帕的背压下工作，防止外部海水压力对系统造成损害。系统（特别是油箱）设计中必须重视排气措施，因为气泡的存在会影响压力补偿装置的精度，进而影响整个系统的压力平衡。

4）必须采用高可靠性系统设计准则

海底钻机工作于数千米深的海底，一旦出现故障，不仅会导致钻孔报废和孔内钻具丢失，严重时还可能使钻机无法回收。因此，海底钻机液压系统必须选用高质量的液压元器件，必要时可以不计成本。系统设计应遵循简单可靠的原则，通常采用单泵系统，最多采用双泵系统，并且尽量避免复杂的控制原理，为此可以牺牲部分控制性能。

5）必须采用高能量利用效率设计准则

通常，海底钻机液压功率从几十到上百千瓦不等。其中，CRD100 的液压功率为 60 kW，MeBo70 的液压功率为 130 kW，ACS 钻机的液压功率为 45 kW，BMS 钻机的液压功率为 14.9 kW，A–BMS 钻机的液压功率为 45 kW。与陆地钻机不同，海底钻机要通过数千米铠装光纤动力复合电缆向海底输送电力，其最大输电功率有限。海底钻机要想在有限功耗下实现尽可能大的钻进能力，就要求液压系统具有高的能量利用效率。为此，应尽可能采用负载敏感泵或马达，恒功率控制、闭式主回路、电液比例调节等先进的液压控制技术，以提高液压系统能量利用效率。

6）必须采用轻量化设计准则

海底钻机需要通过铠装电缆布放至海底，因此对钻机的质量、体积极为敏感。在相同功率条件下，液压系统的质量、体积越小，意味着铠装电缆在可承受的质量、体积限制下，可以提高系统的功率，从而增强钻机的钻进能力。因此，使钻机实现轻量化是全世界海底钻机研发所要面临的技术难题之一。

2.2.2 液压动力系统原理

海底钻机一般由电机油泵箱、液压阀箱、滤油器、液压管路和各液压执行机构等组成，图 2-1 是我国海底中深孔钻机的液压原理图。在多阀箱系统中，海底钻机至少包含两个液压阀箱，比如设置一个主控液压阀箱和一个辅助液压阀箱。主控液压阀箱主要负责钻进系统的液压控制，包括钻进动力头、供水系统、推进系统等；而辅助液压阀箱则主要承担液压夹持器、钻管接卸机构、液压支腿等辅助部件的控制。

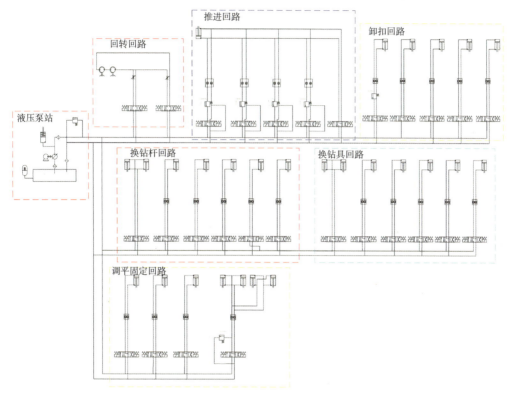

图 2-1　海底中深孔钻机液压原理图

2.2.3　主要液压回路

动力头式全液压海底钻机液压系统一般包含三类主要液压回路：①回转回路，负责驱动和调节动力头和钻杆钻具的回转运动，是钻机最主要、消耗功率最大的回路。②推进回路，负责推进钻头钻具深入孔底并抵紧孔底岩石，同时在结束钻进后提升钻杆钻具。③辅助回路，是多个回路的统称，负责支腿调平、钻杆钻具的存取移位和卡夹接卸等动作。液压动力单元的配置可以是单泵方案（一台液压油泵带所有回路）、双泵方案（两泵一大一小，大泵主要带回转回路，小泵主要带推进回路）和多泵方案。单泵方案的主要优点是系统结构简单可靠、质量轻、体积小，钻进时液压能量可自动合理分配等，适用于小型海底钻机。双泵和多泵方案的主要优点是可以避免各回路之间产生相互干扰，降低能耗，主要用于大型海底钻机。对于回路之间的液压干扰，可通过其他技术途径改善。

2.2.3.1 回转回路

海底钻机的一个重要特点是所获电力供应受到严格限制，要求其液压动力系统不能超载，否则将引起供电系统过载而自动断电，由此引发钻机故障或孔内事故。因此，回转回路通常采用变量泵－定量马达，同时选用带恒功率控制的变量泵作为系统主油泵。只要主油泵的恒功率控制值调定在电机额定功率以下，即可很好地解决系统超载问题。在一定工况条件下，钻头进给速度基本与钻头转速成正比，采用恒功率控制主油泵可最大限度地提高系统能量利用效率。当岩石比较容易切削时，所需破岩功率较小（切削扭矩小），恒功率主泵将自动加大排量，提高钻头转速，从而提高钻头进给速度；反之，当岩石硬度大不易切削时，钻头转速自动降低，以确保系统不超载。

海底钻机冲洗水泵既可以作为一个单独回路，也可以将驱动冲洗水泵的液压马达串联在回转回路上，其位置分布在钻进动力头主马达之后。这样布置的优点在于：一是冲洗功率和钻进功率完全自动分配，充分利用液压系统功率；二是冲洗马达和钻进马达共启停，无须额外的控制输出，减少了控制系统输出量。

国内外有一些海底钻机在其回转回路中采用闭式回路设计，如图 2-2 所示。这种闭式回路的优点之一是其作业效率高。这是因为它没有节流损失功率，损失较小且调速过程平稳、负载响应速度快。因此，这种设计常常用在需要大孔径的复杂地层。

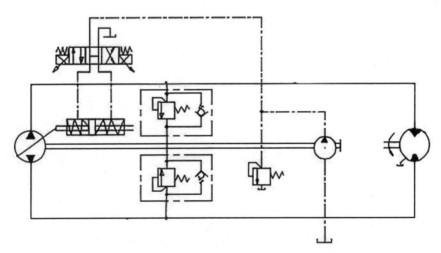

图 2-2　闭式变量泵－定量马达回转回路原理示意图

2.2.3.2 推进回路

如果海底钻机推进机构采用液压驱动，则其推进油缸的进油压力调节方式是推进回路设计的核心。可供选择的调节元件有溢流阀和减压阀。如果海底钻机采用单泵系统，可以采用减压阀，使液压油进入推进油缸之前先通过减压阀将进油压力调节到合适的值。为了得到不同的推进油缸进油压力值，可以采用多个减压阀并联，或者采用单个电液比例减压阀。前者简单可靠、容易操作，但只能得到有限的几个压力值；后者复杂，可连续调节压力，但对控制系统的要求较高。为保证系统可靠性，海底钻机通常选择前者，主要通过开关阀选择合适的减压阀接入。

2.2.3.3　辅助回路

辅助回路执行机构基本全部是液压油缸，每个驱动液压油缸的支路之间一般属于并联关系，均由同一条主回路供油。对于没有使用液压锁的支路，其换向阀一般采用"O"型中位机能；而对于有液压锁的支路，一般采用"J"型三位四通换向阀。与此同时，还需要在液压缸的进油口、回油口添加减压阀或溢流阀。在有必要调速的支路还需要添加调速阀。

在海底钻机的辅助回路中，通常涉及多个油缸的操作。为了避免油缸之间的相互干扰，国内某些单位在生产海底钻机时，采用了具有流量自动分配功能的液压阀箱。这种设计可以有效控制辅助回路中的油缸，确保各油缸能够按照预期的工作状态运作。液压阀箱通过精确分配流量，确保每个油缸都能得到所需的流量，从而避免油缸之间因流量不足或过大而导致的互相干扰。这种设计能够提升系统的稳定性和可靠性，提高整体作业效率。

为直观地理解流量分配系统的布局和功能，图 2-3 展示了液压阀箱的实际外观，再结合图 2-4 所展示的原理图，可以看出液压阀箱如何通过内部的液压通道和控制元件，实现对各油缸流量的精确控制。

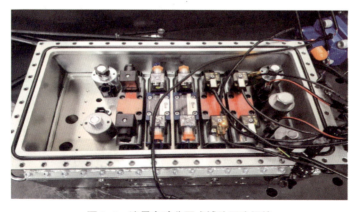

图 2-3　流量自动分配式辅助回路阀箱

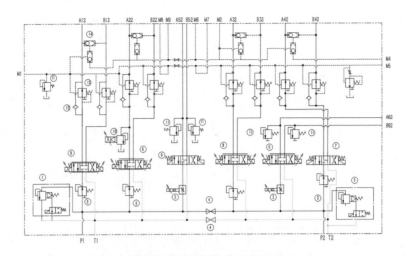

图2-4 流量自动分配辅助回路原理示意图

2.2.4 液压动力系统选型计算

2.2.4.1 液压动力系统功率

设海底钻机所有执行元件所需要的功率为 P_1，液压系统效率一般为70%，则液压系统驱动电机功率 P 应达到：

$$P=P_1 / 0.7 \tag{2-1}$$

2.2.4.2 液压动力系统压力等级

在条件允许的情况下，较高的系统压力可以使液压元件更加紧凑、轻便和高效，因此选择较高的系统压力对于海底钻机的设计有利。然而，系统压力过高将导致元器件价格高昂且选配、密封困难，最终造成系统造价过高。对于我国海底浅孔钻机而言，其液压系统压力为16 MPa，而系统功率仅为8 kW。随着海底钻机功率的进一步增大，液压动力系统的最高工作压力将提升至31.5 MPa，比海底浅孔钻机液压动力系统压力提升近一倍。这样，可以在不增加系统质量和体积的前提下，实现系统功率的大幅提升。

2.2.4.3 液压动力系统最大液压流量

在钻进过程中，钻进动力头上的主液压马达是海底钻机液压动力系统中最主要的液压执行元件，其对液压动力系统流量大小的要求将决定系统油泵的选型。因此，需要确定钻进动力头主液压马达的排量大小。选择液压马达排量的主要依据是其最大输出扭矩。当系统工作压力确定后，液压马达的排量与最大输出扭矩成正比。

系统在进行钻进作业时所需流量最大，钻进作业的主要液压执行元件为钻进动力头驱动液压马达和推进油缸。液压动力系统最大流量为两元件所需流量的总和。

1）钻进动力头驱动液压马达所需流量 Q_d

$$Q_d = qn \tag{2-2}$$

式（2-2）中，q 为钻进动力头驱动液压马达排量，n 为钻进动力头转速。

2）推进油缸所需流量 Q_t

$$Q_t = AV \tag{2-3}$$

式（2-3）中，A 为推进油缸推进时的驱动面积，V 为推进速度。

3）液压动力系统最大流量 Q_{max}

$$Q_{max} = Q_d + Q_t \tag{2-4}$$

4）液压油选择

深海与陆地钻机液压系统在选择液压油时，既存在共性也有各自的特殊要求。共性方面，两者均要求液压油能形成高强度、润滑良好和抗磨损的油膜；适宜的黏度以确保高效的液压操作和减少泄漏；出色的抗氧化性、防锈及防腐蚀能力，抗泡及抗乳化特性；对橡胶材料的良好适应性，以保护密封结构并防止泄漏。而选择海底钻机液压系统所用液压油时还需要考虑其高压环境下黏度稳定性、绝缘性（电机及部分电子线路浸泡其中）和环境友好性（液压油一旦泄漏可能造成污染）。这类液压油，通常由改性植物油提炼而成，具有可生物降解和对环境影响较小的特点，在国外海洋设备中应用广泛。但其价格高昂，因此在某些情况下矿物液压油仍被用作液压介质。

黏度是选择液压油时首先要考虑的因素。黏度过小，液压系统内外泄漏量都会加大，导致系统效率降低，并造成环境污染；黏度过大，则液压油在液压管道和液压元器件中的流动阻力都将大幅增加，导致系统发热严重，液压动力系统效率同样会降低。一般而言，液压油的黏度会随着压力的增大而加大，在深海的高压下，液压油的黏度可能会增加数倍至数十倍。因此，必须根据设备的工作深度，提前选择黏度较小的液压油，使之在给定的深海压力下正好达到合适的黏度。

根据物理学定理，在压力 P 之下液体的动力黏度 μ 可用下式计算：

$$\mu = \mu_0 e^{KP} \tag{2-5}$$

式（2-5）中，μ_0 大气压下液体的动力黏度。K 为系数，各种不同的液体有不同的 K 值。对于矿物液压油，$K=0.015\sim0.035$。

根据式（2-5），当设备工作于 4000 m 水深时（相当于 40 MPa 压力），矿物液压油的黏度将增加 0.8~3.1 倍。可见，如果设备长期工作于 4000 m 水下，所选择的液压油黏度应是陆地条件下的 32%~56%。以平均作业水深 2500 m 左右的海底钻机为例，其选择的黏度可为陆地条件下的 50% 左右。A10VSO28 型液压油泵在大气压力下所适用的液压油黏度为 22~32 Pa·s。如果用于上述海底钻机，则应选择的液压油黏度为 11~16 Pa·s。

深海海水温度一般稳定在 1~3℃之间，属于绝大多数液压油的正常使用温度范围。此外，相较于空气，海水的散热性能更佳，因此对液压油的温度适应性没有特殊要求。但海底钻机液压系统工作时油温升高，为确保系统性能，最好选择黏温特性较好的液压油，这就要求液压油有较高的黏度指数，一般大于 100 即可。对于液压油的绝缘性，由于没有应用于该场合的公认标准，只能采用试验实测方法确定其可用性。

2.3 压力平衡设计

深海环境下的水压极高，水深每增加 100 m，水压大约增加 1 MPa；在数千米的水深处，水压可达到数十兆帕。采取有效的压力平衡措施能够确保相对封闭的海底钻机液压动力系统不被巨大的外部海水压力破坏，并能安全运行。

2.3.1 压力平衡原理

为保证海底钻机液压动力系统压力平衡，液压动力系统需要保持对外部海水的全封闭和密封状态。无论液压动力系统是采用开式还是闭式的形式，都需要确保系统内部的空间被液压油充分填充。在系统尚未入水时，允许液压油中含有极少量的空气气泡，但这些气泡必须处于压力补偿装置的调节范围之内。通过使用压力补偿装置，可以保证油箱内的液压油压力相等或略高于外部海水压力，从而确保油箱壁、元器件及其外壳所承受的内外压力基本相等。在这样的受力条件下，油箱和液压元器件只会经历极其轻微的体积压缩和形变，通常不会对海底钻机液压系统的正常运作造成影响。然而，在水深 4000~5000 m 的极端环境下，液压元器件的压缩和形变可能会对其功能产生负面影响，此时除了实施压力平衡措施之外，还需要在元器件的设计上采取专门的对策。

除了海底钻机液压动力系统需要配置压力平衡装置外，海底钻机其他系统中的部件同样需要设置此类装置。这些部件包括各种电力元件、液压控制阀及各类传感器等。如果这些部件的外壳或安装容器不能够独立抵抗外部海水的压力，就必须在其内部填充液体介质，并采取相应的压力补偿措施。对于每一个封闭的液压系统（或容器、壳体），如果其内部与另一个封闭系统内部填充的是相同的液体介质，并且两者之间通过液体介质管道相连通，那么它们可以共用一个压力补偿装置；反之，则需为每个系统单独设置压力补偿装置。

2.3.2 压力补偿装置

压力补偿装置主要分为两种类型：零压压力补偿装置和正压压力补偿装置。其中，零压表示油箱内压力与外部海水压力相等；正压表示油箱内压力略高于外部海水压力。存在轻微泄漏的情况下，正压压力补偿装置可以有效防止海水渗入液压系统，而零压压力补偿装置则可能导致海水进入系统。因此，通常推荐使用正压压力补偿装置。

压力补偿装置有多种类型，常见的包括膜片式、皮囊式、波纹管式和低阻力活塞式。零压压力补偿装置本质上是一个容器，其内部填充了与待补偿设备内部相同的液体介质。该容器的容积可以在极小的内外压力差作用下快速调整（即膨胀或收缩），直到内外压力达到平衡。正压压力补偿装置则是在膜片、皮囊、波纹管或低阻力活塞的外部添加弹簧组件，以在容器外部施加压力，并传递给其内部液体介质，使其内部液体介质压力始终高于外部海水给予的压力。

2.3.3 压力补偿计算

在海底钻机液压动力系统内部完全充油的条件下还需要进行压力补偿和油液补偿，其原因如下：一是系统内油液在高压下体积会压缩；二是如果系统中有油缸存在，油缸杆伸出和缩回会造成系统体积变化；三是热胀冷缩造成系统内油液体积变化。为确保系统稳定运行，压力补偿装置需能够有效应对上述所有导致系统内部体积变化的因素。压力补偿装置的基本参数是补偿体积，计算系统所需补偿体积 V 的公式如下：

$$V = V_1 + V_2 + V_3 \qquad\qquad (2-6)$$

式（2-6）中，V_1 为系统内油液在高压下体积的压缩量，V_2 为系统油缸杆全伸出和全缩回形成的体积变化量，V_3 为热胀冷缩造成系统内油液体积的变化量。其中：

$$V_1 = PV_0 / E \qquad\qquad (2-7)$$

式（2-7）中，P 为深水压力，V_0 为液压动力系统内全部内充液压油体积，E 为液压油体积弹性模量。对于矿物液压油，$E=（1.2\sim2）\times 10^3$ MPa；如果油中含有少量气泡，则 $E=（0.7\sim1.4）\times 10^3$ MPa。

$$V_2 = \sum \pi d^2 L / 4 \qquad\qquad (2-8)$$

式（2-8）中，d 为每根油缸杆的直径，L 为每根油缸杆的伸出长度。

$$V_3 = V_0(1 + \alpha_V \Delta t) \qquad\qquad (2-9)$$

式（2-9）中，α_V 为液压油热膨胀系数，对于矿物液压油，α_V 的平均值为 $8.75 \times 10^{-4} \, ℃^{-1}$；$\Delta t$ 为水面与海底的温度差。

在 4000 m 的工作水深，即使液压动力系统没有一个油缸，根据以上公式算出的补偿体积，也可能达到系统液压油总量的 3%~5%；如果叠加油缸杆体积，可能达到系统液压油总量的 10%~15%。所以为减小压力补偿体积，应采取抽真空等措施尽可能完全地排出系统油液内的气泡。

2.4　密封结构设计与分析

海底钻机液压动力系统中存在众多需密封的关键部位，本节以调平系统中支腿液压缸密封结构为对象，通过深入分析现有密封结构的特性，设计了一种较为合理的密封结构，并对其密封性能进行了详细分析。

2.4.1　往复密封原理

密封是阻止内外部的流固液等介质从相邻物体接触面泄漏或侵入的措施。流体密封是指在流体系统中，通过各种技术和材料防止流体（如液体或气体）从系统内部泄漏到外部，或防止外部污染物进入系统内部。

2.4.1.1　静密封

静密封中密封结构原理属于弹性体自紧密封范畴，其受力示意图如图 2-5 所示。

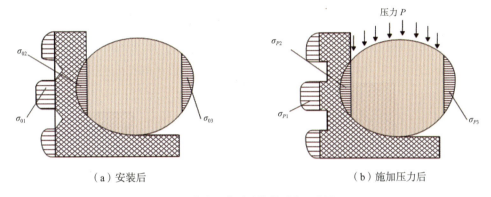

（a）安装后　　　　　　　　　　　　（b）施加压力后

图 2-5　静态下密封结构的受力示意图

图中 σ_{0i} 为安装时密封面的第 i 个初始接触压力，σ_{Pi} 为施加流体压力且轴静止状态的第 i 个接触压力。密封结构在安装完成后，由于 O 型圈挤压变形产生预密封效果，各个接触面上形成初始接触压力 σ_{0i}。当存在流体内压 P 时，O 型密封圈一侧受到压力，流体压力会传递到与密封唇口接触的接触面上，进而使密封面间的接触压力增大至 σ_{Pi}，如图 2-5（b）所示。密封圈初始接触压力 σ_0 与受压力作用的工作状态接触压力 σ_P 的关系如下式：

$$\sigma_P = \sigma_0 + \Delta\sigma_P = \sigma_0 + KP = \sigma_0 + \frac{v}{1-v}P \qquad (2-10)$$

式（2-10）中，σ_0 为密封结构的预接触压力；$\Delta\sigma_P$ 为流体压力以流体静压的方式传递到密封接触面的接触压力；K 为流体压力的传递系数，$K=v/(1-v)=0.9\sim0.985$；P 为流体压力；v 为橡胶材料的泊松比，$v=0.48\sim0.496$。

由式（2-10）可知，当接触压力从 σ_0 增大至 σ_P，由于弹性材料具有不可压缩性，流体介质的压力以静压力的形式传递至密封接触面，在初始接触压力 σ_0 的基础上，产生的接触压力约为 P，即 $\sigma_P=\sigma_0+P$。密封面接触压力 σ_P 始终比产生的接触压力 P 高 σ_0，即可实现自紧密封。σ_P 会随着流体压力而改变，即使流体压力 P 发生改变，密封结构也具有自紧密封功能。综上，密封结构各接触面的最大接触压力 σ_{Pimax} 必须超过流体压力 P（满足 $\sigma_{Pimax} > P$，$i=1$，2，3），是保证海底钻机密封结构形成良好静密封的基本条件。

2.4.1.2 动密封

在轴的往复运动过程中，依靠轴与密封元件之间的润滑表面起到密封作用。往复密封大多属于接触式动密封。与所有接触式动密封一样，这类密封也面临着摩擦、磨损等核心问题。当轴向外伸出（外行程）时，其运动过程会将密封腔内的流体介质带出到外部环境；相反，轴向内回缩（内行程）时，则会将外部流体介质带入密封腔内。在其他环境条件保持恒定的情况下，轴的往复运动会导致其与密封元件接触面的润滑状态及油膜的形成发生持续变化。

轴的密封润滑状态受被轴带进流体介质的行为影响，特别是在每个行程的起始与终止转换瞬间，油膜的构建过程都会导致这些条件的改变。显然，不同行程中密封表现出来的特性不完全相同。具体而言，在轴向外伸出时，需从轴面有效刮除大部分密封流体，尽管如此，仍会有一层极薄的油膜附着于滑动面，并随轴拖拽进入密封界面。相反，在轴向内回缩的过程中，黏附在轴上的油膜又被泵回到密封腔内。一般来说，泵回的液体量不会超过外行程后留在轴上的流体量。因此，密封的净泄漏量为外行程泄漏量和内行程泵回量的差值，即一个循环中的实际泄漏量。轴外行时油膜的压力分布与流速分布如图 2-6 所示。

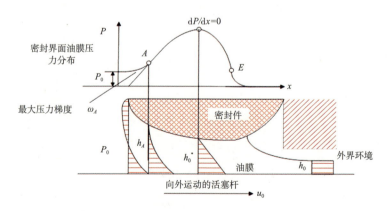

图 2-6　轴伸出时油膜的压力分布与流速分布

由图 2-6 可知，轴从充满流体介质的密封腔以速度 u_0 在 x 轴正向伸出，即从腔内侧向腔外侧运动。设内侧流体介质的压力为 P_0，流体介质形成的油膜厚度为 $h(x)$，油膜的可变压力为 $P(x)$。假设间隙内的黏度 η 恒定不变。令 h_0^* 为最大压力处的膜厚，则一维流动的雷诺方程可写成：

$$h^3 \frac{dP}{dx} - 6\eta u_0 \left(h - h_0^*\right) = 0 \tag{2-11}$$

由上式可知，油膜厚度由压力梯度的分布和轴运动速度共同决定。当确定了压力梯度 dP/dx，即可求解沿着密封接触面的油膜厚度 $h(x)$ 分布规律。对式（2-11）求微分得：

$$h^3 \frac{d^2 P}{dx^2} + \frac{dh}{dx}(3h^2 \frac{dP}{dx} - 6\eta u_0) = 0 \tag{2-12}$$

假设 A 处有 dP/dx 最大值，即 $\frac{d^2 P}{dx^2} = 0$，式（2-12）可简化为：

$$\frac{dh}{dx}\left[3h_A^2 \left(\frac{dP}{dx}\right)_A - 6\eta u_0\right] = 0 \tag{2-13}$$

易知 A 处油膜的厚度梯度 $\frac{dP}{dx} \neq 0$，令 $\omega_A = \left(\frac{dP}{dx}\right)_A$，$A$ 处油膜厚为：

$$h_A = \sqrt{\frac{2\eta u_0}{\omega_A}} \tag{2-14}$$

将式（2-14）代入式（2-11），则轴伸出（向外运动）时最大压力点处的油膜厚 h_0^* 为：

$$h_0^* = \frac{2}{3} h_A = \sqrt{\frac{8}{9} \times \frac{\eta u_0}{\omega_A}} \tag{2-15}$$

式（2-15）中，u_0 为轴伸出速度（外行程速度）。

油膜最大压力梯度处 $dP/dx=0$，油膜流速 u_0 线性减小到零。在密封腔的大气侧，油膜与轴运动速度具有匀速 u_0，此时油膜高度 h_0 是 h_0^* 的二分之一，即：

$$h_0 = \frac{1}{2} h_0^* = \frac{1}{3} h_A = \sqrt{\frac{2}{9} \times \frac{\eta u_0}{\omega_A}} \tag{2-16}$$

轴回缩时膜压力分布与速度的分布如图 2-7 所示。在轴回缩（向内运动）时，与轴伸出时的分析法类似，轴回缩速度为 u_i 时，最大压力梯度处的油膜厚度为：

$$h_i^* = \frac{2}{3}h_E = \sqrt{\frac{8}{9} \times \frac{\eta u_i}{\omega_E}} \qquad (2-17)$$

式（2-17）中，ω_E 为大气侧 E 点的油膜最大压力梯度，即 $\omega_E = \left(\dfrac{\mathrm{d}P}{\mathrm{d}x}\right)_E$。

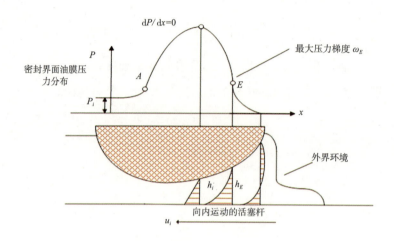

图 2-7　轴回缩时膜压力分布与速度的分布

油膜最大压力梯度处 $\mathrm{d}P/\mathrm{d}x=0$，油膜流速 u_0 线性减小到零。在密封腔的大气侧，油膜与轴运动速度为匀速 u_0，此时油膜厚度 h_i 是 h_i^* 的二分之一：

$$h_i = \frac{1}{2}h_i^* = \frac{1}{3}h_E = \sqrt{\frac{2}{9} \times \frac{\eta u_i}{\omega_E}} \qquad (2-18)$$

联合式（2-17）和式（2-18），轴往复循环运动一次的净泄漏量为：

$$Q = \pi dH(h_0 - h_i) = \pi dH\sqrt{\frac{2\eta}{9}}\left(\sqrt{\frac{u_0}{\omega_A}} - \sqrt{\frac{u_i}{\omega_E}}\right) \qquad (2-19)$$

式（2-19）中，d 为轴的直径，H 为轴的行程。

由式（2-19）可知，净泄漏量与轴的直径 d、行程 H 均成正比，当括号内的项不为正时，表示不发生泄漏。因此，密封接触面内侧有较大接触压力梯度 ω_A 且低压侧有较小接触压力梯度 ω_E 时即可控制泄漏量。此外，泄漏量还和轴回缩速度 u_0、伸出速度 u_i 有关：当 u_0 较小，压力曲线较陡，密封仅允许薄油膜通过外行程；当 u_i 较大，压力曲线平缓，表明密封的泵送能力良好。

一般情况下，密封面接触压力分布较为复杂，需要通过试验得到油膜压力 $\mathrm{d}P/\mathrm{d}x$ 分布。考虑到试验条件的限制和实际操作的复杂性，一般采用有限元数值分析方法较容易求得。当往复轴密封的接触压力分布为三角形时，泄漏量最小，三角形顶点靠近接触面的高压区域。

2.4.2　O 型密封圈

O 型密封圈因其成本低、设计简洁、体积小巧及易于装拆等特点，在船舶、化工、汽车、矿山机械、仪器仪表等多个领域广泛应用，是海底钻机中常用的密封元件。它不仅能够单独作为密封元件应用于低压工况下的静密封、旋转及往复动密封，而且也通常与滑环（滑环材料一般为聚四氟乙烯）构成密封结构。

O 型圈的选型通常依据现有的经验数据和相关资料进行。通过查阅机械手册密封结构中 O 型圈的相关设计标准可知：轴的外径 d_0=100.0 mm 时，选取的 O 型密封圈内径为 d_1=101.0 mm，截面的直径为 d_2=5.3 mm。

聚氨酯、橡胶是 O 型圈的常用材料，现选取几种橡胶材料进行对比分析。氟橡胶具有良好的密封性；丁腈橡胶具有优异的密封性、耐压缩和耐油性；硅橡胶具有优良的弹性和抗失效性。因此以上三种橡胶材料均可以作为高压工况条件下 O 型圈的备选材料，它们的主要性能参数如表 2-1 所示。由于海底钻机中所用密封介质为高压液压油，所以选用丁腈橡胶作为 O 型密封圈的材料。

表 2-1　三种橡胶材料的主要性能参数

种类	拉断强度 / （kg/cm²）	弹性	密封性	抗失效性	耐油性	硬度	压缩永久变形率
丁腈橡胶	50~250	良	优	优	优	15~100	优
氟橡胶	70~200	差	优	良	良	50~90	良
硅橡胶	40~100	优	良	优	差	30~90	优

现选择 Mooney-Rivlin 模型来描述丁腈橡胶的材料特性，模型中参数 C_{01}、C_{10} 为工程上的门尼材料常数。丁腈橡胶材料的硬度 HS=85。弹性模量 E_0 可通过与橡胶硬度 HS 的函数拟合关系式获得：

$$E_0 = \frac{15.75 + 2.15HS}{100 - HS} \tag{2-20}$$

$$C_{10} = \frac{E_0}{6 \times 1.25} \tag{2-21}$$

$$C_{01} = 0.25C_{10} \tag{2-22}$$

最后求解以上三式可得材料参数 C_{10}=1.78 MPa，C_{01}=0.45 MPa。

2.4.3　滑环槽型设计

密封结构中，O 型圈为静密封元件，滑环为动密封元件。可通过在滑环表面开设特定形状和尺寸的槽道，优化流体动力学性能，减少摩擦与磨损，同时增强密封效果，确保在高压、高速或极端工况下仍能维持稳定、可靠的密封状态。可通过有限元仿真分析，设计适用深海高压环境的滑环表面槽型。

1）滑环槽型几何建模

等腰三角形槽型、半圆槽型、等腰梯形槽型、直角三角形槽型及矩形槽型等 5 种不同的滑环槽型的密封结构的几何模型如图 2-8 所示。密封结构滑环的内径 d_1=100.0 mm，外径 d_2=102.0 mm，挡圈外径 d_3=105.7 mm，滑环上倒角半径 r=0.2 mm，圆角半径 R=2 mm。滑环宽度 L_1=6.8 mm，挡圈宽度 L_2=1.2 mm。以等腰三角形槽型尺寸为依据，建立槽截面的形状尺寸依次为：等腰三角形（底 × 高 =1.1 mm×0.5 mm），半圆（半径 r=0.55 mm），等腰梯形（上底 × 下底 × 高 =0.5 mm×1.1 mm×0.5 mm），直角三角形（两条直角边长分别为 1.1 mm 和 0.5 mm），矩形（长 × 宽 =1.1 mm×0.5 mm）。

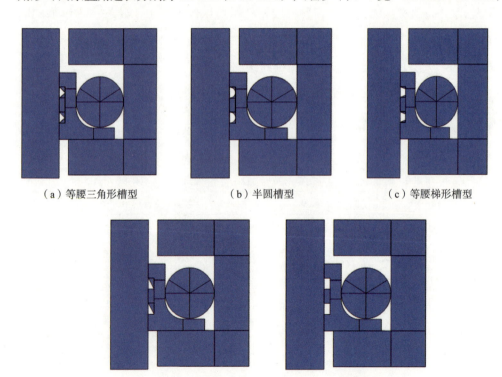

（a）等腰三角形槽型　　　　　　（b）半圆槽型　　　　　　（c）等腰梯形槽型

（d）直角三角形槽型　　　　　　（e）矩形槽型

图 2-8　不同槽型滑环密封结构的几何模型

2）网格划分

在有限元仿真软件 Abaqus 中，设置滑环、O 型圈的网格为四边形，单元类型为杂交单元。缩减积分单元的网格模式采用网格类型中标准的四边形缩减积分网格。

3）接触对

在模型中建立 4 个接触对，并指定主表面与从表面：①沟槽与 O 型橡胶圈。②轴与滑环。③沟槽与滑环。④O 型橡胶圈与滑环。其中，刚性大的表面为主表面，如沟槽、轴等。

4）材料参数

材料都为实体、均质材料。沟槽与轴的弹性模量 E=210 000 MPa，泊松比为 v=0.3；滑环的弹性模量为 E=1020 MPa，泊松比为 v=0.45。橡胶材料可视为不可压缩材料，令 O 型橡胶圈泊松比 v=0.4999，单元类型为超弹体。丁腈橡胶使用简化后的 Mooney–Rivilin 模型描述材料力学行为，其中材料参数为 C_{10}=1.78 MPa，C_{01}=0.45 MPa。

5）载荷与约束

完成仿真要设置两个分析步骤，分别为模拟密封结构安装到沟槽内的过程和模拟密封介质压力加载。其中，分析步骤 1 主要是在建立好密封结构模型后施加适当的边界条件；分析步骤 2 主要是设置密封介质压力为 55 MPa。

6）仿真结果分析

结合仿真数据，探究滑环与轴的接触压力分布规律，结果如图 2-9 所示。当滑环的截面槽型为半圆、等腰三角形、等腰梯形时，接触压力分布曲线与往复动密封原理不一致；当滑环截面槽型为直角三角形和矩形时，接触压力分布规律与往复动密封原理一致。这是由最大 Von Mises 应力分布位置造成的，该应力分布在槽的非工作面上，有利于提高密封性能。当滑环槽型的截面为矩形时，与轴之间的接触压力分布均匀，避免了接触压力过于集中的问题。因此，对于海底钻机所用的密封滑环，矩形截面的滑环槽型是一个较为理想的选择。

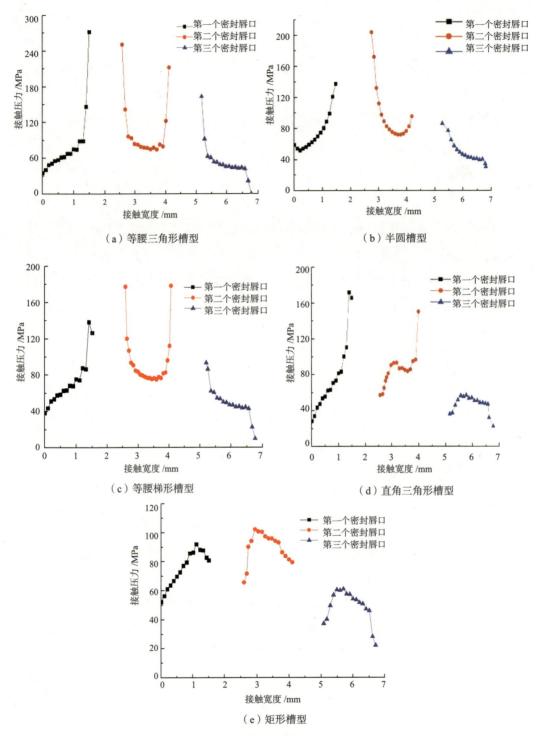

（a）等腰三角形槽型

（b）半圆槽型

（c）等腰梯形槽型

（d）直角三角形槽型

（e）矩形槽型

图 2-9　5 种不同截面滑环接触压力分布变化曲线

2.4.4　往复密封性能分析

滑环厚度、高度及矩形槽型等几何参数都对密封结构的性能和使用寿命具有显著影响。现采用有限元仿真方法探究这些因素影响密封性能的方式，并根据结果确定滑环结构尺寸。

2.4.4.1　开槽数量的影响

在密封结构滑环上设计槽口能够减小接触面的摩擦区域，并且同时提升密封面上的接触压力，这对增强密封性能有益。此外，滑环上槽口数量同样是关键因素，直接影响结构的密封性能。现设计三种不同滑环槽数下的密封结构，三种槽数目分别为 1、2、3，设置工作压力为 55 MPa，主要密封区域 A、B、C 处（图 2-10）的最大接触压力曲线如图 2-11 所示。

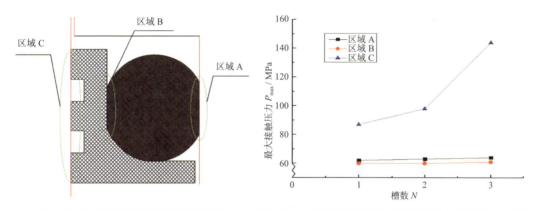

图 2-10　密封结构三个密封区域示意图　　图 2-11　三种不同槽数下的密封区域最大接触压力曲线图

当槽的数目增加时，密封区域 A 和区域 B 处的最大接触压力基本保持不变，而密封区域 C 处的最大接触压力变化较大。这是由于 O 型圈向滑环施加的压力基本为恒定值，滑环的槽数越多，滑环与轴的接触面积减小，区域 C 处的最大接触压力增大。

再对槽数为 1 和 2 的密封结构的滑环与轴的接触压力分布情况进行分析，结果如图 2-12 所示。槽数为 2 的滑环上唇口与轴的接触压力分布较均匀，符合往复动密封原理。双槽设计的滑环会形成多级密封，使流体介质对各个唇口上的压力逐级递减，增强了密封性能。综合考虑上述因素和储存杂质、液压油等因素，滑环开槽数为 2 个较佳。

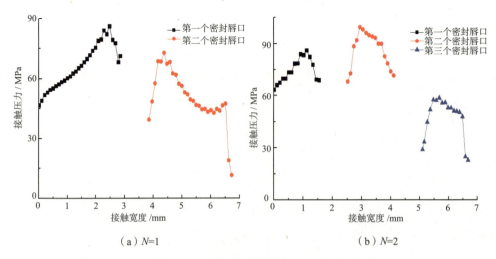

（a）N=1　　　　　　　　　　　　　　　（b）N=2

图 2-12　不同槽数滑环接触压力分布变化曲线

2.4.4.2　槽型尺寸的影响

建立 6 种矩形槽密封结构有限元模型，其长宽尺寸分别为 1.1 mm×0.5 mm、1.1 mm ×0.8 mm、1.5 mm×0.5 mm、1.5 mm×0.8 mm、1.8 mm×0.5 mm、1.8 mm×0.8 mm。提取以上 6 种不同槽型的密封结构滑环 Von Mises 应力分布云图，如图 2-13 所示。

增大滑环槽尺寸能减小滑环与轴的接触面积，还能储存一定量的有润滑效果的密封流体介质，有助于减少滑环磨损。但是，滑环槽的尺寸增大也会导致最大 Von Mises 应力增加，这可能增加裂纹与破坏风险，造成密封失效。因此，不宜选择尺寸过大的槽型。此外，密封区域 C 处的接触压力不应远大于密封流体介质压力，且压力分布需保持相对均匀。因此，选择滑环槽的长宽尺寸为 1.1 mm×0.5 mm。

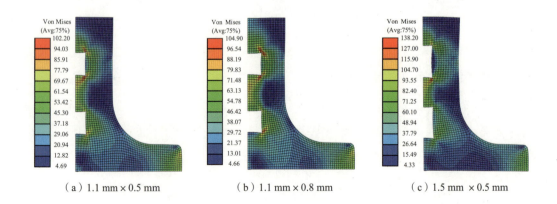

（a）1.1 mm×0.5 mm　　　　　　（b）1.1 mm×0.8 mm　　　　　　（c）1.5 mm×0.5 mm

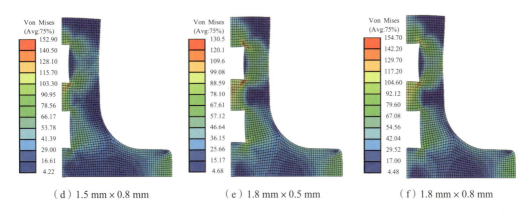

（d）1.5 mm×0.8 mm　　　　（e）1.8 mm×0.5 mm　　　　（f）1.8 mm×0.8 mm

图 2-13　6 种槽型尺寸滑环的 Von Mises 应力分布图

2.4.4.3　滑环厚度的影响

滑环厚度对密封结构性能具有重要影响。密封结构的安装示意图如图 2-14 所示。密封结构中各结构参数的关系如下式：

$$k = d_4 + h - (H + \sigma) \tag{2-23}$$

式（2-23）中，k 为 O 型圈安装量，σ 为密封沟槽与轴的间隙，H 为密封沟槽深度，h 为滑环厚度，d_4 为 O 型圈直径。

滑环厚度 h 的取值范围设置在 1.4~3.0 mm 之间，设定增量为 0.1 mm。分别对密封结构在工作压力为 55 MPa 下进行有限元分析。建立不同滑环厚度的有限元模型，根据仿真结果获得了不同滑环厚度密封面上各个接触区域的最大接触压力变化曲线，如图 2-15 所示。

根据图 2-15 可得到以下结论：①密封区域的最大接触压力随滑环厚度的增大而减小；密封区

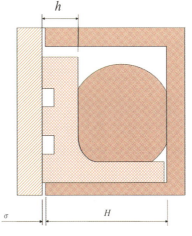

图 2-14　密封结构的安装示意图

域 A 和区域 B 的最大接触压力变化幅度较小，而在密封区域 C 的最大接触压力变化幅度较大。②滑环厚度在 1.4~3.0 mm 范围内时，密封结构在三个区域的最大接触压力均高于密封介质压力，能够实现良好的密封效果。

关于滑环厚度的选择，首先应考虑安装的便捷性。如果滑环过厚，会增加装配难度，且滑环材料刚性较大，会导致"跟随补偿性"减弱，难以适应微小变化。因此，应优先考虑较薄的滑环。然而，在高压环境下，若滑环厚度低于 1.8 mm，密封面上的接触压力会显著增大，滑环对高压的敏感度提高，容易产生较大的变形和应力，进而加速滑环的磨损，最终导致密封失效和介质泄漏。综合以上因素，滑环的设计厚度为 1.8 mm 比较合理。

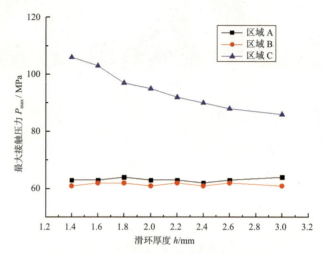

图 2-15　不同滑环厚度的密封面最大接触压力曲线图

2.4.4.4　滑环挡圈高度的影响

在高压工作条件下，O 型圈可能会部分挤入沟槽与滑环之间的间隙（图 2-16），导致 O 型圈局部出现剪切应力集中，并且随着工作介质压力的增大，剪切应力会进一步加大。这种情况容易导致在轴运动过程中 O 型圈发生剪切，进而引起密封间隙的咬伤，即所谓的"间隙咬伤"。使用挡圈可以有效防止 O 型圈的"间隙咬伤"，从而提升其在高压条件下的工作性能。如果挤入间隙的 O 型圈长期处于剪切力作用下，容易造成 O 型圈割伤。

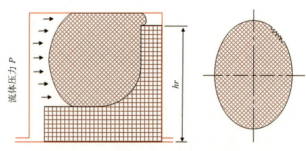

图 2-16　O 型圈"间隙咬伤"示意图

通过调整滑环挡圈的高度（记作 hr）来控制 O 型圈挤入间隙的程度以避免 O 型圈发生"间隙咬伤"现象。具体来说，将滑环挡圈的高度 hr 设定在 4.8~6.3 mm。在此基础上，构建 4 种不同滑环高度的密封结构有限元模型，并进行有限元分析，得到了 O 型圈剪切应力云图，如图 2-17 所示。

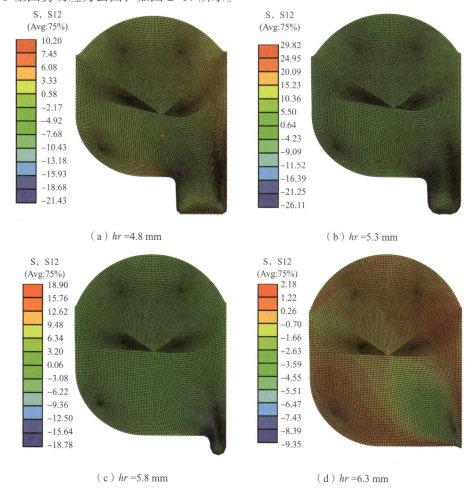

（a）hr =4.8 mm　　　　　　　　　　（b）hr =5.3 mm

（c）hr =5.8 mm　　　　　　　　　　（d）hr =6.3 mm

图 2-17　4 种滑环挡圈高度下 O 型圈的剪切应力云图

当滑环挡圈高度 hr 从 4.8 mm 增加到 5.3 mm 时，O 型圈所承受的剪切应力由 10.2 MPa 上升至 29.82 MPa；而当 hr 进一步增大至 6.3 mm 时，剪切应力却下降至 2.18 MPa。可以推断，O 型圈所受的剪切应力在滑环高度 hr 为 5.3 mm 时达到峰值。此外，随着滑环挡圈高度的提升，它被挤入间隙的量会减少。因此，适度增大滑环挡圈高度能有效预防因剪切应力过大而导致的 O 型圈损坏，延长 O 型圈的使用寿命，降低密封结构失效风险。因此，选择较大的滑环挡圈高度值更为合理。

基于上述分析，确定滑环具体参数如下：开矩形槽，数目为 2 个，矩形槽长宽尺寸为 1.1 mm × 0.5 mm；滑环厚度 h 为 1.8 mm，滑环挡圈高度 hr 为 6.3 mm。此滑环组成的密封结构的密封性能较好，有利于提高其可靠性与使用寿命。

参考文献

[1] 彭佑多，余兵，高光辉，等 . 电液集成式液压提升机的电液速度伺服控制系统的分析与综合 [J]. 中国机械工程，2007 (22):2682-2686.

[2] 何军 . 液压缸活塞密封性能的有限元分析 [J]. 装备制造技术，2016 (01):237-239.

[3] 易攀，金永平，彭佑多，等 . 深海高压环境下组合密封结构性能分析 [J]. 湖南科技大学学报 (自然科学版), 2018, 33(02):34-39.

[4] 邓斌 . 海底多金属硫化物取样钻机支撑系统设计及着底动力学分析 [D]. 湘潭 : 湖南科技大学，2021.

[5] 危超亭 . 深海高压环境下旋转动密封性能分析与试验 [D]. 湘潭 : 湖南科技大学，2023.

[6] 刘银水，吴德发，李东林，等 . 海水液压技术在深海装备中的应用 [J]. 机械工程学报，2014, 50(02):28-35.

[7] 周锋 . 深海 ROV 液压推进系统的稳定性和控制方法研究 [D]. 杭州 : 浙江大学，2015.

[8] 刘银水，吴德发，李东林，等 . 深海液压技术应用与研究进展 [J]. 机械工程学报，2018, 54(20):14-23.

[9] 张萌，李波，秘成良 . 全液压深孔岩芯钻机液压系统设计与研究 [J]. 机床与液压，2008, 36(12):102-104+106.

[10] 崔小明 . 工程塑料聚四氟乙烯改性研究进展 [J]. 有机氟工业，2009 (03):52-58.

[11] 李志方，高诚辉，林有希 . 聚四氟乙烯的摩擦学改性 [J]. 塑料工业，2005 (08):11-14.

[12] 赵普，刘近朱，王齐华，等 . 聚苯酯、聚酰亚胺填充聚四氟乙烯复合材料的摩擦学性能研究 [J]. 材料科学与工程学报，2003 (06):851-854.

[13] 李继和，蔡宁，林海学 . 机械密封技术 [M]. 北京 : 化学工业出版社，1988.

[14] 任全彬，蔡体敏，安春利，等 . 硅橡胶 "O" 形密封圈 Mooney-Rivlin 模型常数的确定 [J]. 固体火箭技术，2006,29 (02):130-134.

[15] 郑明军，王文静，陈政南，等 . 橡胶 Mooney-Rivlin 模型力学性能常数的确定 [J]. 橡胶工业，2003,50 (08):462-465.

[16] 贺庆平，张付英，沈晓斌 . 基于有限元分析的液压往复密封优化设计 [J]. 机械设计与制造，2008 (07):6-8.

[17] 马季 . 高压螺旋输送机组合密封结构的性能分析 [D]. 北京 : 北京化工大学，2013.

[18] 何军 . 基于海底钻机高压组合密封的结构设计与分析 [D]. 湘潭 : 湖南科技大学，2015.

第 3 章

动力头与钻管接卸技术

　　本章将详细介绍海底钻机动力头与钻管接卸技术。首先阐述动力头、推进系统、钻管接卸存储系统的基本原理，并结合稳定、安全、高效的海底作业需求，设计具体的系统结构。在结构的基础上，介绍动力头的动力传递、冲洗水循环、钻管抛弃、绳索打捞，以及钻管库的钻管转移存储、钻管拧卸等重要工作过程。最后，构建钻管存储机构的动力学模型，深入分析转盘油缸等部件的运动与受力规律，以确保系统对海底岩层的稳定动力输出，确保设备在卡钻等突发状况下的安全脱离与回收，实现钻管和岩芯管的精确接卸和高效存储。

3.1　动力头与钻管接卸原理

　　海底钻机在工作过程中，一方面将液压马达输出的高速旋转动力经齿轮箱减速后转化为适合钻进作业的低速高扭矩输出动力；另一方面利用液压缸提供的动力实现接卸存储机构移管、对中和接卸等功能。

3.1.1　动力头与钻管接卸存储系统组成

　　动力头与钻管接卸存储系统由动力头、推进系统、钻管接卸存储系统组成，为海底钻机提供钻进动力，推动动力头和钻具向下进给，为提高钻深能力、存储钻探样本提供保障。

　　动力头是海底钻机的核心组件之一，其设计需兼顾高负载条件下的稳定性与精度，以确保钻管的平稳运行及深海作业的精确性。动力头的主要功能是为钻管提供可靠的旋转动力。通过驱动装置和传动机构，动力头将机械能高效转化为钻管的旋转运动，并与推进系统协作对岩层实施钻进。

推进系统能够带动钻机动力头沿垂直滑轨上下滑动，从而实现动力头和钻具的进给，其刚度和稳定性关乎钻孔的精确度和稳定性。对于传统的推进系统，增加钻进动力头行程往往会增大钻机高度和动力油缸安装空间，很难实现钻机整体结构的紧凑性和轻量化。而海底钻机的倍程推进系统，通过动滑轮和定滑轮的组合，既能保持钻机结构紧凑，又能实现较长的钻进动力头行程。

钻管接卸存储系统通过钻管存储机构、钻管接卸装置的协同工作，完成钻管的存储、接卸和移管操作。在钻管存储机构中，移管机械手能适应不同外径并提供可靠夹持力，负责在钻管库与动力头位置之间搬运钻杆钻具及岩芯管；盘式钻管库具备多层存储结构，负责存放备用钻杆钻具，以及存储样本岩芯管。在钻管接卸装置中，对中装置负责对中上、下两根钻管的轴线；接卸卡盘负责夹持上钻管并旋转；夹持装置负责固定夹持下钻管。各部件共同实现钻管或钻具丝扣的拧卸。

3.1.2　动力头工作过程

动力头工作过程包括运行阶段、调整阶段以及钻管更换与收尾阶段等三个阶段，依靠动力头、给水装置、推进系统等部分协调配合。动力头工作流程图如图 3-1 所示。具体钻进系统操作过程如下。

1）运行阶段

在系统开始工作之前，动力头已与第一根主动钻管完成连接。当钻进系统启动时，给水装置、动力头及推进系统同步运转。动力头负责提供切削地层所需的扭矩，推进系统则提供向下的推进力。与此同时，给水装置将海水泵送至钻管水路，用于冲洗和冷却钻头。

2）调整阶段

在钻进过程中，由于地层复杂，可能会发生卡钻现象。当遇到卡钻问题时，可通过上提钻管重新定位等方式进行调整，以恢复正常钻进。如果钻管无法回收，为保护钻机主体并减少损失，可启用钻管抛弃装置，使海底钻机与卡滞的钻管脱离，并将海底钻机主体安全回收。

3）钻管更换与收尾阶段

当钻机推进至最下端时，需要为动力头接入新的钻管。接入新钻管后，钻机可继续进行下一轮作业。如果作业完成，则应按程序回收所有钻管，并结束作业。

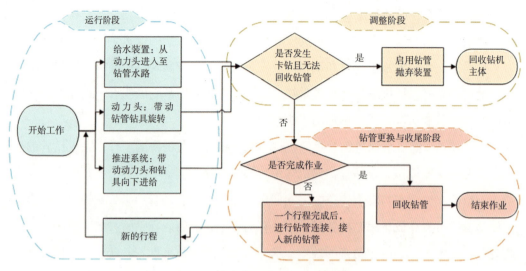

图 3–1 海底钻机动力头工作流程图

3.1.3 接卸存储工作过程

接卸存储工作过程包括接入新钻管、输送新钻管、对中校准、丝扣连接、动力头连接以及松开夹持以及钻管回收等步骤，图 3–2 为钻管接卸流程图，图 3–3 所示为动力头与钻管接卸系统。钻管接卸存储具体过程如下。

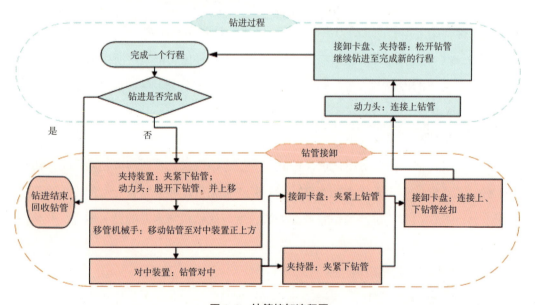

图 3–2 钻管接卸流程图

接入新钻管：当上一钻进行程完成后，若需继续向更深处钻进，则需接入新的钻管。此时，动力头已移动至行程最底端，夹持装置夹紧下钻管，动力头与下钻管脱开，并向上移动，为接入新钻管预留空间。

输送新钻管：移管机械手将新钻管（即上钻管）移动至对中装置的正上方，为后续操作做好准备。

对中校准：对中装置对上钻管进行校准，使其与接卸卡盘中孔及下钻管趋于同轴状态，以确保丝扣连接的精确性。

丝扣连接：接卸卡盘夹紧上钻管，通过旋转和下移的联合动作，实现上、下钻管丝扣的精确连接。

动力头连接：完成丝扣连接后，动力头与上钻管接合，为后续钻进提供动力。

松开夹持：接卸卡盘与夹持装置松开对上、下钻管的夹持，钻机恢复正常作业状态，继续新的钻进行程。

钻管回收：在钻进任务结束后，需对钻管进行回收。回收过程为钻管连接过程的逆操作，逐步拆卸并存储所有钻管。

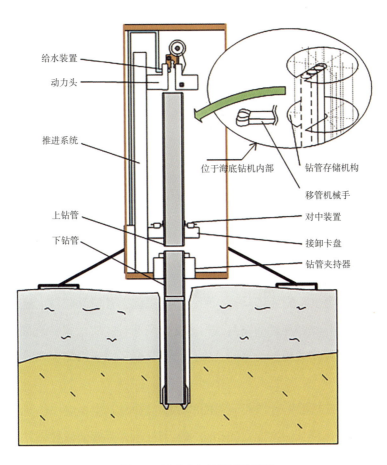

图 3-3　动力头与钻管接卸系统

3.2　动力头

动力头的性能直接影响钻探作业的效率与质量。作为钻管动力输入来源的关键装置，动力头通过液压驱动实现钻管的旋转运动，并结合推进系统完成钻具的轴向进给。与此同时，动力头还需满足复杂深海环境下的高稳定性与高可靠性要求，确保在高压、低温、强洋流等极端条件下稳定运行。此外，为适应多种作业需求，钻进动力头通常集成通孔给水、绳索打捞、压力补偿、钻管拧卸等多项功能，是深海钻探设备自动化和高效化的保障。本节将对动力头的结构组成及工作原理进行阐述。

3.2.1　主体结构

以提钻方式取芯的海底钻机动力头结构如图 3-4 所示，其主体结构包括主轴、液压马达、给水装置、钻管抛弃结构和卸扣油缸等。因为钻进的深度较浅，所以仅由液压马达将动力直接输出给钻管，能够对钻管进行拧卸。此外，钻机还配备了合理的给水装置，其中供水管设置在动力头下端侧部，便于供水过程的操作与管理。为了进一步提高设备运行的安全性，配备钻管抛弃结构，用于保护钻机主体，确保工作时间的稳定性。图 3-4（d）所示为 ROVDrill 钻机中的动力头。

1）主轴

主轴通过键与可抛弃连接轴连接，可抛弃连接轴通过变径通孔内的钢球与主轴固定，并通过螺纹与钻管相连。主轴外套环形弃轴活塞组件。钻进时，液压马达输出的扭矩经主轴和可抛弃连接轴传递至钻管，再由钻头切削岩层。

2）液压马达

液压马达可分为主、副液压马达，两者协同工作，各司其职：主液压马达驱动钻管，并带动钻管及其丝扣连接的钻具进行高速正向旋转，实现岩层的高效切削；副液压马达则负责为钻孔作业提供所需的工作压力和流量，输送冷却水和清渣水流。

3）卸扣油缸

卸扣油缸用于拧松因钻进作业而紧固的钻管丝扣，其主要组件包括卸扣活塞、棘爪、棘爪销、扭力弹簧及油缸盖。卸扣活塞为圆柱形，其侧面设置长方形槽，与油缸壳体内部的对应槽配合，用于安装棘爪。工作时，高压液压油推动卸扣活塞沿双向运动路径运行。上移时，棘爪嵌入壳体内部，与棘轮形成棘轮 – 棘爪机构，驱动棘轮逆时针转动，进而通过与棘轮相连的主轴产生高反转扭矩，足以拧松紧固的钻管丝扣。卸扣活塞下移至最底部时，棘爪自动回缩，棘轮与主轴恢复自由转动状态，确保后续操作的顺利进行。

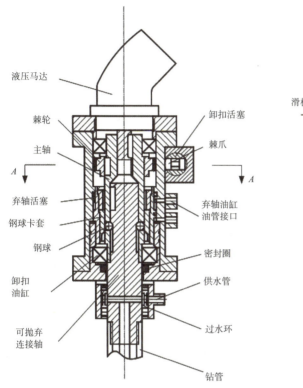

（a）动力头剖视图

（b）动力头三维视图

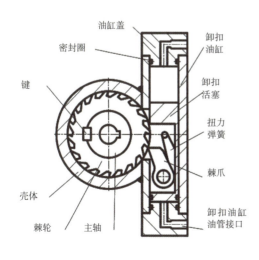

（c）A-A 向剖视图

（d）钻机动力头的应用

图 3-4　钻机动力头

3.2.2　冲洗给水结构

动力头在冲洗水循环系统中起到了过渡连接的作用。动力头的冲洗给水结构由供水管和过水环组成，如图 3-4（a）所示。工作时，水泵将水流从供水管引入可抛弃连接轴内部的通水孔，随后通过多个串联钻管中的中芯孔传至孔底。冷却水流经钻管外壁与孔壁之间的环形空间排出孔外，从而完成钻孔排渣、钻头冷却、稳固钻孔壁的任务。海底钻机的冲洗水循环系统将在第 4 章进行介绍。

3.2.3　钻管抛弃结构

钻管抛弃结构用于应对卡钻等事故，旨在保护海底钻机主体免受损害。该结构的核心组件为环形弃轴活塞组件，由弃轴活塞、固定环、钢球卡套、弹性卡环、活塞套及钢球等组成。在正常状态下，钢球由钢球卡套固定在主轴的通孔内，部分球体突出并顶住插入主轴的可抛弃连接轴台阶，从而实现对连接轴的固定及轴向拉力的传递。当需要实施抛弃操作时，高压液压油注入环形弃轴活塞组件下部的油腔，推动弃轴活塞向上运动，同时带动钢球卡套上移。随着卡套喇叭口锥度释放对钢球的约束，钢球在主轴通孔的锥度作用下向外移动，直至失去对连接轴台阶的支撑。此时，可抛弃连接轴及钻管脱离主轴并自由下落，从而完成抛弃操作。

3.2.4　齿轮箱结构

为了增加海底钻进深度，动力头需要更大的扭矩。可以增加减速齿轮箱以增大扭矩，压力补偿器则起到补偿齿轮箱内部油压的作用。

1）齿轮箱的作用与结构

随着钻进深度的增加，地层对钻管的摩擦力显著增大，液压马达与钻管直接以 1 ∶ 1 传动的方式难以提供足够的扭矩。为此，在中深孔钻探中加入齿轮箱，可将液压马达的动力转换为低转速大扭矩输出，并传递至钻管。齿轮箱结构主要由箱体、转动轴、齿轮、轴承及密封组件构成，内部通过高压液压油润滑，压力略高于外界海水压力以防止海水侵入，保障齿轮箱内部的稳定性。

2）压力补偿器的功能与应用

压力补偿器主要应用于带齿轮箱的动力头，通常固定安装于减速箱侧壁。其结构包括压力补偿筒、端盖、活塞和弹簧等部件。压力补偿筒顶部配备进、出油管接头，进油管设有单向阀，确保油液只能单向流动。出油管连接至减速箱顶板的油管接头，形成完整的油路系统。通过引入海水压力，补偿器可自动调节内部油压，从而保障海底钻机在深海高压环境下的稳定运行。

3.2.5　绳索打捞结构

钻进深度较浅时通常采用提钻取芯法来回收岩芯管，但随着钻进深度的增加，此方法的取芯效率和质量逐步下降。因此，针对更深的取芯作业，海底钻机通常需要具备岩芯管打捞功能，即在完成每一根钻杆的钻进后，通过绳索打捞结构将岩芯管从钻孔位置打捞至钻机主体。因此，可将绳索打捞结构设置在动力头，形成带打捞功能的动力头；或者为减轻动力头负载，将该结构设置在桅杆架，以提升整体稳定性并实现轻量化。

绳索打捞结构如图 3-5 所示，主要由打捞器、钢丝绳、绳索打捞绞车及动力结构组成（动力结构未绘制）。绳索打捞绞车可与钻进动力头固定，随动力头一同运动。钢丝绳一端缠绕于绳索打捞绞车的卷筒，另一端则连接至打捞器。打捞器置于主轴中心孔内，其直径小于主轴中心孔的孔径。在正常钻进时，打捞器位于最上端堵住通孔，使得钻具内部形成冲洗水通路。在一个钻进行程完成之后，供水管停止供水，打捞头下放并与岩芯管连接，在绳索打捞绞车的作用下，拉动钢丝绳，将打捞器往上提，以实现岩芯管的快速稳定打捞。

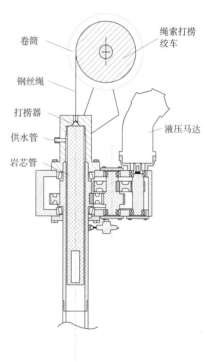

图 3-5　绳索打捞结构

3.3　推进系统

钻机推进系统负责将钻具稳定、精准地推入岩层，从而实现连续钻进作业。推进系统的设计不仅要求高效传递推进力，还需与动力头、钻管接卸装置等模块紧密配合，实现作业的协调性与连续性。

3.3.1　油缸推进系统

油缸推进系统的结构较为简单，主要由液压马达、推进油缸、桅杆架、滑轨组成。推进油缸的缸筒铰接在桅杆架上，油缸杆则与动力头的滑板连接。动力头的滑板安装于桅杆架的垂直滑轨，能够在滑轨上实现垂直往复移动。在工作时，液压马达带动推进油缸实现往复运动，推进油缸则连接动力头的滑板，使得动力头在滑轨上完成推进运动。油缸推进系统的优点是结构简单，维修方便；缺点是行程短，工作效率低。

3.3.2　链条推进系统

链条推进系统主要由液压马达、链轮组、链条及张紧装置等构成（图3-6）。链条推进系统能提供稳定的推进力，驱动钻具进行钻探作业。系统具有结构简单、传动效率高、承载能力强等特点，能在复杂海底环境中持续运行，满足深海钻探需求。

3.3.2.1　结构组成

1）液压马达

作为动力源，与主动链轮连接，提供链条推进所需的驱动力。具有体积小、质量轻、扭矩大等特点，能够方便地安装并固定在桅杆架上。

2）链轮组

链轮组包括主动链轮和从动链轮。上侧的从动链轮和主动链轮铰接于桅杆架，下侧的从动链轮则铰接于张紧装置。主动链轮由液压马达驱动，从动链轮则随链条的运动而转动。链轮组的设计需要考虑链条的强度和耐磨性，以确保在长时间的海底钻探作业中能够保持稳定和可靠。

3）链条

链条的作用是连接主动链轮和从动链轮，传递动力并实现推进功能。链条需要具有高强度、耐磨、耐腐蚀等特性，以适应海底复杂的环境。

4）张紧装置

用于调节链条的松紧度，确保链条在传动过程中能够保持稳定和可靠。张紧装置的设计需要考虑海底钻机的整体结构和空间布局，以确保其能够方便地安装和维护。

5）滑轨和滑板

滑轨用于引导和支承滑板的竖直运动，滑板则用于承载动力头并与链条连接。在链条的作用下，滑板能带动动力头在滑轨上实现推进运动。

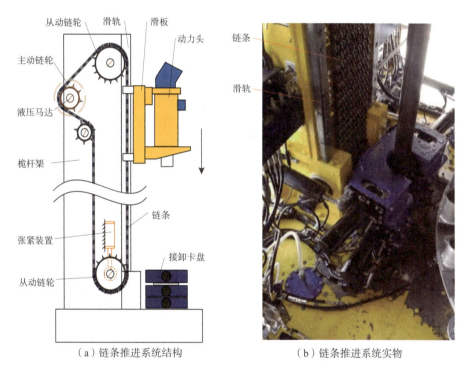

（a）链条推进系统结构　　　　　（b）链条推进系统实物

图 3-6　链条推进系统

3.3.2.2　工作原理

（1）当液压马达接收到启动信号时，即开始旋转并驱动主动链轮转动。

（2）主动链轮的转动带动链条运动。链条通过传动使滑板、钻具及相关部件沿滑轨前进，实现钻探推进。

（3）在链条传动过程中，张紧装置能通过改变从动链轮间距，对张紧力进行自动调节，以确保链条在传动过程中能够保持稳定和可靠。如果链条过松或过紧，张紧装置会相应地调整链条的张力，以避免链条脱落或损坏。

3.3.3 钢丝绳倍程推进系统

钢丝绳倍程推进系统主要由推进油缸、滑轮组、钢丝绳、张紧调节装置组成。系统通过滑轮和钢丝绳的组合增加了动力头的行程，而合理的滑轮设计与钢丝绳张紧调节装置则实现了高效、稳定的推进功能。图 3-7（a）和 3-7（b）所示为湖南科技大学具有自主知识产权的钢丝绳倍程推进系统。图 3-7（c）所示为美国 A-BMS 钻机中的钢丝绳倍程推进系统，虽然其结构与我国自主研发的钢丝绳倍程推进系统有所区别，但原理具有相似性。

3.3.3.1 结构组成

1）推进油缸

推进油缸的一端铰接于桅杆架内部，油缸杆上端与推进耳环连接。为了使动力头能够获得足够的行程，推进油缸的行程应比海底钻机内其他油缸更长。

2）推进耳环

推进耳环与推进油缸的油缸杆连接，两侧用于安装动滑轮，能够在推进油缸的作用下带动动滑轮在桅杆架的滑槽内上下移动。

3）滑轮组

滑轮组包括动滑轮和定滑轮，定滑轮铰接于桅杆架上下两端，动滑轮则铰接于推进耳环，能够配合钢丝绳将推进行程扩大 1 倍。

4）钢丝绳

钢丝绳绕过滑轮组，连接滑板，推动动力头在垂直滑轨内上下移动。钢丝绳末端连接张紧调节装置。

5）张紧调节装置

两侧的钢丝绳张紧座固定在钻机桅杆架上，钢丝绳调节螺杆套装在张紧座内，并通过旋转螺母调节张紧度。调节螺杆的端部与钢丝绳固定连接，旋转螺母可调节钢丝绳的张紧度，从而保证推进系统的稳定性。

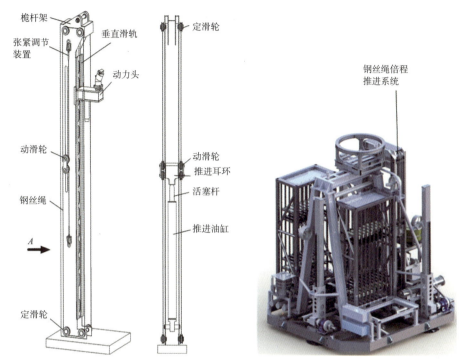

（a）钢丝绳倍程推进系统结构　（b）系统结构 A 向视图　（c）钢丝绳倍程推进系统的实物（A-BMS）

图 3-7　钢丝绳倍程推进系统

3.3.3.2　工作原理

（1）系统开始工作时,液压能转换为机械能,驱动推动油缸的活塞杆伸出或缩回。

（2）推进系统通过滑轮组将油缸活塞杆的微小位移放大为动力头的较大位移。

（3）在推进过程中,张紧调节装置维持钢丝绳（或链条等传动介质）在适宜的张紧度,有助于减少震动和冲击,确保动力头稳定运行。

（4）经过放大的位移传递到动力头,使其沿垂直滑轨上下滑动。动力头带动钻管和钻头进行钻进作业,实现连续钻进。

（5）系统需要配备传感器和反馈机制,实时监测钻进过程中的各种参数（如压力、位移、速度等）。根据反馈数据,进行自动调节,以保持最佳的工作状态和推进效率。

3.4　钻管接卸存储系统

为适应复杂海底钻探作业需求，并满足海底钻机的下放、回收及支撑调平技术指标要求，钻管接卸存储系统的分段取芯技术已取代单钻取芯技术成为深海钻探的主流选择。该系统主要包括钻管存储机构、钻管接卸装置部分。

3.4.1　海底钻机钻管库

钻管存储机构的设计直接影响作业效率和设备可靠性。面对深海环境的复杂性与钻探任务的高频次需求，钻管存储机构需要兼具高存储密度、高效和高稳定性等特点。海底钻机钻管存储机构以其紧凑布局和大容量存储优势，满足了深海作业对钻管空间利用率的严格要求。海底钻机钻管库的常见形式包括扇形钻管库、方形钻管库和圆盘形钻管库。

3.4.1.1　扇形钻管库

扇形钻管库，应用于美国 ROVDrill Mk.2 海底钻机，主要由扇形存储机构、移管机械手、机械手后臂、机架等部分组成（图 3-8）。存储机构的部件以机架作为载体，以移管机械手为中心进行扇形排布。钻管沿径向排布，收纳于存储机构的卡槽中。机械手后臂通过铰接的方式安装于机架，由液压缸驱动，具有前后伸缩、绕铰支点摆动

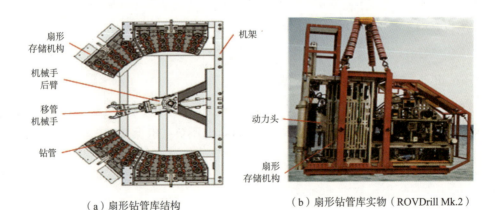

（a）扇形钻管库结构　　　　　　　　　（b）扇形钻管库实物（ROVDrill Mk.2）

图 3-8　扇形钻管库

2 个自由度。机械手通过后臂带动，实现钻管抓取和移管的功能，并将钻管移送至左侧的动力头和接卸装置，或从动力头和接卸装置取回钻管并储存。扇形钻管库的优点在于机械手结构稳定，可靠性好，但占据的空间较大，空间利用率不高。

3.4.1.2　方形钻管库

方形钻管库，应用于美国 A-BMS 系列钻机，如图 3-9 所示。两排方形存储机构以平行并列的方式分布于钻机两侧，内部具有弹簧机构，能够将钻管推送至开口位置，方便移管机械手抓取。移管机械手位于存储机构的中间，通过滑轨和槽轮机构，实现横向平移与 90° 转动，从而完成对钻管的定位和抓取转移。动力头和接卸装置位于存储机构的侧边。方形钻管库结构简单，定位和操控方便，空间利用率较高。

（a）方形钻管库结构　　　　　　　　　　　（b）方形钻管库实物（A-BMS）

图 3-9　方形钻管库

3.4.1.3　圆盘形钻管库

圆盘形钻管库，应用于"海牛号"系列、加拿大 CRD100、德国 MeBo200 等海底钻机，如图 3-10 所示。通过分层存储钻管，显著提高了空间利用率。圆盘形存储机构在驱动机构的驱动下绕中轴转动，滚轮起到支承和减少阻力的作用，便于移管机械手操作。移管机械手在机械臂的带动下完成伸缩和摆动，能够伸进圆盘形存储机构中抓取钻管，将钻管、钻具或岩芯管移动至指定操作位置。

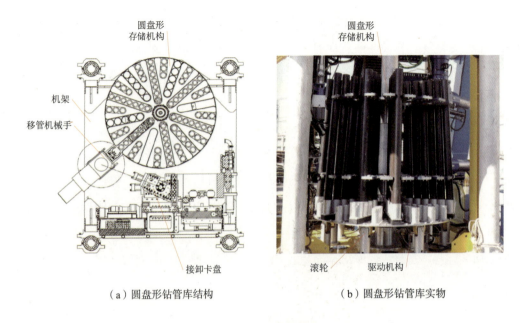

（a）圆盘形钻管库结构　　　　　　　　　　（b）圆盘形钻管库实物

图 3-10　圆盘形钻管库

　　如图 3-11 所示，圆盘形钻管库通过分层存储钻管，显著提高了空间利用率。钻管盘由内向外依次划分为第Ⅰ层、第Ⅱ层、第Ⅲ层、第Ⅳ层、第Ⅴ层等。当第Ⅰ层存储的钻管数量为 N（$N \geq 2$）时，第Ⅱ层和第Ⅲ层各存储的钻管数量为 $2N$，第Ⅳ层和第Ⅴ层则各为 $4N$。以此类推，每增加两层，所存储的钻管数量为前两层的两倍。这种分层递增的存储方式能够在有限的空间内容纳更多钻管。第Ⅰ层钻管数量 N 的具体取值由钻管直径 d 和移管机械手张开状态下的宽度 D 共同决定。设计原则是确保移管机械手在抓取或放回第Ⅰ层钻管时，与相邻存放槽内的钻管不发生干涉。通过精确计算钻管间距和移管机械手的运动轨迹，能够兼顾高存储密度与操作安全性，满足深海钻探的需求。

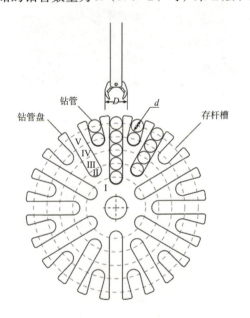

图 3-11　圆盘形钻管库分层存储技术

3.4.2 海底钻机钻管接卸装置

海底钻机的钻管接卸装置是实现钻管高效连接与拆卸的关键设备，其性能直接影响钻进作业的安全性与效率。在深海复杂环境下，该装置需同时满足自动化、精确定位和高可靠性等要求。钻管接卸装置能够完成钻管的对中、夹持、自动拧紧或卸开丝扣等操作，为深海钻探任务的顺利开展提供重要保障。钻管接卸装置主要由对中器、接卸卡盘、钻管夹持器三部分组成。

3.4.2.1 钻管对中器

在钻管接卸前，如果上、下钻管的轴线没有对中，在拧卸丝扣的过程中就可能出现轴向偏差，导致丝扣难以顺利拧卸，甚至可能出现卡阻或损坏现象。钻管对中装置通过将钻管保持在钻孔和动力头的轴线位置，提高钻管接卸的效率，降低钻管丝扣损坏的风险，延长钻管的使用寿命。同时，对中装置能够减少钻管之间的摩擦和磨损，使钻机的钻进过程更加平稳，从而提高作业的安全性和可靠性。常见的钻管对中装置包括喇叭口对中器和三爪对中器。

1）喇叭口对中器

喇叭口对中器能够起到轴线对中和保护的作用，由喇叭口、夹持臂、基座、滑轨等部件组成，如图 3-12 所示。基座上安装有 2 条呈 V 形分布的夹持臂。2 条夹持臂各自安装半边喇叭口，能在基座内液压缸的驱动下实现喇叭口的合拢和张开。滑轨和移动液压缸能够使对中器实现前后移动。

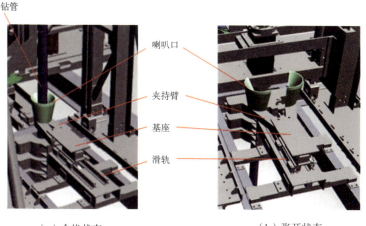

（a）合拢状态　　　　　　　　　（b）张开状态

图 3-12　喇叭口对中器

在移管机械手移来的钻管与动力头对接后，基座在移动液压缸的驱动下往前移动至动力头钻管，随后基座内液压缸驱动夹持臂及喇叭口合拢，实现对中，然后可进行钻管拧卸操作。在钻管拧卸结束后，对中器张开，并沿滑轨退回至原来位置，为动力头钻进作业留出空间。在钻管提升回收过程中，同样也能利用喇叭口对中器进行合拢操作，起到保护钻管或岩芯管的作用。

2）三爪对中器

三爪对中器由对中油缸、对中爪组件、对中基座、对中转盘和对中架五个主要部件组成，如图 3-13 所示。对中油缸作为核心部件，由缸体、活塞杆和铰接头组成，缸体铰接在对中架上，活塞杆通过铰接头连接至对中转盘。对中转盘安装在对中基座的环形凹槽内，而对中爪组件则位于对中基座的滑槽中。对中基座固定在对中架上，整体通过单油缸驱动完成钻管的对中操作。

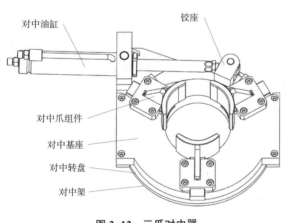

图 3-13　三爪对中器

在开始对中操作前，向对中油缸无杆腔注入加压液压油，推动活塞杆向右移动，带动转盘顺时针旋转至行程末端。对中转盘的螺旋槽通过拨销带动对中爪组件沿滑槽向外移动，保持对中爪组件的张开状态。钻管进入对中装置的通孔后，向油缸有杆腔注入加压液压油，驱动活塞杆向左收缩。此时，对中转盘逆时针旋转，螺旋槽通过拨销带动对中爪组件沿滑槽向内移动，使钻管与对中爪的圆柱面逐渐同轴，最终实现精确对中。

3.4.2.2　钻管接卸卡盘

钻管接卸卡盘在海底钻机钻管接卸过程中，起到夹持上钻管并带动上钻管旋转拧卸的作用。由于深海环境复杂，钻管在高压、水流及其他动态作用下易发生滑动或偏移，影响钻管接卸的稳定。钻管接卸卡盘通过夹持钻管并提供稳定的旋转动力，能够解决钻管易滑和受控不足的问题，确保钻管的稳定性和传动效率。同时，钻管接卸卡盘的外形尺寸不宜过大，要能为其他部件让出更多的安装与工作空间。此外，由于接卸卡盘通孔直径与卡瓦行程有限，其适配性需根据钻管尺寸严格设计。

接卸卡盘主要由卡盘主体、转动油缸、接卸平台、卡瓦油缸组成，如图 3-14 所示。卡盘主体和接卸平台中间具有通孔，允许钻管穿过。卡盘主体一般位于夹持器的上端，安装于接卸平台，且能在接卸平台转动，内部由卡瓦油缸驱动卡瓦实现对上钻管的夹紧和松开；外壳与转动油缸铰接，通过转动油缸实现对钻管丝扣的拧紧或卸扣。接卸卡盘要能够配合丝扣完成轴向同步位移，如果同步位移精度差则会在拧卸的过程中损坏钻管丝扣，从而造成损失。

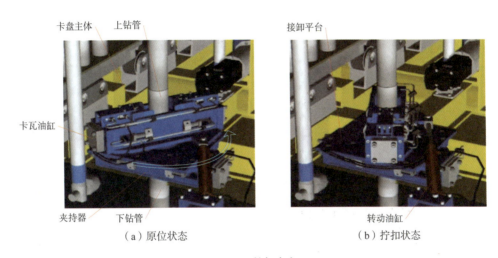

图 3-14　接卸卡盘

在钻管完成对中后，即可进行钻管拧紧。初始时，卡瓦处于张开状态，卡盘主体处于原位状态，动力头将钻管推送至接卸卡盘中孔，在液压驱动下，卡瓦径向往内收紧，夹紧夹持钻管；随后在转动油缸的驱动下，卡盘主体将丝扣旋紧或拧松，同时接卸平台的位移装置实现卡盘主体的轴向同步位移，推进机构同步位移，动力头同步转动，到达转动油缸行程末端则完成一个拧扣行程；随后卡瓦松开钻管，卡盘主体回到原位状态，接着进行下一个拧扣行程，直到上、下钻管的丝扣拧紧，即完成上、下钻管丝扣的连接操作。使用接卸卡盘的反向行程，即可实现钻管的卸扣操作。对于丝扣较短的钻管，所需的接卸力较小，前部分由动力头来拧紧丝扣，后部分由接卸卡盘拧紧丝扣。卸扣时，则由接卸卡盘将上、下钻管的丝扣拧松，后续即可由动力头卸掉剩余的丝扣，从而节省钻管接卸的时间和步骤。

3.4.2.3　钻管夹持器

钻管夹持器起到夹持下钻管并固定的作用，用于配合接卸卡盘接卸，或配合打捞机构进行岩芯管打捞。夹持器通常需要具备足够的夹紧力来稳定下钻管。钻进过程中会有泥沙和岩屑被带出钻孔，可能浮动到夹持器附近，所以夹持器的设计要能够防止泥沙引起的打滑。

钻管夹持器结构与接卸卡盘相似，主要由夹持器主体和夹持器油缸组成，如图3-15所示。夹持器主体沿钻进轴线对称分布，中间具有通孔，两侧各装有两个夹持器油缸来提供充足的夹紧力。夹持器油缸能够驱动上、下两对卡瓦，完成对下钻管的夹紧，并增加夹持的稳定性。

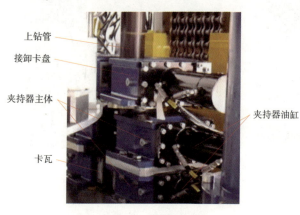

图3-15　钻管夹持器

当钻管钻进至行程末端时，钻管夹持器开始工作，通过夹持器油缸推动卡瓦，从而夹紧下钻管。此时动力头反转，使连接头从下钻管的丝扣脱开，并沿滑轨上移。移管机械手送来新的钻管后，新钻管即充当上钻管，通过动力头或接卸卡盘将其接入下钻管的丝扣。随后钻管夹持器松开下钻管，即可开启新一轮的钻进行程。在岩芯管打捞过程中，则利用钻管夹持器固定外管总成，通过打捞机构将内管从外管中打捞出来，实现取芯。

3.4.3　钻管存储机构动力学分析

海底钻机在钻进取芯过程中，受钻管长度的限制，需要不断地接装钻管并接卸岩芯管才能完成额定孔深的勘探任务。为高效完成海底钻探任务，多次取芯技术就成为海底钻机要突破的技术瓶颈。而钻管存储机构是保证海底钻机单次取样深度的关键部件，它的运动精度直接影响岩芯管的收集和勘探任务的完成。现以圆盘形钻管存储机构为例，对其展开动力学分析。

3.4.3.1　钻管存储机构运动学方程

将钻管存储机构运动模型进行简化，钻管存储机构由转盘油缸驱动，忽略活塞杆总成的长度影响，将其等效为一集中质量块，于是转盘油缸的活塞杆等效为一滑块，两端的铰接耳等效为转动副，则钻管存储机构的运动示意图如图 3-16 所示。在这个机构中，滑块是驱动件，AO 杆是从动件，它将油缸的直线运动转变成 AO 杆的转动，实现岩芯换位的圆周运动。AB 杆的初始长度 L_{ABO} 即为转盘油缸缸筒的长度。

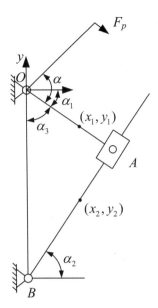

图 3-16　圆盘形钻管存储机构
运动示意图

钻管存储机构的换位由滑块即活塞杆驱动，活塞杆的移动速度为 v，AB 杆的长度可以表示为 $L_{AB}=L_{ABO}+vt$，其中 L_{AB} 为任意时刻铰链 A 到 B 点的距离；v 为活塞杆移动速度；L_{ABO} 为铰链 A 到 B 点的初始距离，即为油缸的初始安装长度；t 为运动时间。由 AO 和 AB 杆的位置关系可得：

$$\alpha_3 = \arccos\left(\frac{L_{BO}^2 + L_{AO}^2 - L_{AB}^2}{2L_{BO}L_{AO}}\right) \tag{3-1}$$

式（3-1）中，α_3 为 AO 杆和 y 轴所成角，L_{BO} 为 B、O 点间距离，L_{AO} 为 AO 杆长度，L_{AB} 为 AB 杆长度。

AO 杆和 x 轴所成角 α_1 与 α_3 的关系如下：

$$\alpha_1 = \alpha_3 - \frac{\pi}{2} \tag{3-2}$$

AB 杆和 x 轴所成角 α_2 与 α_3 的关系如下：

$$\alpha_2 = \frac{\pi}{2} - \arcsin\left(\frac{L_{AO}}{L_{AB}}\sin\alpha_3\right) \tag{3-3}$$

式（3-3）中，L_{AO} 为 AO 杆长度，L_{AB} 为 AB 杆长度。对式（3-1）求导，AO 杆的角速度 $\dot{\alpha}_1$ 可以表示为：

$$\dot{\alpha}_1 = \frac{2L_{AB}v}{\sqrt{4L_{AO}^2L_{BO}^2 - \left(L_{AO}^2 + L_{BO}^2 - L_{AB}^2\right)^2}} \tag{3-4}$$

对式（3-4）求导，AO 杆的角加速度可以表示为：

$$\ddot{\alpha}_1 = \frac{2v^2}{\sqrt{4L_{AO}^2 L_{BO}^2 - \left(L_{AO}^2 + L_{BO}^2 - L_{AB}^2\right)^2}} - \frac{4L_{AB}^2 v^2 \left(L_{AO}^2 + L_{BO}^2 - L_{AB}^2\right)}{\sqrt[3]{4L_{AO}^2 L_{BO}^2 - \left(L_{AO}^2 + L_{BO}^2 - L_{AB}^2\right)^2}} \tag{3-5}$$

对式（3-3）求导，AB 杆的角速度可以表示为：

$$\dot{\alpha}_2 = \frac{L_{AO} \sin\alpha_1 \dot{\alpha}_1}{\sqrt{L_{AB}^2 - \left(L_{AO}\cos\alpha_1\right)^2}} \tag{3-6}$$

对式（3-6）求导，可得 AB 杆的角加速度：

$$\ddot{\alpha}_2 = \frac{L_{AO}\left(\cos\alpha_1 \dot{\alpha}_1^2 + \sin\alpha_1 \ddot{\alpha}_1\right)}{\sqrt{L_{AB}^2 - \left(L_{AO}\cos\alpha_1\right)^2}} + \frac{L_{AO}\sin\alpha_1\dot{\alpha}_1\left[L_{AB}v + \frac{1}{2}L_{AO}\sin\left(2\alpha_1\right)\dot{\alpha}_1\right]}{\sqrt[3]{L_{AB}^2 - \left(L_{AO}\cos\alpha_1\right)^2}} \tag{3-7}$$

AO 杆质心的位置可以表示为：

$$\begin{cases} x_1 = \dfrac{L_{AO}}{2}\cos\alpha_1 \\ y_1 = \dfrac{L_{AO}}{2}\sin\alpha_1 \end{cases} \tag{3-8}$$

式（3-8）中，$(x_1,\ y_1)$ 为 AO 杆质心的坐标。

AB 杆质心的位置可以表示为：

$$\begin{cases} x_2 = x_B + \dfrac{L_{ABO}}{2}\cos\alpha_2 \\ y_2 = y_B + \dfrac{L_{ABO}}{2}\sin\alpha_2 \end{cases} \tag{3-9}$$

式（3-9）中，$(x_2,\ y_2)$ 为 AB 杆质心的坐标。

活塞杆质心的位置可以表示为：

$$\begin{cases} x_A = L_{AO}\cos\alpha_1 \\ y_B = L_{AO}\sin\alpha_1 \end{cases} \tag{3-10}$$

式（3-10）中，$(x_A,\ y_B)$ 为活塞杆质心的坐标。

对式（3-8）微分，有：

$$\begin{cases} \dot{x}_1 = -\dot{\alpha}_1 \dfrac{L_{AO}}{2}\sin\alpha_1 \\ \dot{y}_1 = \dot{\alpha}_1 \dfrac{L_{AO}}{2}\cos\alpha_1 \end{cases} \tag{3-11}$$

对式（3-9）微分，有：

$$\begin{cases} \dot{x}_2 = -\dot{\alpha}_2 \dfrac{L_{ABO}}{2} \sin \alpha_2 \\ \dot{y}_2 = \dot{\alpha}_2 \dfrac{L_{ABO}}{2} \cos \alpha_2 \end{cases} \qquad (3\text{-}12)$$

对式（3-10）微分，有：

$$\begin{cases} \dot{x}_A = -\dot{\alpha}_1 L_{AO} \sin \alpha_1 \\ \dot{y}_A = \dot{\alpha}_1 L_{AO} \cos \alpha_1 \end{cases} \qquad (3\text{-}13)$$

对式（3-11）~（3-13）微分，可得到 AO 杆、AB 杆和活塞杆的质心加速度：

$$\begin{cases} \ddot{x}_1 = -\dfrac{L_{AO}}{2}\left(\ddot{\alpha}_1 \sin \alpha_1 + \dot{\alpha}_1^2 \cos \alpha_1\right) \\ \ddot{y}_1 = \dfrac{L_{AO}}{2}\left(\ddot{\alpha}_1 \cos \alpha_1 - \dot{\alpha}_1^2 \sin \alpha_1\right) \\ \ddot{x}_2 = -\dfrac{L_{ABO}}{2}\left(\ddot{\alpha}_2 \sin \alpha_2 + \dot{\alpha}_2^2 \cos \alpha_2\right) \\ \ddot{y}_2 = \dfrac{L_{ABO}}{2}\left(\ddot{\alpha}_2 \cos \alpha_2 - \dot{\alpha}_2^2 \sin \alpha_2\right) \\ \ddot{x}_A = -L_{AO}\left(\ddot{\alpha}_1 \sin \alpha_1 + \dot{\alpha}_1^2 \cos \alpha_1\right) \\ \ddot{y}_A = L_{AO}\left(\ddot{\alpha}_1 \cos \alpha_1 - \dot{\alpha}_1^2 \sin \alpha_1\right) \end{cases} \qquad (3\text{-}14)$$

3.4.3.2 钻管存储机构动力学方程

钻管存储机构的受力分析如图 3-17 所示。

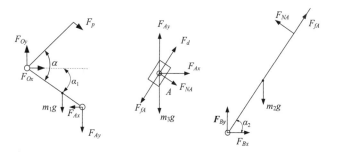

图 3-17 钻管存储机构受力分析示意图

对于 AO 杆，由动力学平衡方程可得：

$$\begin{cases} F_{Ox} + F_p \sin(\alpha + \alpha_1) - F_{Ax} - m_1 \dot{x}_1 = 0 \\ F_{Oy} - F_p \cos(\alpha + \alpha_1) - F_{Ay} - m_1 g - m_1 \dot{y}_1 = 0 \\ -F_p R - F_{Ay} x_A + F_{Ax} y_A - m_1 g x_1 - J_{AO} \ddot{\alpha}_1 = 0 \end{cases} \qquad (3\text{-}15)$$

式（3-15）中，F_{Ox} 为铰接点 O 所受 x 轴方向的分力，F_{Ax} 为铰接点 A 所受 x 轴方向的分力，m_1 为 AO 杆质量，F_{Oy} 为铰接点 O 所受 y 轴方向的分力，F_p 为负载等效作用力，F_{Ay} 为铰接点 A 所受 y 轴方向的分力，R 为负载作用力有效力臂，J_{AO} 为 AO 杆转动惯量。

对于 AB 杆，由动力学平衡方程可得：

$$\begin{cases} F_{Bx} + F_{NA}\cos\left(\alpha_2 + \dfrac{\pi}{2}\right) + F_{fA}\cos\alpha_2 - m_2\dot{x}_2 = 0 \\ F_{By} + F_{NA}\sin\left(\alpha_2 + \dfrac{\pi}{2}\right) + F_{fA}\sin\alpha_2 - m_2 g - m_2\dot{y}_2 = 0 \\ F_{NA}L_{AB} - m_2 g\left(x_2 - L_{BO}\right) - J_{AB}\dot{\alpha}_2 = 0 \end{cases} \quad （3-16）$$

式（3-16）中，F_{Bx} 为铰接点 B 所受 x 轴方向的分力，F_{By} 为铰接点 B 所受 y 轴方向的分力，F_{NA} 为活塞杆所受的径向力，F_{fA} 为活塞杆运动摩擦力，m_2 为缸筒质量，J_{AB} 为 AB 杆转动惯量。

对于活塞杆，由动力学平衡方程可得：

$$\begin{cases} F_{Ax} + F_{NA}\sin\alpha_2 - (F_{fA} - F_d)\cos\alpha_2 - m_3\dot{x}_A = 0 \\ F_{Ay} - F_{NA}\cos\alpha_2 - (F_{fA} - F_d)\sin\alpha_2 - m_3 g - m_3\dot{y}_A = 0 \\ F_{fA} = \mu F_{NA}\,\text{sig}(\dot{x}_A) \end{cases} \quad （3-17）$$

式（3-17）中，m_3 为活塞杆质量，μ 为摩擦系数，$\text{sig}(\dot{x}_A)$ 为与 $\dot{x}_A$ 有关的符号函数，其表达式为：

$$\text{sig}(\dot{x}_A) = \begin{cases} -1, & \dot{x}_A \geq 0 \\ 1, & \dot{x}_A < 0 \end{cases} \quad （3-18）$$

3.4.3.3　钻管存储机构的动力学仿真模型

在 Simulink 软件中建立的储芯机构模型如图 3-18 所示。图中，JD_Function 模块为根据式（3-1）编写的 α_3 计算方程；A_Function 根据式（3-15）和式（3-17）的方程 3 建立；O_Function 根据式（3-15）的方程 1 和 2 建立。Clock 为时钟模块，采用 ODE45 数值积分求解法，最大步长设置为 0.001 s。仿真结果通过示波器设置保存为 array。参照实际机构，钻管存储机构仿真参数如表 3-1 所示。

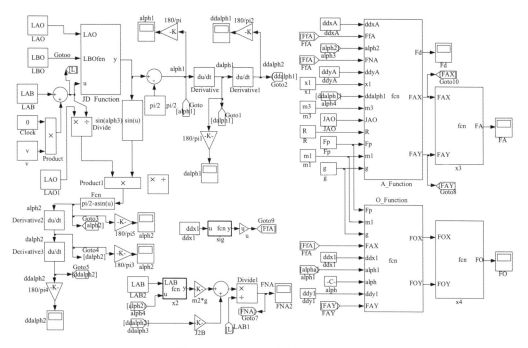

图 3-18　Simulink 动力学仿真模型

表 3-1　钻管存储机构的仿真参数

参数	值	参数	值
AO 杆长 L_{AO} / mm	148	AB 杆初始长 L_{AB} / mm	474
OB 杆长 L_{BO} / mm	548.6	AO 质量 m_1 / kg	4.54
缸筒质量 m_2 / kg	11.5	活塞杆质量 m_3 / kg	3.54
AO 杆转动惯量 J_{AO} /（kg·m²）	0.026	AB 杆转动惯量 J_{AB} /（kg·m²）	0.132
摩擦系数 μ	0.15	负载等效作用力 F_p/kN	5
负载作用杆与 AO 杆角度 α/（°）	80	负载作用力有效力臂 R/m	0.8

3.4.3.4　仿真结果与分析

钻管存储机构中 AO 杆的实际运动角度为 30°，取 AB 杆长度在 474~550 mm 内变化，驱动速度 v 分别取 0.01 m/s、0.02 m/s 和 0.03 m/s。所得 AO 杆角度、角速度和角加速度的变化分别如图 3-19（a）、图 3-20（a）和图 3-21（a）所示。所得 AB 杆角度、角速度和角加速度的变化分别图 3-19（b）、图 3-20（b）和图 3-21（b）所示。

从图 3-19 至图 3-21 可以看出，在钻管存储机构完成 30° 的变位时，AO 杆从 −7.2° 变化到了 −37.2°，AB 杆从 75.6° 开始变化，其与 x 轴所成的最小角为 74.34°，运动至终点时与 x 轴所成的角为 74.51°；AO 杆和 AB 杆的角速度幅值不断减小。当 v 从 0.01 m/s 增加到 0.03 m/s 时，完成运动的时间由 7.6 s 降至 2.53 s；AO 杆的最大角速度幅值由 4.19（°）/s 增加到 12.59（°）/s，AB 杆的最大角速度幅值由 0.82（°）/s

增加到 2.46（°）/s，驱动速度 v 越大，AO 杆和 AB 杆的最大角速度幅值也越大。其中，AO 杆的最大角加速度幅值由 0.15（°）/s² 增加到 1.3（°）/s²，AB 杆的最大角加速度幅值由 0.13（°）/s² 增加到 1.16（°）/s²，驱动速度 v 越大，AO 杆和 AB 杆的最大角加速度幅值也越大。

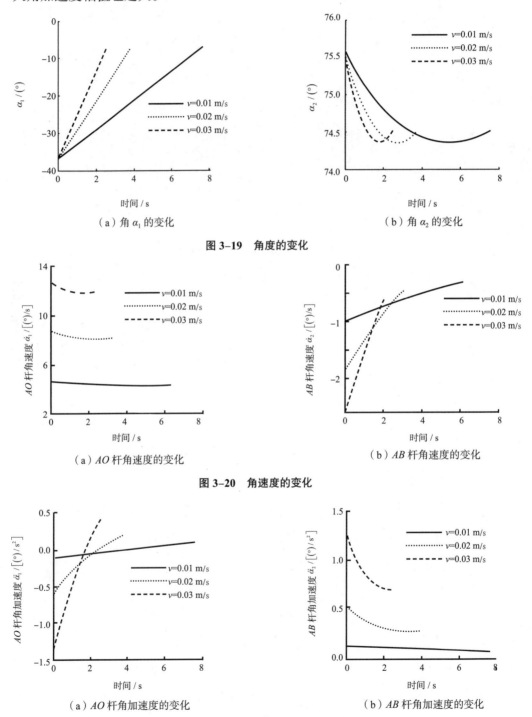

（a）角 α_1 的变化　　　　　　　　　（b）角 α_2 的变化

图 3-19　角度的变化

（a）AO 杆角速度的变化　　　　　　（b）AB 杆角速度的变化

图 3-20　角速度的变化

（a）AO 杆角加速度的变化　　　　　（b）AB 杆角加速度的变化

图 3-21　角加速度的变化

使 AB 杆长度在 474~550 mm 内变化,驱动速度 v 分别取 0.01 m/s、0.02 m/s 和 0.03 m/s。所得铰接点 A 和 O 的受力变化分别如图 3-22 所示,所得油缸活塞杆的受力如图 3-23 所示。

由图 3-22 和图 3-23 可知,在 L_{AB} =528.7 mm 处,铰接点 A 和 O 受力,油缸驱动力的值最小。当 v 从 0.01 m/s 增加到 0.03 m/s 时,铰接点 A 和 O 所受最大力和最小力基本保持一致,铰接点 A 的最大受力幅值为 29.38 kN,最小受力幅值为 27.05 kN,铰接点 O 的最大受力幅值为 27.57 kN,最小受力幅值为 26.14 kN;油缸驱动力也基本保持一致,最大驱动力幅值为 29.4 kN,最小驱动力幅值为 27.11 kN;而活塞径向力值较小,最大幅值约为 116.42 N,最小幅值为 97.34 N。活塞径向力的最大和最小幅值随驱动速度 v 的增大而减小,但是数值变化不大。

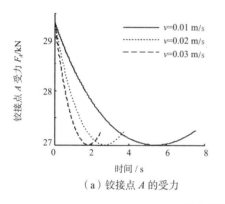

（a）铰接点 A 的受力

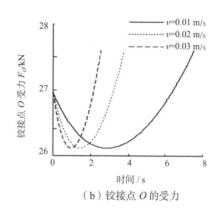

（b）铰接点 O 的受力

图 3-22　铰接点受力的变化

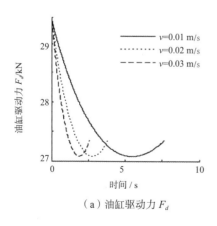

（a）油缸驱动力 F_d

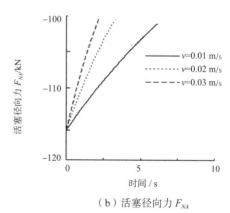

（b）活塞径向力 F_{NA}

图 3-23　活塞杆受力变化

参考文献

[1] HAMPTON P J, SOYLU S, CREES T, et al. Improvements and capabilities of the CRD100 subsea robotic drilling platform[C]//Offshore Technology Conference. OTC, 2016.

[2] EDMUNDS J, MACHIN J B, COWIE M. Development of the ROVDrill Mk. 2 seabed push sampling, rotary coring and in-situ testing system[C]//Offshore Technology Conference. OTC, 2012.

[3] 黄筱军, 万步炎, 金永平. 一种自动钻机用带浮动功能钻杆夹持器:CN201420121544.9[P]. 2014-07-23.

[4] 郭勇, 罗柏文, 金永平, 等. 深海钻机盘式储芯机构动力学分析 [J]. 海洋工程, 2014, 32(04):96-103.

[5] 万步炎, 金永平, 黄筱军. 海底 20 m 岩芯取样钻机的研制 [J]. 海洋工程装备与技术, 2015, 2(01):1-5.

[6] 万步炎, 黄筱军. 一种深海岩芯取样钻机钻进动力头:CN200810031036.0[P]. 2008-08-27.

[7] 万步炎, 金永平, 黄筱军. 一种海底钻机用倍程推进装置:CN201510796393.6 [P].2016-01-13.

[8] 万步炎, 金永平, 黄筱军. 一种多层排列旋转圆盘式钻杆库:CN201510718767.2[P]. 2015-12-23.

[9] 万步炎, 金永平, 黄筱军, 等. 一种适用于海底钻机不同管径的多功能取管护管机械手:CN201910525638.X[P]. 2023-12-12.

[10] 万步炎, 金永平, 黄筱军. 一种适用于海底钻机的钻杆接卸装置:CN2015107 14974.0[P]. 2016-01-13.

[11] 万步炎, 金永平, 黄筱军. 海底钻机钻杆对中装置:CN201810111145.7[P]. 2023-08-11.

[12] 黄筱军, 万步炎, 金永平. 一种自动钻机用液压动力卡盘:CN201410083357.0[P]. 2014-05-28.

第 4 章

取芯工艺技术

本章将详细介绍海底钻机的取芯工艺技术。首先阐述海底钻机钻进取芯技术的分类与工艺流程，然后分析海底钻机配备的常规取芯钻具、保压取芯钻具和内管超前式取芯钻具的结构原理和技术特点，接着对保压取芯钻进、沉积物地层钻进和海底复杂地层钻进的工艺参数进行分析和讨论，最后介绍钻进冲洗液的循环系统。

4.1 钻进取芯工艺流程

对于小孔径地质岩芯钻探，通常有两种钻进取芯技术：提钻取芯技术和绳索取芯技术。提钻取芯技术主要应用于浅孔钻探作业。该技术的特点是在回次钻进结束后，需要将孔内钻杆串中的每根钻杆进行提升回收，然后才能将位于钻杆串端部的岩芯管回收至钻机上。随着钻孔深度的增加，其辅助作业时间也显著增加。绳索取芯技术主要应用于深孔钻探作业。绳索取芯技术的特点是在回次钻进结束后，直接以钻杆柱为提升通道，利用钢丝绳下放打捞器对位于孔底的内管总成进行抓捕和回收。在深孔钻探作业中，采用绳索取芯技术具有以下优势：一方面是回收内管总成时无须提升回收钻杆串，减少了辅助作业时间，提高了钻进综合效率；另一方面是减少了提钻次数，减少了钻杆串和孔壁之间的摩擦碰撞，从而降低孔壁坍塌事故的发生概率。

目前，具备开展中深孔钻探作业能力的海底钻机均采用了绳索取芯技术。因此，本章将重点围绕绳索取芯技术展开论述。绳索取芯钻具由外管总成和内管总成组成。其中，外管总成端部的钻头承担碎岩功能，内管总成的主要作用则是收纳岩芯样品。绳索取芯钻进的工艺流程主要分为以下四个阶段。

4.1.1　正常钻进阶段

正式钻进之前，钻机动力头上的主动钻杆需要与钻杆串连接。钻进过程中，推进机构带动钻机的动力头和钻杆串沿中心桅杆上的滑轨向下移动。液压马达通过减速传动齿轮箱带动钻机动力头上的主动钻杆和钻杆串高速旋转。可通过控制油泵流量的方式实现对动力头转速的自动无级调节，钻进过程如图 4-1 所示。在钻进的过程中，通过冲洗液泵加压后的海水从动力头的顶部进入钻杆串。冲洗液通过钻杆串的中心孔流向孔底实现对钻头的冷却。冲洗液到达孔底后携带岩屑并经钻杆串与孔壁之间的环形间隙上返至孔口。

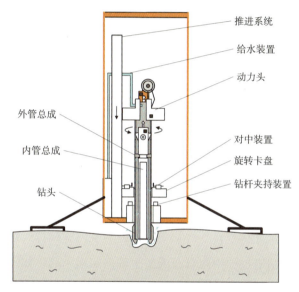

图 4-1　钻进过程示意图

4.1.2　内管总成回收阶段

当回次钻进结束后，通过下放绳索打捞器的方式实现对内管总成的回收。首先，控制钻机上的微型绳索打捞绞车向下放绳。此时，内置在主动钻杆中心孔内的打捞器依靠自重在钻杆串内下行，直至到达内管总成的顶部。然后，进一步下放打捞器完成对内管总成的抓捕。接着，控制微型绳索打捞绞车向上收绳，将打捞器和装满岩芯的内管总成提升至钻机本体。最后，在钻机机械手的配合下，将装满岩芯样品的内管总成存放于钻管库内，打捞过程如图 4-2 所示。

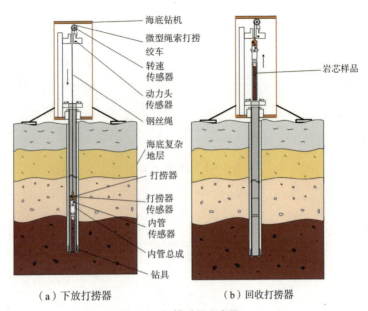

（a）下放打捞器　　　　　（b）回收打捞器

图 4-2　打捞过程示意图

4.1.3　内管总成下放阶段

当完成上一回次内管总成的打捞后，需要从钻机的钻管库内取出新的内管总成进行下一回次的投放。可以依靠内管总成的自重完成投放或利用绳索打捞器将内管总成下放至孔底，如图 4-3 所示。当内管总成处于外管总成的指定位置时，内部弹卡板受弹簧力的作用处于张开状态，与外管总成中弹卡室内壁贴合。弹卡室和弹卡挡头组成的腔室能够防止在钻进过程中内管总成发生轴向向上窜动，如图 4-4 所示。

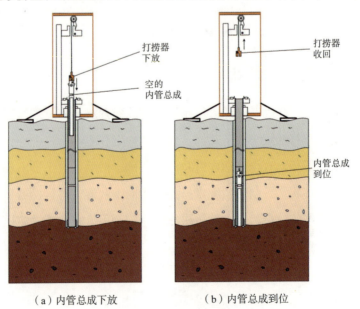

（a）内管总成下放　　　　　（b）内管总成到位

图 4-3　下管示意图

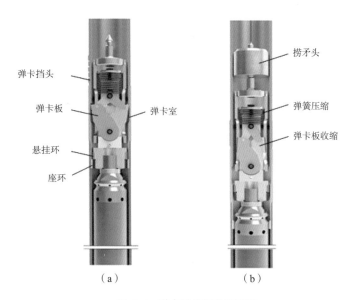

弹卡挡头

弹卡板

弹卡室

悬挂环

座环

捞矛头

弹簧压缩

弹卡板收缩

（a）　　　　　　　　（b）

图 4-4　弹卡机构工作原理图

4.1.4　加接钻杆阶段

内管总成下放到位，需要加接新的钻杆。首先，将动力头提升至钻机顶端。然后，钻机的机械手从钻管库中抓取新的钻杆并将其移动至动力头下方。接着，动力头旋转下行完成与新钻杆上端部的螺纹连接。最后，动力头带动新钻杆旋转下行，实现与下部钻杆串的螺纹连接。

海底钻机对钻进过程的智能感知与控制能力直接影响作业的可靠性和效率。"海牛号"系列海底钻机系统应用了国际首创的"动力头与可升降连续旋转卡盘上下对中夹持＋三状态机械手＋精准测控下的分体打捞取芯系统"组合技术及配套的全自动绳索取芯作业工艺，全面提升了原有海底钻机技术的可靠性和成熟度，从原理上杜绝了因恶劣环境或误操作导致不可排除的故障的可能性，做到了本质上的可靠。

4.2　取芯钻具

为了满足海洋矿产资源勘探和海底工程地质勘察中对样品质量和取芯率的要求，需要结合海底钻机的作业工况和钻进地层特点研制专用的取芯钻具。本节将重点介绍

"海牛号"系列海底钻机配备的具有自主知识产权的绳索取芯钻具的结构原理和特点。钻具的类型主要包括常规取芯钻具、保压取芯钻具和内管超前式取芯钻具。

4.2.1 海底常规取芯钻具

海底常规取芯钻具是海底钻机上应用最为广泛的一种钻具类型。该类钻具可在硬岩地层、未成岩的沉积物地层以及软硬交错的海底复杂地层中使用。海底常规取芯钻具包括外管总成和内管总成。其中，内管总成由弹卡机构、定位机构、单动机构、调节机构、隔水机构、岩芯卡断机构组成，外管总成由弹卡挡头、弹卡室、座环、外管、稳定环、扩孔器、金刚石钻头等组成，如图4-5所示。外管总成中的扶正机构包括弹卡挡头、扩孔器和稳定环。稳定环设置在扩孔器内，其材质为黄铜。扶正机构的作用一方面是确保内管总成与外管总成之间的同轴度，另一方面是尽可能保证钻具总成与钻孔之间的同轴度，以防止钻孔大角度偏斜。此外，扩孔器有着扩大孔径和修整孔壁的作用，从而预防卡钻事故的发生。

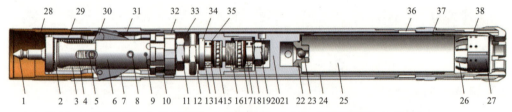

1–捞矛头 2–弹簧压垫片 3–弹卡板弹簧 4–深海弹卡架 5–Φ12×70弹性圆柱销 6–弹卡板
7–Φ12×50弹性圆柱销 8–Φ6×50弹性圆柱销 9–悬挂环 10–锁紧螺母 11–调节螺母 12–芯轴
13–骨架油封 14–上深沟球轴承 15–上推力球轴承 16–缓冲簧 17–下推力球轴承 18–下传力卡套
19–下深沟球轴承 20–防松螺母 21–内管接头 22–不锈钢球盖 23–14 mm钢球 24–内管
25–塑料岩芯管 26–拦簧片 27–金属卡簧 28–上弹卡挡头 29–收卡筒 30–弹卡连接板 31–弹卡室
32–座环 33–外管 34–套管端盖 35–上传力卡套 36–稳定环 37–Φ96-61扩孔器 38–孕镶底喷钻头

图4-5 海底常规取芯钻具总成

内管总成中的弹卡机构由捞矛头、弹簧压垫片、弹卡板、弹性圆柱销、收卡筒、弹卡连接板等构成，如图4-6所示。捞矛头与收卡筒连接。2个弹卡连接板分别与2个弹卡板通过弹性圆柱销连接。弹性圆柱销能够在弹卡支架的键槽内轴向移动，从而带动弹卡板张开或收拢。弹卡板的底部还设置有支块，支块通过弹性圆柱销与弹卡支架固定。

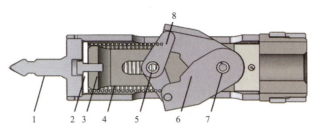

1– 捞矛头　2– 弹簧压垫片　3– 弹卡板弹簧　4– 深海弹卡架
5–Φ12×70 弹性圆柱销　6– 弹卡板　7–Φ12×50 弹性圆柱销
8– 弹卡连接板

图 4-6　弹卡机构

内管总成中的定位机构主要由弹卡挡头、弹卡室、外管、座环、悬挂环、锁紧螺母、弹卡支架等组成，如图 4-7 所示。悬挂环设置在弹卡支架的下部并通过锁紧螺母锁紧。钻进过程中，悬挂环与座环接触，对内管总成起到限位作用，防止其下移。弹卡机构中的弹卡板位于弹卡挡头与弹卡室组成的腔室内，能够防止内管总成沿轴向向上窜动。

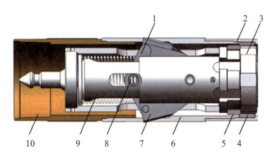

1– 连接板　2– 外管　3– 锁紧螺母　4– 座环　5– 悬挂环　6– 弹卡室
7– 弹卡板　8– 弹性圆柱销　9– 深海弹卡架　10– 弹卡挡头

图 4-7　定位机构

内管总成中的单动机构主要是指轴承组合。结合钻具的实际作业特点，通常可采用推力球+深沟球组合式方案。单动机构主要包括芯轴、套管端盖、骨架油封、上深沟球轴承、上传力卡套、上推力球轴承、缓冲弹簧、下深沟球轴承、下传力卡套、下推力球轴承、防松螺母、内管接头等，如图 4-8 所示。单动机构的作用主要有以下两方面：一方面是在钻进过程中使岩芯管不随外管转动；另一方面是在拔断岩芯过程中将作用力通过外管传递给钻头。正常钻进时，在上深沟球轴承、上推力球轴承、下推力球轴承、下深沟球轴承的组合作用下实现芯轴旋转，而套管端盖及内管接头不旋转。当钻进结束后需要进行拔芯操作时，将钻杆串上提一段距离。此时，芯轴则带动下深沟球轴承和下推力球轴承克服缓冲弹簧的弹力发生轴向移动。在岩芯摩擦力的作用下，内管接头、内管及以下部分则不发生轴向移动，使内管总成的下端部能够与外管钻头的内台阶发生接触。这样能够将岩芯的拔断力由内管传递至抗拉性能更高的外管，从而避免对内管造成损伤。

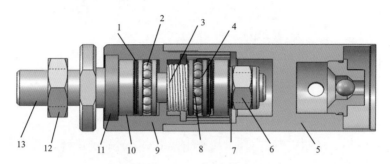

1– 上传力卡套　2– 上推力球轴承　3– 缓冲弹簧　4– 下传力卡套　5– 内管接头　6– 防松螺母　7– 稳定环　8– 下推力球轴承　9– 套管端盖　10– 上深沟球轴承　11– 骨架油封　12– 调节螺母　13– 芯轴

图 4-8　单动机构

内管总成中的长度调节机构是由深海弹卡架、调节螺母、芯轴构成。长度调节机构的作用是通过调节螺母来调整芯轴上端部进入弹卡支架内孔的进入量，从而达到调节内管总成长度的目的。装配过程中，首先将芯轴与弹卡支架连接。然后确定内管总成与钻头内台阶之间的距离，并通过调节螺母进行锁紧。

内管总成中的隔水机构由钢球、内管接头、不锈钢球盖等组成，如图 4-9 所示。在钻进过程中，内管中的海水在岩芯推力的作用下能够克服钢球的重力，沿钢球盖的侧水孔排出。更重要的是，隔水机构还能够尽可能地避免钻杆串中的高压冲洗液直接进入内管，防止对样品造成冲刷。在打捞内管总成的过程中，钢球在重力的作用下能够直接封堵内管顶部的排水通道，从而避免回收过程中钻杆串中的海水进入内管导致样品丢失和扰动。

1– 内管接头　2– 钢球　3– 不锈钢球盖　4– 塑料岩芯管　5– 卡座　6– 卡簧　7– 底喷钻头

图 4-9　隔水与岩芯卡断机构

内管总成中的岩芯卡断机构主要由卡簧座和带有拦簧片的卡簧组成。卡簧上的拦簧片材质为黄铜，结构呈花瓣形，通过金属铆钉与卡簧基体连接。设置拦簧片能够在内管的下端部形成半封闭式的封口，从而避免在回收样品的过程中样品的脱落。此外，黄铜材质的拦簧片还能够避免对样品产生严重的二次刮擦。在坚硬地层进行拔芯操作时，则主要是依靠卡簧基体在卡簧座上移动一段距离，使得卡簧基体收缩将岩芯抱住，同时上提和低速旋转钻具将岩芯卡断。

4.2.2　海底保压取芯钻具

保压取芯钻具主要应用在需要维持样品原位压力的钻探作业中，代表性的保压取芯技术原理示意图如图 4-10 所示。钻探船 / 深水钻井平台采用的保压取芯技术通常是将用于存储样品的岩芯管和用于维持原位压力的保压管分别单独设置，如图 4-10（a）所示。保压管的下端部通过球阀或板阀进行密封，上端部轴向可布置不同形式的压力补偿装置。值得注意的是，安装球阀或板阀需要钻具提供足够的径向空间，按照此技术思路设计的钻具尺寸较大且钻取的岩芯直径相对偏小。

"海牛号" 系列海底钻机采用的保压取芯技术是基于岩芯管直接密封原理，将用于收纳样品的薄壁岩芯管直接作为保压容器，如图 4-10（b）所示。岩芯管的上端部通过单向阀组实现密封。岩芯管的下端部通过可拆式保压帽，并在钻机机械手和保压帽拧卸装置的配合下实现密封。保压取芯钻具由外管总成和内管总成两部分构成，如图 4-11 所示。外管总成与常规取芯钻具结构相同，主要由弹卡挡头、弹卡室、外管、座环、稳定环、扩孔器以及金刚石钻头等组成，如图 4-12 所示。弹卡室和弹卡挡头均需要镀铬处理。外管通常采用具有较高力学性能的 XJY850 地质管材。稳定环主要用于对内管进行导向和扶正，从而使内、外管总成保持同轴。扩孔器则主要起扩大孔径和修整孔壁的作用，以避免钻进过程中出现钻孔缩径问题。

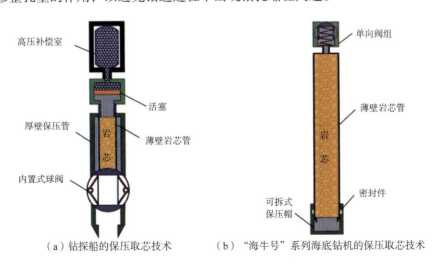

（a）钻探船的保压取芯技术　　　（b）"海牛号" 系列海底钻机的保压取芯技术

图 4-10　保压取芯技术原理示意图

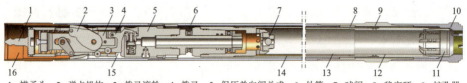

1– 捞矛头　2– 弹卡机构　3– 拨叉滚轮　4– 拨叉　5– 保压单向阀总成　6– 外管　7– 球阀　8– 稳定环　9– 扩孔器
10– 钻头　11– 保压帽　12– 卡簧座　13– 塑料衬管　14– 内管　15– 弹卡室　16– 上弹卡挡头

图 4–11　保压取芯钻具总成

1– 上弹卡挡头　2– 弹卡室　3– 座环　4– 外管　5– 稳定环　6– 扩孔器　7– 钻头

图 4–12　保压取芯钻具外管总成

保压取芯钻具的内管总成主要由弹卡机构、拨叉单向阀启闭机构、保压单向阀机构、岩芯卡断机构和可拆式保压帽组成，如图 4–13 所示。弹卡机构中的弹卡板与弹卡连接板采用铰接形式，采用铰接形式能够实现两个弹卡板的同步运动，使工作更加可靠。弹卡板通过弹性圆柱销固定在弹卡支架上，正常作业时，在弹簧弹力作用下弹卡板能够向外展开。当需要打捞内管总成时，打捞器拉动矛头和收卡筒向上移动。弹性圆柱销带动弹卡板克服弹簧弹力完成收缩动作。弹卡机构的下端与拨叉单向阀启闭机构连接。保压单向阀机构的下部设有回水球阀。内管中设置有岩芯衬管。内管的下端与卡簧座采用螺纹连接。卡簧座内设置有带拦簧片的卡簧，以达到既能卡断岩芯又能防止松散岩芯丢失的目的。卡簧座的下部与可拆式保压帽采用螺纹连接。可拆式保压帽内设有密封圈。

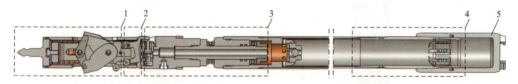

1– 弹卡机构　2– 拨叉单向阀启闭机构　3– 保压单向阀机构　4– 岩芯卡断机构　5– 保压帽

图 4–13　保压取芯钻具内管总成

该钻具的技术优势在于无须在钻具的下端部内置大直径球阀，钻孔直径得以大幅减小，岩芯直径有效增加——通过 95 mm 的钻孔即可获取直径为 45 mm 的样品，实现了小孔径绳索取芯地质勘探在海底钻机保压勘探领域的推广。同时，还可借助海底钻机的深海摄像头对内管总成下端部的密封操作过程进行监控，并可根据监控情况重复执行密封操作。海底钻机配备的清洁装置还可清洗附着在密封结构表面的岩屑，进一步提高了密封的成功率。

4.2.3　内管超前式取芯钻具

内管超前式取芯钻具主要应用在对样品质量要求非常严格的工程地质勘探领域。"海牛号"系列海底钻机配备的内管超前式取芯钻具包括外管总成和内管总成（图4-14），与常规取芯钻具的区别主要有以下几方面：①为了减少取芯过程中冲洗液对样品的直接冲刷与破坏，将内管总成超前于外管总成端部 200 mm。此外，传统绳索取芯钻具的内管总成主要作用是收纳岩芯，而内管超前式取芯钻具的内管总成还需要承担取样工作。②为了确保在压入式抽吸取芯和回转钻进取芯两种工艺模式下的水流通畅，其采用集成在弹卡组件上的过水键槽结构，替代了传统钻具到位报信机构中的球阀组件。③为了尽可能减少取芯过程对样品的扰动和破坏，去除了传统钻具中带有弹性支撑片的卡簧。在朱咀内部设置了多道环形沟槽，旨在增大样品与朱咀内部之间的摩擦力，从而在回收过程中尽可能避免样品发生脱落。考虑到内管总成需要承担钻进过程中地层的作用力，对弹卡组件进行了加厚处理。此外，其他核心关键零部件同样进行了防腐蚀处理。

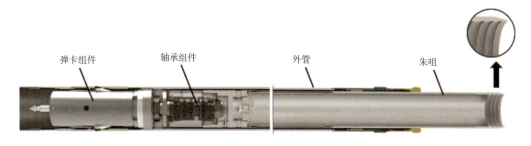

图 4-14　内管超前式取芯钻具

当采用压入式抽吸取芯时，在样品进入岩芯管的过程中，抽吸缸将钻具内部的海水从钻杆串的顶部同步抽出。当采用回转钻进工艺时，高压海水由钻机上的冲洗液泵泵送，通过钻杆串进入钻具内部。高压海水首先沿着内管总成中弹卡组件的过水键槽进入内管和外管之间的环状间隙；然后沿着环状间隙从钻头的底部排出，到达孔底；最后从钻头中排出的高压海水开始冲刷钻杆串和孔壁，形成上返通道。海水携带岩屑一起上返至孔口。可见，该类钻具能够满足在两种不同钻进工艺模式下的工作需要，如图 4-15 所示。

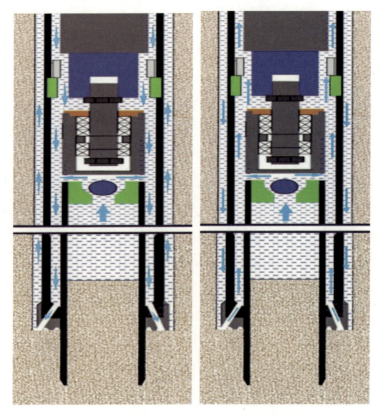

(a) 回转钻进模式　　　　　　　(b) 抽吸取样模式

图 4-15　内管超前式取芯钻具的水路示意图

4.3　保压取芯钻进工艺分析

在海底资源勘探领域，保压取芯主要应用于海底天然气水合物勘探。天然气水合物是一种在特定压力和温度条件下稳定存在的固态物质。当外界压力降低或温度升高时，水合物会分解为天然气和水，失去原有的性质。采用保压取芯方式能够确保回收过程中存储在岩芯管内的水合物样品不发生逸散。相比于传统陆域钻机或海洋钻探船上的船载钻机，海底钻机的作业方式与设备特点存在显著差异。因此，现有的岩芯钻探钻进规程不能完全满足海底钻机的作业需求，探索与海底钻机性能和作业工况相匹配的钻进工艺尤为必要。

4.3.1 保压取芯工艺流程

以"海牛号"系列海底钻机的保压取芯工艺为例进行介绍。钻探作业所需的全部保压取芯钻具存储在钻机上的钻管库内，并由钻机携带至海底。如图 4-16 所示，在钻进准备阶段，在机械手的协助下，钻管库内管总成被转移至保压帽拧卸装置的正下方。然后，保压帽拧卸装置拧卸内管总成上的保压帽，并将其存储在装置内部。最后，内管总成通过自重落地，或用打捞器下放的方式，将其下放至位于孔底的外管总成中。在钻进阶段，内管总成中的弹卡板受到外管总成中弹卡室的径向约束，使得收卡筒发生轴向移动。收卡筒带动拨叉转动，从而使单向阀的阀芯处于开启状态，确保钻进过程中的排水通道畅通。在回收阶段，首先通过绳索打捞器将内管总成回收至钻机上。由于外管总成中弹卡室对内管总成中弹卡板的径向约束解除，在弹簧弹力的作用下收卡筒向下移动从而带动拨叉复位。此时，阀芯处于关闭状态，实现对内管总成上端部的密封。最后，在钻机的机械手配合下将存储在拧卸装置中的保压帽与内管总成的卡簧座拧紧，完成对内管总成下端部的密封操作。机械手将内管总成放回钻管库内，并从库内抓取新的内管总成，进行下一回次的作业。

当在比较松软的沉积物层作业时，钻机可采用压入式抽吸取芯方式。压入式抽吸取芯的实现方式是在钻机上设置抽吸活塞缸。在取芯过程中，内管总成中的海水被抽吸活塞缸同步并适当过量抽出，使岩芯管的内部产生一定的负压。当在较硬地层钻进时，钻机可采用回转钻进模式。冲洗液通过钻杆串流经内外管之间的环状间隙，然后通过钻头水口流经孔底。在对钻头进行冷却后，冲洗液携带孔底岩屑沿钻杆串和孔壁间的环状间隙上返至孔口。

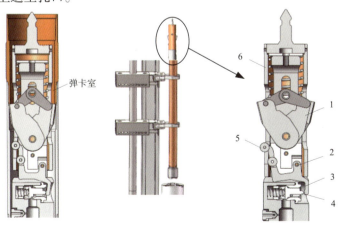

1- 弹卡板　2- 圆柱销　3- 拨叉　4- 单向阀芯　5- 拨叉滚轮　6- 收卡筒

图 4-16　保压取芯钻进工艺流程示意图

4.3.2　钻具保压性能分析

4.3.2.1　保压钻具的承压能力校核

以"海牛号"系列海底钻机配套使用的保压取芯钻具为例，保压内管的相关参数如下：外径 d = 55.6 mm，内径 d_1 = 50 mm，长度 h = 3200 mm，材料为 45MnMoB。与材料相关的性能参数见表 4-1。

表 4-1　材料的力学性能

材料	弹性模量 /MPa	泊松比 ν	密度 ρ/（kg/m³）
45MnMoB	20600	0.3	7850

设计钻具的最大深度为 3000 m，意味着钻具的最大工作压力为 30 MPa。材料的屈服强度 σ_s 为 750 MPa，在充分考虑安全和经济因素的情况下，安全系数 n_s 取 2.5，允许屈服应力如下：

$$[\sigma_s] = \sigma_s / n_s = 300 \text{ MPa} \tag{4-1}$$

该材料的抗拉强度 σ_b 为 920 MPa，考虑安全系数 n_b=3，允许拉应力如下：

$$[\sigma_b] = \sigma_b / n_b = 307 \text{ MPa} \tag{4-2}$$

允许应力 $[\sigma]$ 取 $[\sigma_s]$ 和 $[\sigma_b]$ 之间的最小值，因此，$[\sigma]$=300 MPa。在计算超高压容器的壁厚强度时，通常采用最大剪应力理论，其中有：

$$[\sigma] \geqslant \frac{2K^2}{K^2-1}P \tag{4-3}$$

式（4-3）中，K 为外径与内径之比，P=30 MPa，可以得到 $K \geqslant 1.11$，即 K 的值应该大于或等于 1.11。当 K 取最小值时，内管的外径为：

$$d = Kd_1 = 1.11 \times 50 \text{ mm} = 55.5 \text{ mm} < 55.6 \text{ mm} \tag{4-4}$$

满足工作条件下的强度要求。

4.3.2.2　保压钻具内部压力损失计算

在内管总成的回收过程中，管体外部的环境压力不断下降。此时，管体的体积膨胀和样品本身的膨胀是影响钻具内部最终压力的关键因素。为预测回收过程中保压钻具内部的压力损失程度，可参考保压容器领域中广泛使用的压力损失理论计算方程。该方程考虑了管体内壁的弹性变形影响。管体的体积膨胀与内壁的弹性变形和环境温度的变化有关，管直径的变化会影响管的体积的变化。根据弹性力学相关理论，在压差作用下内管管体的轴向和径向位移的表达式分别如下。

轴向位移：

$$\Delta h = \frac{hd^2(1-2v)}{E\left(d^2 - d_1^2\right)} P_f \qquad (4-5)$$

径向位移：

$$\Delta d = \frac{d_1\left[d_1^2(1-2v) + d^2(1+v)\right]}{2E\left(d^2 - d_1^2\right)} P_f \qquad (4-6)$$

式（4-5）和式（4-6）中，E 为材料的弹性模量，v 为材料的泊松比，P_f 为管内的压力，h 为内管的原始长度。

内管在内外压差作用下的体积变化为：

$$\Delta V_{p_s} = \frac{\pi}{4}(d_1 + \Delta d)^2(h + \Delta h) - \frac{\pi}{4}d_1^2 h \qquad (4-7)$$

式（4-7）中，Δd 为径向位移，Δh 为轴向位移。

通过式（4-5）~（4-7），可以得到管在内外压差作用下的体积变化。根据弹性力学和热力学理论，温度变化 10 ℃下内管的轴向和径向位移分别如下。

轴向位移：

$$\Delta h_T = \alpha(h \times \Delta T) \qquad (4-8)$$

径向位移：

$$\Delta d_T = \alpha(\pi d_1 \times \Delta T) \qquad (4-9)$$

由温度变化引起的内管体积变化为：

$$\Delta V_T = \frac{\pi}{4}(d_1 + \Delta d_T)^2(h + \Delta h_T) - \frac{\pi}{4}d_1^2 h \qquad (4-10)$$

最后，利用叠加原理可以计算出内管的体积变化：

$$\Delta V = \Delta V_{p_s} + \Delta V_T \qquad (4-11)$$

可得到关系方程：

$$\frac{\Delta V}{V} = -\frac{\Delta P}{K_V} \qquad (4-12)$$

式（4-12）中，ΔV 为海水的有效体积变化，V 为海底内管内海水的体积，ΔP 为海水管上升到海面时的压差。

内管内部压力的理论计算值如下：

$$P_s = P - \Delta P \qquad\qquad （4-13）$$

压力损失比的计算方法如下：

$$P_\% = \frac{\Delta P}{P} \qquad\qquad （4-14）$$

海底水合物主要分布在 2000 m 以内水深的海底，海底钻机的最大钻进深度通常不超过 300 m。现对 3000 m 以内不同水深下钻具的保压性能进行理论预测并与试验数据相比较。保压性能测试装置如图 4-17 所示。试验过程包括：①连接钻具和手动压力泵。②均匀地施加压力到预定的压力水平，并保持指定时长。③将压力传感器连接到钻具上，并读取数值。保持钻管内部压力为 40 MPa，并保持 2 h，然后在水压力分别为 8 MPa、10 MPa、15 MPa、20 MPa、25 MPa、30 MPa 的条件下，测试钻具的保压性能。每组测试时间为 12 h，温度变化为 10℃。每组试验重复三次，最终检验值为三次试验的平均值。

图 4-17　钻具保压性能试验装置

试验结果表明，在 40 MPa 下，钻具的管体未发生塑性变形。在压力保持 2 h 后，管内压力降至 35 MPa。设计钻具的最大工作压力为不超过 30 MPa，证明内管的强度符合设计要求。不同工作压力条件下，钻具内部的压力损失如表 4-2 所示。可见，在不同工作压力下的压力损失比均控制在 15% 范围内。当工作压力分别为 8 MPa 和 10 MPa 时，压力损失比较显著，其值分别为 14.89% 和 12.64%。当工作压力在 20~30 MPa 时，压力损失比低于 10%。

表 4-2　钻具保压性能试验值

工作压力 /MPa	试验值 /MPa	压力损失比 /%
8	6.81	14.89
10	8.74	12.64
15	13.41	10.61
20	18.12	9.38
25	22.84	8.64
30	27.55	8.16

理论压力损失比与试验得到的压力损失比的比较如图 4-18 所示。可以发现，在 15~20 MPa 工作压力下，理论计算的压力损失与实测的压力损失较为接近。其中最大的差异只有 2.64%。由于天然气水合物勘探的作业水深主要是在 2000 m 范围内，因此，理论计算的模型的预测精度满足实际需求。

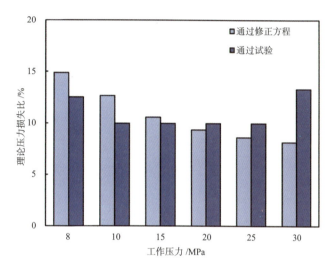

图 4-18　压力损失比理论计算值与试验结果的比较

4.3.3　钻进过程力学建模与分析

4.3.3.1　单颗粒金刚石碎岩的力学建模

表镶金刚石钻头主要是通过胎体表面镶嵌的金刚石刻划岩石达到碎岩目的。图 4-19 为"海牛号"系列海底钻机常使用的表镶金刚石钻头。单颗粒金刚石的受力情况如图 4-20 所示。

碎岩过程中，金刚石颗粒绕钻头轴线做螺旋运动。其中，F_n 为金刚石颗粒在钻头垂直钻进时受到的正压力，F_s 为钻头钻进时金刚石颗粒受到的摩擦力，T_n 为金刚石颗粒在钻头

图 4-19　表镶金刚石钻头

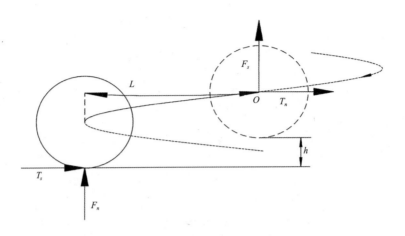

图 4-20　单颗粒金刚石钻进受力分析图

转动时受到的切削力，T_s 为钻头转动时金刚石颗粒受到的摩擦力。图 4-21 为单颗粒金刚石球体与平面接触的变形过程。金刚石钻头压入地层时，接触点可以认为发生了理想的弹性变形，其压力可以根据弹性压痕理论，即 Hertz 接触理论进行描述。Hertz在研究弹性球与弹性半空间变形体的接触时，假定两者之间的接触是无摩擦的局部变形，接触面的投影形状为圆形，接触区域相对于球体很小。随着压入深度增大，地层进入弹塑性变形阶段，仅仅使用 Hertz 理论不再适用。为了方便研究，Evseev 等假设在接触区域中间部分的接触压力为均匀分布，且大小等效于发生弹塑性变形时的接触压力值，在该区域外的接触压力则为 Hertz 椭圆接触压力分布。

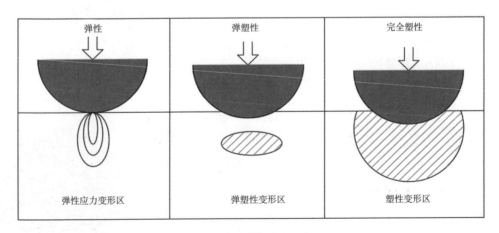

图 4-21　球形压痕响应示意图

图 4-22 为半径为 R 的刚性球压入半空间变形体的接触示意图。压入深度为 h，接触半径为 a，F_n 为施加的接触压力，径向坐标用 r 表示，轴向坐标用 z 表示。

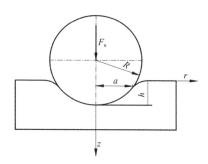

图 4-22 刚性球与半空间变形体的接触示意图

根据 Hertz 理论，接触区域的压力分布为抛物线形状，其表达式为：

$$P(r) = P_0 \sqrt{1 - (r/a)^2} \tag{4-15}$$

式（4-15）中，P_0 为接触中心处最大接触压力，r 为接触点到接触中心的径向距离。弹性接触表面点在 z 轴方向的位移 u_z 为：

$$u_z = \frac{1}{E^*} \frac{\pi P_0}{4a} \sqrt{2a^2 - r^2}, r \leqslant a \tag{4-16}$$

式（4-16）中，E^* 为减缩弹性模量，其表达式为：

$$\frac{1}{E^*} = \frac{1 - v_1^{\ 2}}{E_1} + \frac{1 - v_2^{\ 2}}{E_2} \tag{4-17}$$

式（4-17）中，v_1、v_2 分别为两接触体的泊松比，E_1、E_2 分别为两接触体的弹性模量。根据 Hertz 理论，弹性接触区域的边界条件可以写成：

$$u_z = h - \frac{r^2}{2R} \tag{4-18}$$

由式（4-16）和式（4-18）可知，接触半径 a 与接触中心处最大接触压力 P_0 应满足：

$$\begin{cases} a^2 = hR \\ P_0 = \dfrac{2E^*}{\pi} \left(\dfrac{h}{R} \right)^{\frac{1}{2}} \end{cases} \tag{4-19}$$

对式（4-19）在整个接触区域（0，a）进行区间积分，可得到接触压力 F_n 为：

$$F_n = \int_0^a P(r) \cdot 2\pi r \mathrm{d}r = \frac{2}{3} P_0 \pi a^2 \tag{4-20}$$

将式（4-19）代入式（4-20），可得：

$$F_n = \frac{4E^* \sqrt{Rh^3}}{3} \tag{4-21}$$

由 Von Mises 屈服准则可知，在 z 轴和 r 轴上各点的应力状态可表示为：

$$\begin{cases} \dfrac{\sigma_r}{p_0} = -(1-v)\left[1 - \dfrac{z}{a}\tan^{-1}\left(\dfrac{a}{z}\right)\right] + \dfrac{1}{2}\left(1 + \dfrac{z^2}{a^2}\right)^{-1} \\[3mm] \dfrac{\sigma_z}{p_0} = -\left(1 + \dfrac{z^2}{a^2}\right)^{-1} \end{cases} \tag{4-22}$$

式（4-22）中，σ_r、σ_z 分别为 r 和 z 方向的正应力，z 为接触点沿 z 轴到接触中心的距离。

由式（4-22）可知，当金刚石颗粒初始压入海底天然气水合物屈服时：

$$\sigma = \sigma_r - \sigma_z = P_0\left\{\frac{3}{2}\left(1 + \frac{z^2}{a^2}\right)^{-1} - (1+v)\left[1 - \frac{z}{a}\tan^{-1}\left(\frac{a}{z}\right)\right]\right\} \tag{4-23}$$

式（4-23）中，σ 为海底天然气水合物的屈服应力。

为了方便计算，作如下定义：

$$C_V = \left\{\frac{3}{2}\left(1 + \frac{z^2}{a^2}\right)^{-1} - (1+v)\left[1 - \frac{z}{a}\tan^{-1}\left(\frac{a}{z}\right)\right]\right\}^{-1} \tag{4-24}$$

式（4-24）属于一个超越方程，C_V 和 v 可以通过式（4-25）的拟合函数来近似表达：

$$C_V = 0.5424v^2 + 0.8796v + 1.3005 \tag{4-25}$$

当进入弹塑性变形阶段时，采用"有限接触压力"的分布模型分析其弹塑性接触问题，如图 4-23 所示。

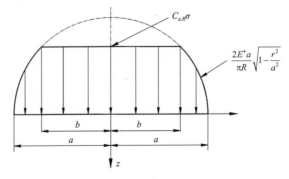

图 4-23   接触区域压力分布

接触压力 $P(r)$ 的表达式为：

$$P(r) = \begin{cases} \dfrac{2E^*a}{\pi R}\sqrt{1-\dfrac{r^2}{a^2}}, & b < r \leqslant a \\ C_{a,R}\sigma, & 0 \leqslant r \leqslant b \end{cases}$$ （4–26）

式（4–26）中，b 为接触中线到分界点的径向距离，可根据连续性条件来确定该点的值。$C_{a,R}$ 是一个修正系数，用于描述金刚石颗粒压入海底天然气水合物时接触区域的压力分布：

$$C_{a,R} = 2.845 - 0.4921\frac{a}{R}, 0 \leqslant \frac{a}{R} \leqslant 1$$ （4–27）

由于接触半径 a 小于单颗粒金刚石半径，根据式（4–27）可以得到 $C_{a,R} \approx 2.8$。然而，海底天然气水合物在弹性变形和弹塑性变形时中心点接触压力并不相等，所以 $C_{a,R}$ 并不能简单地认定为常数。因此，需要对"有限接触压力"假设进行适当修正。在接触区域中间部分，利用滑移线场理论计算应力分布，在此接触区域外的接触压力为：

$$P(r) = \begin{cases} \dfrac{2E^*}{\pi R}\sqrt{a^2-r^2}, & b < r \leqslant a \\ k\sigma, & 0 \leqslant r \leqslant b \end{cases}$$ （4–28）

式（4–28）中，k 为关于压入深度的函数。

对式（4–26）进行整体区域积分，可得到接触压力 F_n 为：

$$F_n = \int_0^b k\sigma \cdot 2\pi r \mathrm{d}r + \int_b^a \frac{2E^*}{\pi R}\sqrt{a^2-r^2} \cdot 2\pi r \mathrm{d}r$$ （4–29）

当 $r=b$ 时，海底天然气水合物处于弹性变形与弹塑性变形的临界点，即在这时弹性压力与塑性压力相等，则有：

$$\frac{2E^*}{\pi R}\sqrt{a^2-b^2} = k\sigma$$ （4–30）

联立式（4–29）和式（4–30），可以得到接触压力 F_n 为：

$$F_n = \pi k\sigma\Big[a^2 - \frac{1}{3}\Big(\frac{\pi k\sigma R}{2E^*}\Big)^2\Big]$$ （4–31）

式（4–31）中，k 可以表示为：

$$k \approx \frac{2C_V}{3}$$ （4–32）

根据式（4-25）和式（4-32）可以得到 C_V、k、v 参数之间的关系，得到对应的参数值。

基于 Hertz 修正理论，得到了弹塑性变形阶段时的接触压力，并定义此接触压力为金刚石颗粒受到的钻压力，得到钻压力 F_n 为：

$$F_n = \frac{2\pi C_V \sigma}{3}\left[hR - \frac{1}{3}\left(\frac{2\pi C_V \sigma R}{3E^*}\right)^2\right] \qquad (4-33)$$

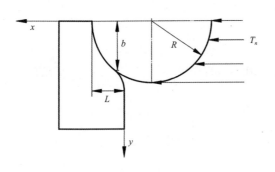

图 4-24 金刚石颗粒切削岩石时的受力分析图

在金刚石钻头钻进过程中，金刚石颗粒不仅在轴向载荷作用下压入岩石破碎，还会在扭矩作用下切削岩石。由理论力学和接触力学可知，切削时作用于接触区域的压力为不均匀分布，接近金刚石颗粒底部处的切削力最大。图 4-24 为半径为 R 的金刚石颗粒切削岩石时的受力分析图。金刚石颗粒切削海底天然气水合物时，接触区域为下半球体的一半，切入深度为 L，接触半径为 b，T_n 为钻头转动时受到的切削力，径向坐标用 x 表示，轴向坐标用 y 表示。

金刚石切削地层时的切削力与作用于钻头底面的压力类似，两个接触体都可认为是弹性半空间变形体。根据 Hertz 理论，接触区域的压力分布为抛物线形状，其表达式为：

$$T(y) = T_0\left(1 - \frac{y^2}{b^2}\right)^{1/2} \qquad (4-34)$$

式（4-34）中，$T(y)$ 为接触区域的压力，T_0 为接触中心处最大的接触压力，y 为接触点到接触中心的轴向距离。

圆形区域内法向位移的计算如图 4-25 所示。在圆形区域内受到法向应力时，可以通过叠加方法将点集中力的作用结果应用于表面区域内分布的法向压力，从而求得应力和位移的分布。作用于区域上的分布压力为 T，需要求得压力所产生的 A 处的凹陷。为此，需要确定由 B 处

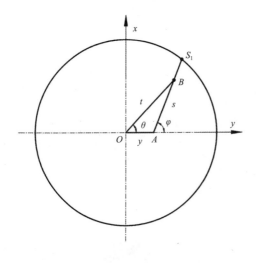

图 4-25 圆形区域内法向位移的计算

的应力引起的 A 点的位移，然后在应力的作用面上将该位移对所有可能的 B 处位置进行积分。

在 B 处时，距离原点位置 t 为：

$$t^2 = y^2 + s^2 + 2ys\cos\varphi \tag{4-35}$$

可计算得到整个接触区域上分布压力产生的 A 点位移 u_x 为：

$$u_x = \frac{\pi T_0}{4bE^*}\left(b^2 - \frac{y^2}{2}\right) \tag{4-36}$$

利用弹性接触的 Hertz 理论，在接触区域的边界条件为：

$$u_x = L - \frac{y^2}{2R} \tag{4-37}$$

将式（4-37）代入式（4-36），得：

$$\frac{\pi T_0}{4bE^*}\left(b^2 - \frac{y^2}{2}\right) = L - \frac{y^2}{2R} \tag{4-38}$$

当 y 为 0 或 b 时，L 为 $\pi T_0 b/(4E^*)$，代入式（4-38），得：

$$T_0 = \frac{4E^* b}{\pi R} \tag{4-39}$$

根据 L 与 b 的值，同样符合接触半径公式：$b = \sqrt{LR}$。

对式（4-39）在整个接触区域（0，b）进行区间积分，可得到在弹性阶段的切削合力 T_n' 为：

$$T_n' = \int_0^b T(y)\pi y\,\mathrm{d}y = \frac{4}{3}E^*\sqrt{RL^3} \tag{4-40}$$

当地层进入弹塑性变形阶段时，根据 Hertz 理论，可以得到式（4-41）；根据滑移线场理论，应力分布如图 4-26 所示。

$$\begin{cases} \dfrac{4E^*\sqrt{b^2 - y^2}}{\pi R}, & c < y \leqslant b \\ k_1\sigma, & 0 \leqslant y \leqslant c \end{cases} \tag{4-41}$$

式中，k_1 为切入深度的函数，可按求取钻压时 k 值的方法求得 k_1，$k_1 = 2C_v/3$、$b = \sqrt{LR}$。

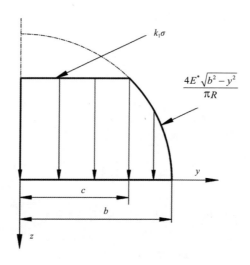

图 4-26 切削时接触区域的压力分布

对式（4-41）在接触区域进行积分，可以得到切削合力 T_n 为：

$$T_n = \int_0^c k_1 \sigma \pi y \mathrm{d}y + \int_c^b \frac{4E^* \sqrt{b^2 - y^2}}{\pi R} \pi y \mathrm{d}y \qquad （4-42）$$

在 $y=c$ 时，接触压力处于弹性变形与塑性变形的临界点，弹性压力等于塑性压力：

$$\frac{4E^* \sqrt{b^2 - c^2}}{\pi R} = k_1 \sigma \qquad （4-43）$$

考虑水合物地层的物理力学特性，定义弹塑性变形时受到的切削合力为作用于金刚石颗粒上的切削力。结合式（4-42）和式（4-43），得到金刚石钻头转动时受到的切削力 T_n 为：

$$T_n = \frac{1}{3} C_V \sigma \pi \Big[LR - \frac{1}{3} \Big(\frac{\pi \sigma C_V R}{6E^*} \Big)^2 \Big] \qquad （4-44）$$

4.3.3.2 钻头承受的压力与扭矩建模

金刚石钻头的受力情况如图 4-27 所示。设钻头底面的金刚石颗粒数为 n_i，钻头切削齿斜面上的金刚石颗粒数为 n_j。对于钻头上的单颗粒金刚石而言，F_n 为钻压力，T_n 为切削力，F_s 和 T_s 分别为钻进和转动时受到的摩擦力。

钻头钻压力和切削力与相应摩擦力存在如下关系：

$$\begin{cases} T_s = \mu F_n \\ F_s = \mu T_n \end{cases} \qquad （4-45）$$

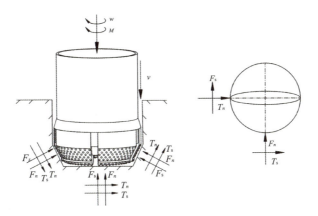

（a）金刚石钻头整体受力分析　　　（b）单颗粒金刚石受力分析

图 4-27　金刚石钻头受力分析

式（4-45）中，μ 为摩擦系数。

内摩擦角 θ 与摩擦系数的关系为：

$$\mu = \tan\theta \tag{4-46}$$

为了计算钻头受到的钻压力和扭矩，必须将钻头斜面和底面的每个金刚石颗粒受到的力施加到钻头上，如图 4-28 所示。利用钻头斜面的 2 个金刚石颗粒与钻头底面的 1 个金刚石颗粒可将金刚石受到的作用力进行合成，分为垂直方向的 F_n 和 F_s 与水平方向的 T_n 和 T_s。

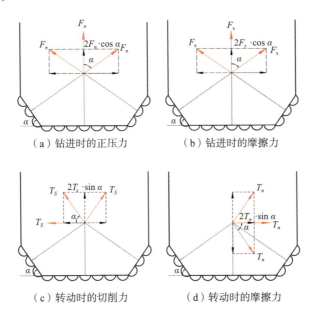

（a）钻进时的正压力　　　　　　　（b）钻进时的摩擦力

（c）转动时的切削力　　　　　　　（d）转动时的摩擦力

图 4-28　钻头上金刚石颗粒受力分析

由此可以得到钻头压力和扭矩为：

$$\begin{cases} F = (F_n + \mu T_n) \cdot (n_i + n_j \cos \alpha) \\ M = (T_n + \mu F_n) \cdot (n_i + n_j \cos \alpha) \cdot l \end{cases} \quad （4\text{-}47）$$

式（4-47）中，l 为金刚石颗粒距离钻头轴心线的平均距离，其计算公式为：

$$l = \frac{D + d}{2} \quad （4\text{-}48）$$

式（4-48）中，d 为钻头内径，D 为钻头外径。

钻头每转切削深度 h 为：

$$h = L = \frac{60v}{Nw} \quad （4\text{-}49）$$

式（4-49）中，N 为钻头金刚石颗粒的排数，v 为钻进速度，w 为转速。

根据式（4-33）求得的钻压力与式（4-44）求得的切削力，可以得到钻头上的钻压与扭矩为：

$$\begin{cases} F = \dfrac{92E^* + 52\mu E^*}{81} \sqrt{R\left(\dfrac{60v}{Nw}\right)^3} \times (n_i + n_j \cos \alpha) \\ M = \dfrac{52E^* + 92\mu E^*}{81} \times \sqrt{R\left(\dfrac{60v}{Nw}\right)^3} \times \dfrac{(n_i + n_j \cos \alpha)(D + d)}{2} \end{cases} \quad （4\text{-}50）$$

4.3.3.3　结论与分析

本次分析的表镶金刚石钻头主要参数如表 4-3 所示。某海域的含水合物沉积物地层的物理力学性能如表 4-4 所示。

表 4-3　金刚石钻头主要参数

参数	数值
钻头外径 /mm	96
钻头内径 /mm	62
钻头唇面倾斜角 /(°)	65
金刚石颗粒弹性模量 /GPa	1050
金刚石颗粒泊松比	0.2
单颗粒金刚石半径 /mm	1
钻头底面金刚石颗粒数 / 个	140
钻头斜面金刚石颗粒数 / 个	240
钻头金刚石颗粒的排数 / 排	8

表 4-4　海底天然气水合物沉积物的试验结果

编号	水合物饱和度 /%	弹性模量 /GPa	泊松比	内聚力 /MPa	内摩擦角 / (°)
1	0	3.08	0.29	3.56	22.21
2	40	3.14	0.23	3.97	21.10
3	60	2.85	0.19	4.25	23.57
4	80	3.85	0.19	4.69	23.67

根据上述力学模型，对金刚石钻头钻进海底天然气水合物地层时的钻压和扭矩进行分析。从图 4-29 可以看出，在转速为 300 r/min 时，钻头上的钻压和扭矩与钻进速度均成线性关系，随着钻进速度的增大而增大。从图 4-29（c）和图 4-29（d）中可以看出，在海底天然气水合物的饱和度为 60% 时，钻头上的钻压和扭矩随着转速的增大而减小。

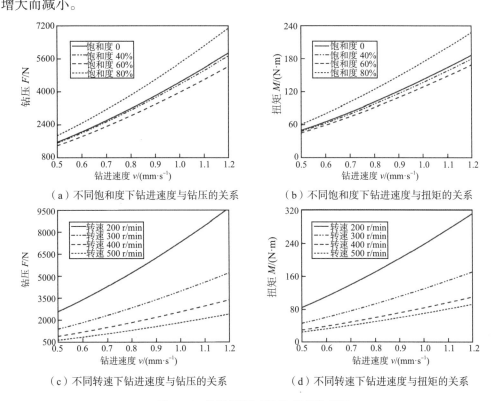

（a）不同饱和度下钻进速度与钻压的关系　　（b）不同饱和度下钻进速度与扭矩的关系

（c）不同转速下钻进速度与钻压的关系　　（d）不同转速下钻进速度与扭矩的关系

图 4-29　钻进参数和钻压与扭矩的关系

图 4-30 为海底天然气水合物的饱和度与钻压和扭矩之间的关系曲线图。如图所示，在钻速 1 mm/s 和转速 300 r/min 的条件下，当水合物的饱和度从 0% 增加到 60%时，钻头上的扭矩和钻压与水合物的饱和度呈负相关，随着饱和度的增大而减小。但饱和度从 0% 增加到 40% 时，扭矩和钻压的减小幅度并不大。而在饱和度从 60% 增加到 80% 时，钻头上的扭矩和钻压与水合物的饱和度呈正相关。

由建立的钻压和扭矩计算公式可知，钻头上的扭矩和钻压与弹性模量呈正相关，且弹性模量的变化对钻压和扭矩的影响明显。因此，当海底天然气水合物的饱和度为60%时，金刚石钻头承受的钻压与扭矩最小。

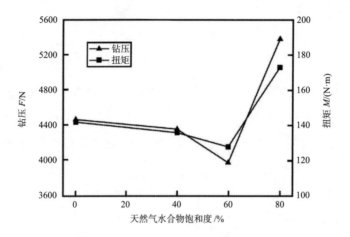

图 4-30　海底天然气的水合物饱和度与钻压和扭矩的关系

4.4　沉积物地层取芯工艺分析

海底钻机的钻探深度一般在海底以下 300 m 范围内。该范围内的沉积物通常由松散软泥、黏土、粉砂、有孔虫砂等构成，呈互层或厚层状分布。地层结构复杂，不同岩性沉积物的物理力学性质、抗扰动的能力差异较大。采用传统钻进模式和工艺参数，容易导致沉积物出现较大扰动，进而影响样品质量。为满足海底工程地质勘察作业中对高质量、低扰动深海沉积物样品的需求，开展沉积物地层取芯工艺分析尤为必要。

4.4.1　沉积物地层取芯工艺流程

以"海牛号"系列海底钻机为例，其配套使用的内管超前式钻具在沉积物地层的取芯工艺流程如图 4-31 所示。

（1）先将钻探所需的全部钻杆、取芯内管和外管存储在钻管库内并由海底钻机直接携带至海底。在机械手的协助下，将 1 根尚未取芯的内管总成放入外管总成中完成钻具总成的组装。海底钻机着底后，通过钻机上的调平支腿对钻机进行调平和支撑。

（2）利用冲洗水换向阀将海水抽吸缸无杆腔入口与钻杆内孔连通，钻机采用纯压入抽吸取芯模式钻进。钻进动力头经钻杆串和钻具的外管总成驱动内管总成端部的薄壁环形切割刀口以恒定的速度切入海底沉积物。纯压入速度控制在（20±2）mm/s，同时海水抽吸缸从钻杆中抽取与进入绳索取芯内管的沉积物岩芯样品等体积的海水。

（3）当钻进动力头推进力不足以以纯压入方式驱动内管前部的薄壁环形切割刀口以恒定的速度切入海底沉积物时，即钻进动力头的推进力为其最大推进力的60%~80%时，或推进力为30~40 kN时，启动钻进动力头的旋转驱动功能，转速为30~150 r/min，钻进速度为（20±2）mm/s，通过钻杆带动钻具的外管总成旋转钻进。由于内管总成中设置有轴承组合，因此其保持不旋转切入海底沉积物。当钻进动力头推进力减小至小于20 kN，或小于其最大推进力的40%时，停止钻进动力头的旋转，切换回步骤（2）的纯压入抽吸取芯模式。

（4）在该回次钻进结束后，操作钻进动力头上行，带动钻杆、钻具总成上移一段距离，从而拔断沉积物岩芯。

（5）利用打捞绞车下放打捞器，下放速度为18~25 m/min，将装有沉积物岩芯样品的内管总成打捞至海底绳索取芯钻机上，钻进动力头主动钻杆与下部钻杆卸扣分离并上升至最高位置，上行速度为30~40 m/min，然后将装有沉积物岩芯样品的内管

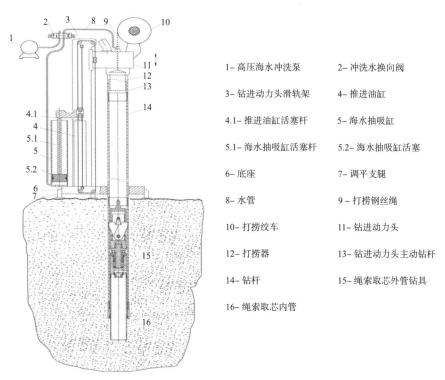

1– 高压海水冲洗泵	2– 冲洗水换向阀
3– 钻进动力头滑轨架	4– 推进油缸
4.1– 推进油缸活塞杆	5– 海水抽吸缸
5.1– 海水抽吸缸活塞杆	5.2– 海水抽吸缸活塞
6– 底座	7– 调平支腿
8– 水管	9– 打捞钢丝绳
10– 打捞绞车	11– 钻进动力头
12– 打捞器	13– 钻进动力头主动钻杆
14– 钻杆	15– 绳索取芯外管钻具
16– 绳索取芯内管	

图 4-31　海底沉积物地层取芯过程示意图

总成放至钻机的钻管库内。

（6）操作钻进动力头主动钻杆与下部钻杆重新连接。切换冲洗水换向阀使高压海水冲洗泵的出水口与钻杆内孔连通。启动高压海水冲洗泵和钻进动力头，钻具总成进行扫孔操作，扫孔速度为 20~25 m/min，将因采用内管超前式钻具所形成的孔底台阶扫平。

（7）利用高压海水冲洗泵多次冲孔，高压海水冲洗泵的泵量为 50~80 L/min，每次冲洗时，在孔底停留 1~2 min。

（8）操作钻进动力头主动钻杆与下部钻杆卸扣分离并上升至最高位置，再将 1 根新的内管总成下放至位于海底的外管总成内。

（9）利用高压海水冲洗泵进行多次冲孔。当钻孔深度小于 10 m 时，冲孔次数为 1~2 次；当钻孔深度为 10~30 m 时，冲孔次数为 2~3 次；当钻孔深度大于 30 m 时，冲孔次数为 4 次。下行和上行冲孔时高压海水冲洗泵的泵量均为 100~150 L/min。判断钻进取芯是否至给定孔深，若到达给定孔深，则进行下一步操作；若没有到达，则重复钻进取芯，直到钻进至给定孔深。

（10）回收钻杆串和钻具总成。

4.4.2 沉积物取芯扰动机理分析

现针对海底沉积物取芯过程中取芯管内海水压力升高造成样品扰动的问题，以深海海底钻机沉积物取芯钻具为研究对象，建立沉积物取芯过程扰动水压模型；并对海底钻机接触取芯的过程进行分析，建立深海取芯钻具结构、钻探取芯工艺参数、沉积物物理力学性质参数等因素耦合作用下的岩芯径向、轴向扰动模型。

4.4.2.1 海底沉积物取芯过程的扰动水压分析

1）钻进过程中取芯管内部水压变化建模

（1）钻具排水系统模型。

内管超前式取芯钻具的排水结构如图 4-32 所示。

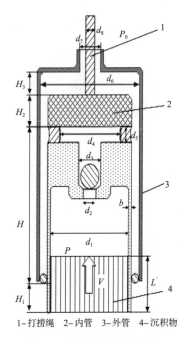

1—打捞绳 2—内管 3—外管 4—沉积物

图 4-32 钻具排水结构简图

在取样过程中，沉积物样品以速度 V 进入取样管，挤压管内海水自钻具上方排出，引起岩芯表面压力 P 增大。取芯管内的海水经入口进入止逆阀，再流入过渡圆管。随后，海水经对称布置在其侧壁的两个等径排水口排至内管与外管组成的环形间隙。最终，海水通过钻具外管顶部的环形孔（由打捞绳和端盖组成）排至海洋，以实现取样过程中海水的排放。设沉积物样品进入取芯管的速度等于海底钻机压入取芯管速度。在取芯管内沉积物样品表面和钻具顶部环形排水口的外侧面的高程关系，由伯努利方程可得：

$$z + \frac{P}{\rho g} + \frac{\alpha_1 V^2}{2g} = z_7 + \frac{P_0}{\rho g} + \frac{\alpha_7 v_7'^2}{2g} + \sum h_{lm} + \sum h_{jn} \qquad （4-51）$$

式（4-51）中，z 为取芯管内沉积物表面的高程；ρ 为海水的密度；α_1、α_7 为海水的动能修正系数，与海水的流态有关，层流状态下动能修正系数为 2，紊流状态下 α_1、α_7 的值接近 1；z_7 为环形排水口 d_7 处的高程；v_7' 为排水口 d_7 外侧海水的流速，假设速度为零；$\sum h_{lm}$ 为海水流动过程中总沿程损失；$\sum h_{jn}$ 为海水流动过程中总局部损失。

（2）钻具排水系统沿程损失。

海水流动的沿程损失 h_l 可以表示为：

$$h_l = \lambda \frac{l}{d} \cdot \frac{v^2}{2g} \qquad （4-52）$$

式（4-52）中，λ 为流体沿程阻力系数，l 为管道的长度，d 为管道的内径，v 为管道内流体的流速。

由于流体沿程阻力系数 λ 的取值与取样管内海水的流态有关，湍流相比于层流具有较大的复杂性，使得 λ 的取值不能通过简单的推导求得，现采用尼古拉兹试验曲线的数学表达式来确定 λ 的取值：

$$\lambda = \begin{cases} \dfrac{64}{Re}, & Re < 2000 \\[2mm] 0.0025 \cdot \sqrt[3]{Re}, & 2000 \leqslant Re \leqslant 4000 \\[2mm] \dfrac{0.3164}{\sqrt[4]{Re}}, & Re > 4000 \end{cases} \qquad （4-53）$$

式（4-53）中，Re 为流体的雷诺数，$Re = v \cdot d/\eta$；η 为海水的运动黏度。假设海水为不可压缩流体，流速 v 可以根据流体连续方程 $v = (d_1/d_2)^2 V$ 求得。

（3）钻具排水系统局部损失。

根据沿程损失计算方法，就可以依次求得海水流动过程中各个流段的沿程损失。取芯管内（即 $H + H_1$ 段）海水流动沿程损失 h_{l1} 为：

$$h_{l1} = \lambda_1 \frac{H + H_1 - L'}{d_1} \cdot \frac{V^2}{2g} \tag{4-54}$$

式（4-54）中，阻力系数 λ_1 可由尼古拉兹试验曲线确定。

由于该圆环形管道长度较大，内、外管间隙（即 H_2 段）的沿程阻力不可忽略，该段沿程损失可以表示为：

$$h_{l2} = \lambda_2 \frac{H_2}{d_6 - d_1 - 2b} \cdot \frac{v_g^2}{2g} = \lambda_2 H_2 \frac{d_1^4 V^2}{2g(d_6 - d_1 - 2b)^5} \tag{4-55}$$

式（4-55）中，v_g 为内、外管间隙海水流速。

对于内管顶部圆环形管道（即 H_3 段），随着取样深度的增加，该段管道的长度 H_3 不断增加，逐渐成为流体沿程损失发生的主要管段。该段沿程损失可表示为：

$$h_{l3} = \lambda_3 \frac{H_3}{d_6 - d_8} \cdot \frac{v_6^2}{2g} = \lambda_3 H_3 \frac{d_1^4 V^2}{2g(d_6 - d_8)^5} \tag{4-56}$$

式（4-56）中，v_6 为内径为 d_6 的外管 H_3 段的海水流速。

考虑海水流过小孔管段时引起的局部损失 h_j 可表示为：

$$h_j = \xi \frac{v}{2g} \tag{4-57}$$

式（4-57）中，ξ 为局部阻力系数；v 为海水流经小孔的速度，可以采用管道流速计算方法 $v = (d_1/d)^2 V$，将管道直径换成小孔直径即可求得。

取芯管内海水向上运动，由取芯管 d_1 流入止逆阀下端入口 d_2，该过程的局部阻力 h_{j1} 可以表示为：

$$h_{j1} = \xi_1 \frac{v_2^2}{2g} \tag{4-58}$$

式（4-58）中，v_2 为海水在孔口 d_2 内的流速，该结构是一个内插管道进口，局

部损失系数 $\xi_1 = 1$。

海水由 d_2 流入球形止逆阀。球形止逆阀结构的局部损失系数为 $2\sim9$，取均值 $\xi_2 = 5.5$，因此该段的局部损失可以用 h_{j2} 表示为：

$$h_{j2} = \xi_2 \frac{v_2^2}{2g} = \xi_2 \frac{\left(\dfrac{d_1^2}{d_2^2}V\right)^2}{2g} = 5.5 \frac{V^2}{2g} \cdot \frac{d_1^4}{d_2^4} \tag{4-59}$$

流体由止逆阀球舱 d_3 段流入过渡圆管 d_4，将其等效为突扩截面的管道结构，其局部损失系数可以表示为：

$$\xi_3 = \left(1 - \frac{d_3^2}{d_4^2}\right)^2 \tag{4-60}$$

因此，

$$h_{j3} = \xi_3 \frac{v_3^2}{2g} = \xi_3 \frac{\left(\dfrac{d_1^2}{d_3^2}V\right)^2}{2g} = \left(1 - \frac{d_3^2}{d_4^2}\right)^2 \frac{V^2}{2g} \cdot \frac{d_1^4}{d_3^4} \tag{4-61}$$

流体由圆管 d_4 流入内管的排水孔 d_5，将该排水孔近似简化为稍加修圆的管道进口，其局部损失系数取 $\xi_4 = 0.25$，则有：

$$h_{j4} = 2\xi_4 \frac{v_5^2}{2g} = 2\xi_4 \frac{\left(\dfrac{d_1^2}{2d_5^2}V\right)^2}{2g} = \frac{V^2}{16g} \cdot \frac{d_1^4}{d_5^4} \tag{4-62}$$

海水自内管排水孔 d_5 流出，进入内径为 $d_1 + 2b$、外径为 d_6 的圆环形间隙，其局部阻力系数 ξ_5 可以表示为：

$$\xi_5 = \left[1 - \left(\frac{d_5}{H + H_2}\right)^2\right]^2 \tag{4-63}$$

内、外管下方完全密封，管内海水无法从下方排出，由于管道长度 $H + H_2$ 远远大于 d_5，因此该过程局部损失可以表示为：

$$h_{j5} = 2\xi_5 \frac{v_5^2}{2g} = 2\xi_5 \frac{\left(\dfrac{d_1^2}{2d_5^2}V\right)^2}{2g} = \frac{V^2}{4g} \cdot \frac{d_1^4}{d_5^4} \tag{4-64}$$

流体自内、外管环形缝，经内、外管顶部的夹层，最后由外径为 d_7、内径为 d_8 的圆环形孔口排出。该三阶段管道均为圆环形管道，其当量水力直径分别为 d_6-d_1-2b、d_6-d_8、d_7-d_8，且有 $d_6-d_1-2b < d_6-d_8$、$d_6-d_8 > d_7-d_8$，因此，该过程局部损失可分别表示为：

$$\begin{cases} h_{j6} = \xi_6 \dfrac{v_g^2}{2g} = \left[1 - \left(\dfrac{d_6-d_1-2b}{d_6-d_8} \right)^2 \right]^2 \cdot \dfrac{V^2 d_1^4}{2g \left(d_6-d_1-2b \right)^4} \\ h_{j7} = \xi_7 \dfrac{v_6^2}{2g} = \left[1 - \left(\dfrac{d_7-d_8}{d_6-d_8} \right)^2 \right]^2 \cdot \dfrac{d_1^4 V^2}{4g \left(d_7-d_8 \right)^4} \end{cases} \tag{4-65}$$

最后，取芯管内的海水通过内径为 d_8、外径为 d_7 的圆环形管道厚壁孔口排至海洋，过程中存在一定的孔口出流（$\xi_8=1$）损失：

$$h_{j8} = \xi_8 \frac{v_7^2}{2g} = \frac{V^2 d_1^4}{2g \left(d_7-d_8 \right)^4} \tag{4-66}$$

根据以上分析，取芯管内水压的变化量可以表示为：

$$\Delta P = \rho g \left(H - L^{'} + \sum_{i=1}^{3} H_i + \sum_{m=1}^{3} h_{lm} + \sum_{n=1}^{8} h_{jn} \right) - \frac{\alpha \rho V^2}{2} \tag{4-67}$$

由以上分析可知，深海海底钻机取样钻具扰动水压主要受压入速度 V、取样深度 $\sum H$、取芯钻具管道尺寸 d_1 和 d_6、水路中结构小孔尺寸 $d_2 \sim d_5$ 及 d_7 等因素的影响。

2）取芯管内部水压力分析

以"海牛号"海底钻机沉积物取样钻具为研究对象，其内管总长度 $H+H_1=2.7$ m，其中伸出外管长度 H_1 为 0.3 m，壁厚 b 为 4 mm，内管上部总成的长度 H_2 为 0.5 m。取芯速度 V 的变化范围为 10~50 mm/s；取芯管内管内径 d_1 为 20~80 mm，取芯管外管内径 d_6 为 70~90 mm；止逆阀入口内径 d_2 为 1~32 mm，内管排水孔内径 d_5 为 1~20 mm，取样器顶部排水孔内径 d_7 为 5~30 mm，利用扰动水压模型，并结合海底钻机沉积物取样钻具设计参数进行量化分析，计算结果如图 4-33 所示。

从图 4-33（a）、图 4-33（b）、图 4-34（a）、图 4-34（b）可见，取芯管内管内径 d_1 对钻具扰动水压 ΔP 影响明显。ΔP 随着取芯管内管内径 d_1 的增大而增大，且趋势逐渐加快，同时由于速度造成的差异也逐渐放大；ΔP 随着取芯管外管内径 d_6

的增大而迅速减小，并趋于稳定。这是因为内管内径越大，排出的海水体积就越大，导致水流速度越快、扰动水压越大；而外管内径越大，经过的水流速度越慢，扰动水压越小。在取样钻具设计中，内管内径取决于样品分析需要，而外管内径是由内管内径、钻头直径共同决定的。因此，要根据取样钻具内管内径、样品直径等要求，合理选择钻具取芯管压入速度，以便控制取样过程中的扰动水压，确保获得的沉积物样品质量。

从图 4-33（c）~（e）可见，扰动水压 ΔP 的增加量随着取样钻具中过流小孔尺寸的增大而增大，这是因为小孔越小、流速越快，产生的压力损失、扰动水压就越大。值得注意的是，当小孔直径增加到一定值时，扰动水压迅速减小并趋于稳定，这里称之为临界直径。因此，在设计取样钻具时，在结构尺寸允许的条件下，应尽可能使小孔直径增加到相应的临界直径，这样就可以尽量减小小孔产生的扰动水压。

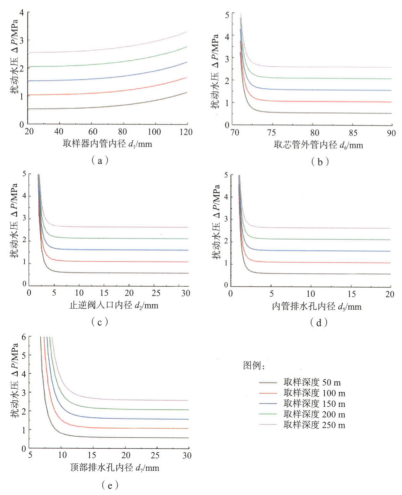

图 4-33　管内扰动水压在不同取芯阶段随各钻具设计参数的变化规律

由图 4-33 可以看出，当取芯深度从 50 m 增加至 250 m，ΔP 增加了 2~3 MPa。扰动水压 ΔP 的增加量随着 d_1 的增大而增大，随着其他各参数的增大而减小。取芯深度增大过程中，扰动水压增大主要由于静水压力的增加和压力损失的产生。受取样实际环境的限制，取芯管内海水只能通过钻具上部排出。因此，应尽可能减小压力损失的产生，可通过减小取芯管的内径和增大外管的当量水力直径来实现。

由图 4-34 可以看出，取样钻具压入速度 V 对扰动水压 ΔP 的影响明显，因为海水在钻具水道中的流动速度取决于压入速度 V，钻具扰动水压 ΔP 与压入速度 V 的平方成正比。对样品扰动的程度既取决于扰动水压，又取决于取样作业水深初始压力 P_0。具体来说，1 MPa 扰动水压对于 10 000 m 作业水深，相当于 100 MPa 初始压力，只有 1% 的扰动；而对于 1000 m 作业水深，就有 10% 的扰动，这在实际中必须尽量避免。同时，钻具压入速度的高低意味着作业时间的长短，也就决定了取样作业效率的高低。因此，选择取样钻具的压入速度时，要综合考虑样品的低扰动要求和取样作业水深及取样作业效率，从而保证样品质量和可接受的取样效率。

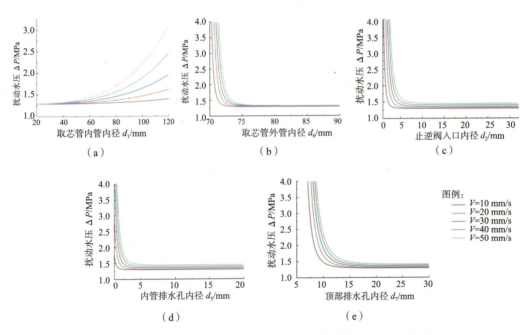

图 4-34　匀速取样时，管内扰动水压随各钻具设计参数的变化规律

4.4.2.2　海底沉积物径向扰动机理分析

1）沉积物取芯建模

（1）球孔扩张力学模型。

假设海底沉积物是可压缩的塑性固体，能发生塑性变形，但可压缩性极小；沉积物土体适用于莫尔 – 库仑屈服准则；未发生塑性变形的沉积物土体为满足线性变形、各向同性的固体。

关于无限沉积物土体中球孔扩张的分析满足空间球对称问题，其内部存在各向同性的原始应力 p_0。图 4–35 所示为球孔扩张力学模型示意图，球孔的初始半径为 a_0，在内压力 p 的作用下球孔向外扩张，扩张后的球孔半径

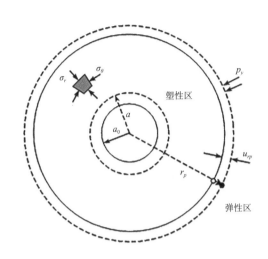

图 4–35　球孔扩张力学模型示意图

为 a。靠近球孔的沉积物土体中的内应力首先达到弹塑性临界应力 p_y，沉积物土体发生塑性变形。随着球孔的扩张，沉积物土体中发生塑性变形的区域逐渐扩大，记距球孔扩张中心半径为 r 的沉积物土体向外扩展的位移为 u_r，发生塑性变形的沉积物土体半径为 r_p，弹塑性边界向外扩展的距离为 u_{rp}。

（2）渗流体积力分析。

海底沉积物土骨架内的海水在水头差的作用下发生渗透，并施加一定的推动力和拖曳力，即渗流体积力。假定各处的渗透系数在各个方向相等，球孔扩张渗流连续微分方程为：

$$\frac{\mathrm{d}^2 p_i}{\mathrm{d}r^2} + \frac{2}{r} \cdot \frac{\mathrm{d}p_i}{\mathrm{d}r} = 0 \qquad （4\text{--}68）$$

式（4-68）中，p_i 为渗流体积力。

渗流边界条件为 $p_{i(r=a)} = p_w$，$p_{i(r \to \infty)} = 0$，其中孔口扩张后的渗流体积力为 p_w，可知：

$$p_i = \frac{a p_w}{r} \qquad （4\text{--}69）$$

同时，在较短的渗流距离内，不考虑渗透过程的能量损失，渗流体积力还可以表

示为：

$$p_i = \gamma_w \frac{\mathrm{d}h}{\mathrm{d}L} = \frac{\mathrm{d}u}{\mathrm{d}L} \qquad (4\text{-}70)$$

式（4-70）中，γ_w 为流体的重度，$\mathrm{d}h$ 为两截面的水头差，$\mathrm{d}u$ 为两截面的孔隙水压力差，$\mathrm{d}L$ 为流径长度。

所以：

$$p_w = \lim_{\mathrm{d}L \to 0} \lim_{r \to a} p_i = \lim_{\mathrm{d}L \to 0} \lim_{r \to a} \frac{\mathrm{d}u}{\mathrm{d}L} = \frac{\partial u}{\partial L}\Big|_{r=a} \qquad (4\text{-}71)$$

由 Henkel 公式，得到孔隙水压力增量 Δu 为：

$$\Delta u = \beta \Delta \sigma_{\mathrm{OCT}} + \alpha_f \Delta \tau_{\mathrm{OCT}} \qquad (4\text{-}72)$$

式（4-72）中，$\Delta \sigma_{\mathrm{OCT}}$、$\Delta \tau_{\mathrm{OCT}}$ 分别为八面体正应力增量和剪应力增量；β、α_f 为 Henkel 孔隙水压力参数，饱和土中 $\beta=1$，α_f 的表达式为：

$$\alpha_f = 0.707(3A_f - 1) \qquad (4\text{-}73)$$

式（4-73）中，A_f 为 Skempton 孔隙水压力参数，取 $A_f=2$。

由于对称性，球坐标系中有 $\sigma_\theta = \sigma_\varphi$，因此式（4-72）可以写成：

$$\Delta u = 2\sigma_r - \sigma_\theta - p_0 \qquad (4\text{-}74)$$

式（4-74）中，σ_r 为沉积物土体中的径向应力，σ_θ 为沉积物土体中的环向应力。将式（4-74）代入式（4-71）可得扩孔后孔壁处的渗透体积力：

$$p_w = \left(2\frac{\partial \sigma_r}{\partial r} - \frac{\partial \sigma_\theta}{\partial r}\right)\Big|_{r=a} \qquad (4\text{-}75)$$

（3）沉积物扰动范围求解。

假设孔隙水渗流的球孔扩张平衡微分方程为：

$$\frac{\partial \sigma_r}{\partial r} + 2\frac{\sigma_r - \sigma_\theta}{r} + \frac{\partial p_i}{\partial r} = 0 \qquad (4\text{-}76)$$

沉积物弹性变形阶段的几何方程为：

$$\begin{cases} \varepsilon_r = -\dfrac{\mathrm{d}u_r}{\mathrm{d}r} \\[3mm] \varepsilon_\theta = -\dfrac{u_r}{r} \end{cases} \qquad (4\text{-}77)$$

沉积物弹性变形阶段的物理方程为：

$$\begin{cases} \sigma_r = \dfrac{E}{(1+v)(1-2v)}\Big[(1-v)\varepsilon_r + 2v\varepsilon_\theta\Big] \\[3mm] \sigma_\theta = \dfrac{E}{(1+v)(1-2v)}\big(\varepsilon_\theta + v\varepsilon_r\big) \end{cases} \tag{4-78}$$

将式（4-70）代入式（4-76）可得：

$$\frac{\partial \sigma_r}{\partial r} + 2\frac{\sigma_r - \sigma_\theta}{r} - \frac{ap_w}{r^2} = 0 \tag{4-79}$$

将几何方程（4-77）代入式（4-78），解得弹性方程：

$$\begin{cases} \sigma_r = \dfrac{E}{(1+v)(1-2v)}\Big[-\dfrac{\mathrm{d}u_r}{\mathrm{d}r}(1-v) - 2v\dfrac{u_r}{r}\Big] \\[3mm] \sigma_\theta = -\dfrac{E}{(1+v)(1-2v)}\Big(\dfrac{u_r}{r} + v\dfrac{\mathrm{d}u_r}{\mathrm{d}r}\Big) \end{cases} \tag{4-80}$$

将式（4-80）代入式（4-79），得：

$$-\frac{\partial^2 u_r}{\partial r^2} - \frac{2}{r}\frac{\partial u_r}{\partial r} + 2\frac{u_r}{r^2} - \frac{(1+v)(1-2v)ap_w}{E(1-v)}\frac{1}{r^2} = 0 \tag{4-81}$$

求解方程（4-81），可得弹性区土体的径向位移 u_r^{e}，弹性区土体的径向应力 σ_r^{e}，弹性区土体的环向应力 $\sigma_\theta^{\mathrm{e}}$ 分别为：

$$\begin{cases} u_r^{\mathrm{e}} = \dfrac{C_1 r}{3} + \dfrac{C_2}{r^2} + \dfrac{(1+v)(1-2v)ap_w}{2E(1-v)} \\[3mm] \sigma_r^{\mathrm{e}} = \dfrac{C_1 E}{3(2v-1)} + \dfrac{2C_2 E}{r^3(v+1)} + \dfrac{v\,ap_w}{r(v-1)} \\[3mm] \sigma_\theta^{\mathrm{e}} = \dfrac{C_1 E}{3(2v-1)} - \dfrac{C_2 E}{r^3(v+1)} + \dfrac{ap_w}{2r(v-1)} \end{cases} \tag{4-82}$$

球孔扩张弹性区域边界条件：$\sigma_r\big|_{r=r_p} = p_y$，$\sigma_r\big|_{r\to\infty} = p_0$，其中沉积物原始应力为 p_0，代入式（4-82），则常系数 C_1、C_2 分别为：

$$\begin{cases} C_1 = \dfrac{3p_0(2v-1)}{E} \\[3mm] C_2 = \big(p_y - p_0\big)\dfrac{r_p^3(v+1)}{2E} - \dfrac{r_p^2 v(v+1)}{2E(v-1)}ap_w \end{cases} \tag{4-83}$$

故弹性区域土体的径向径移 u_r、径向应力 σ_r 和环向应力 σ_θ 分别为：

$$\begin{cases} u_r = \dfrac{2v-1}{E}\Big[p_0 r - \dfrac{(1+v)ap_w}{2(1-v)}\Big] + \dfrac{r_p^2(v+1)}{2Er^2}\Big[r_p\big(p_y-p_0\big)+\dfrac{vap_w}{(1-v)}\Big] \\[4mm] \sigma_r = p_0 + \dfrac{r_p^3}{r^3}\Big[\big(p_y-p_0\big)-\dfrac{vap_w}{r_p(v-1)}\Big]+\dfrac{vap_w}{r(v-1)} \\[4mm] \sigma_\theta = p_0 - \dfrac{r_p^3}{2r^3}\Big[\big(p_y-p_0\big)-\dfrac{vap_w}{r_p(v-1)}\Big]+\dfrac{ap_w}{2r(v-1)} \end{cases} \quad （4\text{-}84）$$

求得弹塑性边界的位移为：

$$u_{r_p} = \frac{3(v-1)r_p p_0 + (v+1)r_p p_y + (v+1)ap_w}{2E} \quad （4\text{-}85）$$

（4）塑性区求解。

莫尔 – 库仑准则被广泛应用于沉积物土体应力分析过程，其表达式为：

$$\sigma_r = A_0 \sigma_\theta + B_0 \quad （4\text{-}86）$$

其中：

$$\begin{cases} A_0 = \dfrac{1+\sin\varphi}{1-\sin\varphi} \\[3mm] B_0 = \dfrac{2c\cos\varphi}{1-\sin\varphi} \end{cases} \quad （4\text{-}87）$$

式（4-87）中，c 为沉积物土体的黏聚力，φ 为沉积物土体的内摩擦角。

临塑扩孔压力 p_y 可通过式（4-84）、式（4-86）求得：

$$p_y = \frac{3A_0 p_0 + 2B_0}{2+A_0} + \frac{v+1}{2+A_0}\frac{A_0 ap_w}{r_p(v-1)} \quad （4\text{-}88）$$

将式（4-88）代入式（4-76），可得塑性区平衡微分方程为：

$$\frac{\partial \sigma_r}{\partial r} + 2\frac{\big(A_0-1\big)\sigma_r + B_0}{A_0 r} - \frac{ap_w}{r^2} = 0 \quad （4\text{-}89）$$

得到塑性区域径向应力：

$$\sigma_r = C_3 r^{\frac{2}{A_0}-2} + \frac{A_0 ap_w\big(A_0-1\big)-B_0 r\big(A_0-2\big)}{r\big(A_0-1\big)\big(A_0-2\big)} \quad （4\text{-}90）$$

由弹塑性应力边界条件可求解系数 C_3，球孔扩张塑性区应力场表示为：

$$\begin{cases} \sigma_r = \left(\dfrac{r_p}{r}\right)^{2-\frac{2}{A_0}}\left[p_y - \dfrac{1}{r_p}\left(\dfrac{A_0 a p_w}{A_0 - 2} - \dfrac{B_0 r_p}{A_0 - 1}\right)\right] + \dfrac{1}{r}\left(\dfrac{A_0 a p_w}{A_0 - 2} - \dfrac{B_0 r}{A_0 - 1}\right) \\[4mm] \sigma_\theta = \left(\dfrac{r_p}{r}\right)^{2-\frac{2}{A_0}}\left[\dfrac{p_y}{A_0} - \dfrac{1}{A_0 r_p}\left(\dfrac{A_0 a p_w}{A_0 - 2} - \dfrac{B_0 r_p}{A_0 - 1}\right)\right] + \dfrac{1}{A_0 r}\left(\dfrac{A_0 a p_w}{A_0 - 2} - \dfrac{B_0 r}{A_0 - 1}\right) - \dfrac{B_0}{A_0} \end{cases}$$
（4-91）

所以，将式（4-88）、式（4-91）代入式（4-75），可得扩孔后孔壁处的渗透体积力为：

$$p_w = -\frac{6 r_p^2 (2A_0 - 1)(B_0 - p_0 + A_0 p_0)}{J_1 \left(\dfrac{r_p}{a}\right)^{2/A_0} + J_2 r_p}$$
（4-92）

其中：

$$\begin{cases} J_1 = A_0(A_0 + 2) a^2 \left(\dfrac{2A_0 - 1}{A_0 - 2} + a\right) \\[4mm] J_2 = \dfrac{4A_0(A_0 - 1)(A_0 - 2v)a}{(v - 1)(A_0 - 2)}\left(2 - \dfrac{1}{A_0}\right) \end{cases}$$
（4-93）

结合球孔扩张时弹塑性区域体积变化规律，忽略 u_{r_p} 高阶项，可得：

$$a^3 - a_0^3 = 3 r_p^2 u_{r_p} + (r_p^3 - a^3)\Delta$$
（4-94）

式（4-94）中，Δ 为塑性区的体积变化应变。

将式（4-87）、式（4-90）代入上式，可得塑性区半径 r_p 满足：

$$\left[\frac{18(A_0 v + v - 1)p_0 + 6B_0(v+1)}{2 + A_0} + 2E\cdot\Delta\right]r_p^3$$
$$+ 6(1+v)a p_w \frac{A_0 v + v - 1}{(2 + A_0)(v - 1)} r_p^2 + 2E\left(a_0^3 - a^3 - \Delta\cdot a^3\right) = 0$$
（4-95）

取芯管扰动模型如图 4-36 所示，取芯管的壁厚为 B，内径为 d。将取芯管看作是 n 个等体积、半径为 $B/2$ 的扩张球孔的叠加。取芯管插入沉积物的过程近似为一系列相互叠加的球孔向下运动，将沉积物向两侧挤压，最终形成一连串扩孔半径 $a=B/2$ 的球形孔。

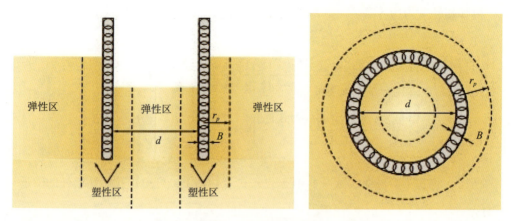

图 4-36　取芯管扰动模型

在外力作用下，沉积物会发生弹性变形，当外力去除后变形完全消失，恢复至原始状态；塑性变形由于超过弹性变形范围而发生了永久的变形，去除外力后出现不可恢复的残余变形。因此，可以采用岩芯扰动比 S（取样管内发生塑性变形的样品半径与取样管内径的比值）表示沉积物样品的扰动程度：

$$S = \frac{r_p - B/2}{d/2}　　　　　　　　　　（4-96）$$

2）沉积物扰动范围计算

现采用我国南海某海域沉积物样品的力学性能参数（表 4-5），并结合海底沉积物取样钻具（取样管厚度 B=3 mm，内径 d=62 mm）对岩芯扰动比 S 进行量化分析。本模型中，取原始孔半径为 0，因此，在球孔扩张过程中，沉积物必然产生塑性变形。

表 4-5　沉积物样品的力学性能参数

编号	黏聚力 c/kPa	内摩擦角 φ/(°)	泊松比 v	弹性模量 E/Pa
1	0.9	1.70	0.470	2.08×10^6
2	1.6	1.86	0.468	3.07×10^6
3	2.7	0.90	0.465	3.44×10^6
4	2.8	0.57	0.460	3.02×10^6
5	2.3	1.72	0.467	1.16×10^6
6	1.8	1.09	0.463	1.62×10^6
均值	2.02	1.31	0.466	2.40×10^6

（1）球孔扩张海水渗透力分析。

图 4-37 所示为原始应力环境 p_0 为 0 kPa、10 kPa、20 kPa 和 30 kPa 时，管壁处海水渗透力 p_w 随扩孔半径 a，海水渗透力 p_i（球孔扩孔半径 a=1.5 mm）随半径 r 的

变化曲线。p_w 与 a 成线性关系，随着 a 的增大而增大，但幅度有限，研究范围内，其变化幅值小于 0.02 kPa；管壁处的海水渗透力最大，随着与管壁距离的增大，渗透力迅速减小，并逐渐趋近于 0。同时，由图 4-37 可以看出，海水渗透力受沉积物原始应力 p_0 影响明显。p_0 越大，球孔扩张引起的海水渗透力也就越大。p_0 分别为 0 kPa、10 kPa、20 kPa 和 30 kPa 时，四条曲线分布均匀，可见渗透力 p_i 与 p_0 之间存在着近似线性关系，在深海高压环境下，沉积物内原始应力较大，海水渗透力对沉积物扰动的影响不可忽略。

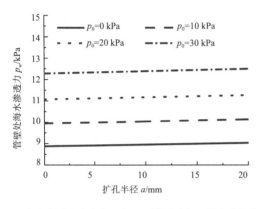 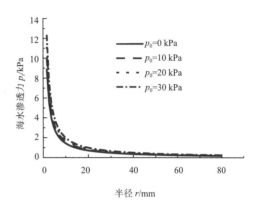

（a）管壁处海水渗透力 p_w 随扩孔半径 a 的变化规律　　（b）海水渗透力 p_i 随半径 r 的变化规律

图 4-37　p_w、p_i 随扩孔半径 a 与半径 r 的变化曲线

（2）孔周土体应力场、位移场分析。

图 4-38 给出了不同原始应力状态下，扰动区域半径 r_p 与扩孔半径 a 的关系曲线。扰动区域（塑性变形区域）半径 r_p 与扩孔半径 a 成线性关系，研究范围内扰动区域半径 r_p 约为扩孔半径 a 的 7~10 倍。扰动区域半径受原始应力影响明显，扩孔半径一定时，原始应力越大，沉积物扰动区域半径 r_p 也就越大。

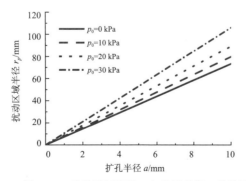

图 4-38　扰动区域半径 r_p 与扩孔半径 a 的关系

图 4-39 为沉积物原始应力分别为 0 kPa、10 kPa、20 kPa 和 30 kPa 条件下，扩孔半径为 1.5 mm 时，扩张球孔周围沉积物径向应力 σ_r、环向应力 σ_θ 随半径 r 的变化，在弹性变形区域、塑性变形区域的分布情况。靠近管壁的沉积物发生塑性变形，管壁处（r=1.5 mm）的径向应力 σ_r、环向应力 σ_θ 最大；远离取样管管壁，σ_r、σ_θ 逐渐减小。进入弹性变形区域后，σ_r、σ_θ 逐渐趋于沉积物原始应力。与径向应力 σ_r 不同的是，σ_θ 在弹塑性交界处取得极小值，进入弹性区域后，又逐渐增大并趋于 p_0。

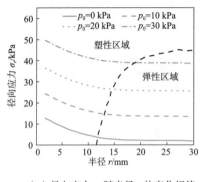
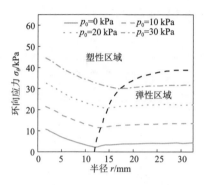

（a）径向应力 σ_r 随半径 r 的变化规律　　　　（b）环向应力 σ_θ 随半径 r 的变化规律

图 4-39　应力与扩孔半径的关系

对比不同原始应力 p_0 下的曲线发现，p_0 的大小与由球孔扩张引起的应力增量无关，但会影响塑性区域的范围。分析弹塑性边界可知，同等扩孔半径条件下，原始应力与塑性区域呈正相关。同时，由弹塑性边界可以看出，原始应力 p_0 越大，发生塑性变形时的临界应力 p_y 越大，随着 p_0 的增大，临界应力 p_y 逐渐趋于一个稳定值。

3）岩芯扰动比分析

图 4-40、图 4-41 分别为各因素影响下岩芯扰动比 S 随取样管壁厚 B 和取样管内径 d 的变化规律。由两图可以看出，在沉积物样品的黏聚力 c、内摩擦角 φ、泊松比 v 和弹性模量 E 等四个因素中，内摩擦角 φ、泊松比 v 对岩芯扰动比 S 的影响可以忽略不计；沉积物的弹性模量 E 和黏聚力 c 是决定沉积物发生扰动的主要因素，对岩芯扰动比的影响较为明显。同时，可以看出，黏聚力 c、弹性模量 E 处于一定范围时，其波动对 S 的影响较为明显。随着 c 和 E 的增大，岩芯扰动比 S 趋于平缓。

岩芯扰动比 S 与取样管内径 d 成反比关系：随着 d 增大，S 迅速降低，但逐渐趋于平缓。当壁厚 B 取 2 mm、4 mm、6 mm 和 8 mm 时，岩芯扰动比 S 随壁厚的增加而增大。

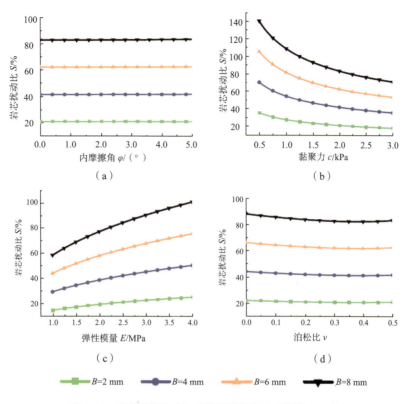

图 4-40　岩芯扰动比 S 与其他因素的关系（壁厚 B 一定）

　　当取样管壁厚取 4 mm 时，从图 4-40 可以看出，沉积物岩芯扰动比介于 30%~70% 之间，即该条件下，发生塑性变形的岩芯半径不超过岩芯半径的 70%，可以获取低扰动的沉积物样品。当取样管壁厚 B 超过 6 mm 时，由图 4-41（b）可知，岩芯极可能全部发生剧烈扰动。从图 4-40 可以看出，为保证岩芯扰动比 S 不超过 50%，壁厚 B 不宜超过 3.1 mm。当取样管内径 d 取 60 mm 时，沉积物岩芯扰动比保持在 20%~50%，扰动的岩芯未超过岩芯的一半，取样效果良好。同时可以看出，为保证岩芯扰动比 S 不超过 50%，内径 d 不宜小于 60 mm。

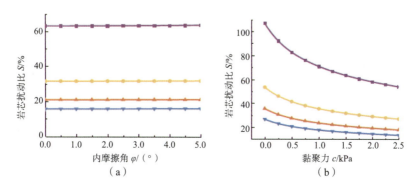

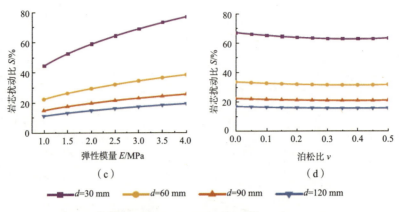

图 4-41　岩芯扰动比 S 与其他因素的关系（管径 d 一定）

4.4.2.3　海底沉积物轴向扰动机理分析

取样过程中，取样管在海底钻机的驱动下贯入沉积物。由于取样管壁厚不可忽略，因此取样管端面将施加给待取沉积物一定的作用力。在该力的作用下，沉积物发生剪切破坏并使一部分沉积物进入取样管形成岩芯。沉积物岩芯进入取样管的过程中，将挤压取样管内的海水通过内管顶部的排水系统排出至管外，此过程中，不可避免地会产生作用在岩芯表面的扰动水压力。此外，取样岩芯与管壁间因相对滑动产生摩擦力。由于岩芯与管壁之间摩擦阻力的存在，沉积物进入取样管的过程中会发生层次弯曲，并随着沉积物岩芯进入取样管，岩芯层次的弯曲愈加明显，最终形成拱形，如图 4-42 所示。

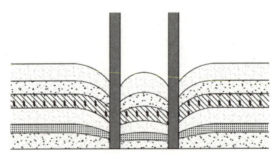

图 4-42　沉积物层发生弯曲变形

这种作用在岩芯上的摩擦力、扰动水压力将通过沉积物土体向下传递，并在待取沉积物表面形成一个垂直应力，如图 4-43 所示。因此，沉积物样品进入取样管前，即受到一定的附加应力，其原始平衡状态受到破坏，并产生一定程度的变形（这种变形可能是轻微的、肉眼无法察觉的）。但是，随着这种附加应力的增大，可能导致待取沉积物层发生严重的扰动，甚至挤压待取沉积物使其向周围流动，导致其厚度减小。

特别是在软硬互层的地层中进行采样时，可能导致较软、塑性更好的沉积物层发生扩散现象，使进入取样管的沉积物层变薄。并且这种现象随着取样管贯入深度的增加变得更加明显，从而进一步阻挡沉积物进入取样管，最终在取样的某一个阶段，在取样管内岩芯达到一定高度后，岩芯样品与管壁之间的摩擦力将阻止沉积物进入取样管，形成"桩效应"。

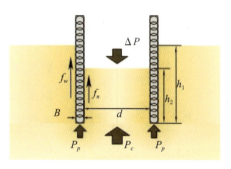

图 4-43　沉积物取样轴向扰动模型

1）轴向扰动数学模型

将取样管贯入沉积物的取样过程，简化为一系列球孔自沉积物表面连续向下扩张的过程，可以将钻具管壁两侧沉积物中的应力场表示为：

$$\begin{cases} \sigma_r = \left(\dfrac{r_p}{r}\right)^{2-\frac{2}{A_0}}\left[p_y - \dfrac{1}{r_p}\left(\dfrac{A_0 a p_w}{A_0 - 2} - \dfrac{B_0 r_p}{A_0 - 1}\right)\right] + \dfrac{1}{r}\left(\dfrac{A_0 a p_w}{A_0 - 2} - \dfrac{B_0 r}{A_0 - 1}\right) \\ \sigma_\theta = \left(\dfrac{r_p}{r}\right)^{2-\frac{2}{A_0}}\left[\dfrac{p_y}{A_0} - \dfrac{1}{A_0 r_p}\left(\dfrac{A_0 a p_w}{A_0 - 2} - \dfrac{B_0 r_p}{A_0 - 1}\right)\right] + \dfrac{1}{A_0 r}\left(\dfrac{A_0 a p_w}{A_0 - 2} - \dfrac{B_0 r}{A_0 - 1}\right) - \dfrac{B_0}{A_0} \end{cases}$$

$$(4-97)$$

深海沉积物为饱和土，渗透性极差，在取样过程中，沉积物表面的应力变化将直接作用于沉积物颗粒上。根据饱和土有效应力理论，假设作用在沉积物水平截面上的总应力为 σ，它由上面的沉积物土体的重力、静水压力以及外载荷 P 作用产生。该部分应力在截面上分别由水承担和土颗粒承担，沉积物与取样管之间的阻力作用仅由土颗粒承担的有效应力产生。

静水压力不产生摩擦力，因此只有沉积物自身重力即扰动水压对取样管受到的摩擦力有影响。如图 4-44 所示，取样管自开始贯入海底沉积物起，海底沉积物在取样管的作用下发生变形。设取样深度为 h_1，管内海底沉积物高度为 h_2。因此，可得沉积物取样过程中深度为 z 处的取样管单位管壁内、外侧摩擦力分别为：

$$
\begin{cases}
f_w = \tan\delta_1\left(\sigma_r\big|_{r=a} + \psi\gamma_s z\right) + \varsigma_1 \cdot c \\
f_n = \tan\delta_2\left[\sigma_r\big|_{r=a} + \psi\gamma_s\left(h_2 - h_1 + z\right) + \psi\Delta P\right] + \varsigma_2 \cdot c
\end{cases}
\tag{4-98}
$$

式（4-98）中，δ_1、δ_2 分别为取样器外、内管与沉积物间的外摩擦角；ψ 为沉积物中侧压系数，$\psi=1-\sin\psi$；ς_1、ς_2 分别为取样器外、内管与沉积物间的吸附系数（ς_1 取 0.8、ς_2 取 0.4）。

如图 4-44 所示，在岩芯取厚度为 dz 的微元，其上表面受力为 P，下表面受力为 $P+dP$，由微元体力的平衡可以得到平衡微分方程：

$$
dP + P = P + \frac{4f_n dz}{d} + \gamma_s dz
\tag{4-99}
$$

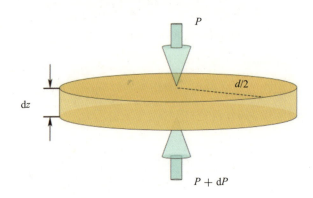

图 4-44　岩芯微元受力示意图

岩芯界面承载力为：

$$
P = 4\frac{\tan\delta_2\left[\sigma_r\big|_{r=a} + \psi\gamma_s\left(h_2 - h_1 + \dfrac{z}{2}\right) + \psi\Delta P\right] + \zeta_2 \cdot c}{d}z + \gamma_s z + C
\tag{4-100}
$$

代入边界条件 $P\big|_{z=0} = \Delta P$，沉积物岩芯底部承载力 P_c 为：

$$
P_c = 4\frac{\tan\delta_2\left[\sigma_r\big|_{r=a} + \psi\gamma_s\left(\dfrac{3h_2}{2} - h_1\right) + \psi\Delta P\right] + \zeta_2 \cdot c}{d}h_2 + \gamma_s h_2 + \Delta P
\tag{4-101}
$$

基于梅耶霍夫极限承载力模型，沉积物岩芯底部的极限承载力 P_u 与取样管外侧沉积物的竖向应力 q 有关。在沉积物底部承载力 P_c 达到极限承载力 P_u 后，上部岩芯将挤压底部待取沉积物使其向管外流动，取样管内的岩芯高度不再增加。

梅耶霍夫极限承载力按来源可分为三类，分别为地基黏聚力与基础旁侧载荷、滑动沉积物土体自重和被动土压力，以及基础侧面与地基之间的摩擦力。考虑三类承载力来源的梅耶霍夫公式可以表示为：

$$p_u = c\lambda_c N_c + \sigma_0 \lambda_q N_q + \frac{1}{2}\gamma B \lambda_\gamma N_\gamma + 2\tau_a h_1 / B \tag{4-102}$$

其中，梅耶霍夫极限承载力系数 N_q、N_c、N_γ 为：

$$\begin{cases} N_q = \dfrac{1 + \sin\varphi}{1 - \sin\varphi \sin(2\eta + \varphi)} \exp(2\theta \tan\varphi)n \\ N_c = (N_q - 1)\cot\varphi n \\ N_\gamma = \dfrac{4P_p \sin\left(45° + \varphi/2\right)}{\gamma B^2} - \dfrac{1}{2}\tan\left(45° + \varphi/2\right) \end{cases} \tag{4-103}$$

式（4-102）中，N_q、N_c、N_γ 为承载力系数，λ_c、λ_q、λ_γ 均为形状因数，在梅耶霍夫极限承载力模型中，其大小与地基土的内摩擦角有关。

τ_a 为作用在基础侧面上的平均切向应力，按静止土压力计算可以表示为：

$$\tau_a = \sigma_a \tan\delta = \frac{1}{2}K_0 \gamma D_f \tan\delta \tag{4-104}$$

σ_0、τ_0 分别为"等代自由面" BE 上的等代正应力及切应力，通过对隔离体 BEF 进行受力分析，并在 BE 垂直及切线方向建立平衡方程，解得：

$$\begin{cases} \sigma_0 = \dfrac{1}{2}\gamma D_f \left(K_0 \sin^2\beta + \dfrac{K_0}{2}\tan\delta \sin 2\beta + \cos^2\beta\right) \\ \tau_0 = \dfrac{1}{2}\gamma D_f \left(\dfrac{1 - K_0}{2}\sin 2\beta + K_0 \tan\delta \sin^2\beta\right) \end{cases} \tag{4-105}$$

θ 为对数螺线的中心角，其大小满足：

$$\theta = 3\pi/4 + \beta - \eta - \varphi/2 \tag{4-106}$$

式中，β 为"等代自由面" BE 与水平面的夹角。

由对数螺线性质及隔离体 ADE 的几何关系，其满足关系式：

$$\sin\beta = \frac{2D_f \sin\left(\pi/4 - \varphi/2\right)\cos(\eta + \varphi)}{B\cos\varphi \exp\left(\theta \tan\varphi\right)} \tag{4-107}$$

式（4-107）中，η 为对数螺线 CD 上的 D 点与 A 点的连线 AD 与 AE 的夹角，

可以通过莫尔圆（图4-45）求得。

由于对数螺线的不确定性，无法直接确定 β 的取值，但可以通过试算法进行求解，即通过假设 β 值，则可以确定等代正应力 σ_0、切应力 τ_0，继而可以通过莫尔圆确定 η 值，再将 η 代入式（4-105）、式（4-107）计算 β 值并对比与假设 β 值的误差，根据误差调整假设的 β 值并重新进行试算，直至计算结果满足精度要求。

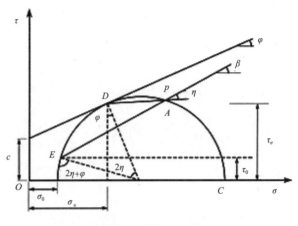

图 4-45　应力莫尔圆

对于梅耶霍夫深基础模型，当 $\overline{BE} \geqslant h_1$ 时，即满足深基础条件。

$$\overline{BE} = \frac{B}{2\sin(\frac{\pi}{4} - \frac{\varphi}{2})} \exp\left[\left(\frac{5}{4}\pi - \frac{\varphi}{2}\right)\tan\varphi\right] \tag{4-108}$$

因此，深海沉积物工况下，其内摩擦角约为 $0.5° \sim 2.4°$ ，均值约为 $1.3°$ ，因此当 $\overline{BE}/B \geqslant 0.78$ 时，即符合深基础模型。

分析隔离体 ABC，r_0 可表示为：

$$r_0 = \frac{B}{2\sin\left(45° - \varphi/2\right)} \tag{4-109}$$

对数螺线的表达式为：

$$r = \frac{B}{2\sin\left(45° - \varphi/2\right)} \exp(\theta\tan\varphi) \tag{4-110}$$

由对数螺线的性质可知，影响宽度为：

$$Y = r\big|_{\theta = 3\pi/4 - \varphi/2} = \frac{B}{2\sin\left(45° - \varphi/2\right)} \exp\left[\left(3\pi/4 - \varphi/2\right)\tan\varphi\right] \tag{4-111}$$

在该模型中，由于沉积物样品为圆柱体，应利用形状因数对极限承载力公式进行修正：

$$P_u = 1.2cN_c + \sigma_0 N_q + \frac{1}{2}\gamma BN_\gamma + 2\tau_a h_1 / B \tag{4-112}$$

在深基础模型下，滑动面没有延伸至地表，BE、BD 与基础侧面 BF 重合，此时 $\theta = 5\pi/4 - \varphi/2$。因此，梅耶霍夫极限承载力系数应调整为：

$$\begin{cases} N_q = \dfrac{1+\sin\varphi}{\cos^2\varphi}\exp\left[\left(\dfrac{5}{2}\pi - \varphi\right)\tan\varphi\right] \\ N_c = (N_q - 1)\cot\varphi \\ N_\gamma = (N_q - 1)\tan 1.4\varphi \end{cases} \tag{4-113}$$

同时，基础侧面上的平均切向应力 τ_a 和最大主应力面上的应力 σ_a 需要调整为：

$$\begin{cases} \sigma_a = \sigma_0 = \dfrac{1}{2}K_0\gamma h_1 \\ \tau_a = \sigma_a\tan\delta = \dfrac{1}{2}K_0\gamma h_1\tan\delta \end{cases} \tag{4-114}$$

由于海底沉积物的松软特性，应采用冲剪破坏或局部破坏模型，因此，需要将黏聚力 c、内摩擦角 φ 分别调整为 c'、φ'：

$$\begin{cases} c' = \dfrac{2}{3}c \\ \varphi' = \arctan\left(\dfrac{2}{3}\tan\varphi\right) \end{cases} \tag{4-115}$$

因此，在极限承载力模型下，存在极限岩芯长度 $h_{2\max}$（即存在极限岩芯回采率 C_{rL}），使得其底部承载力 $P_c = P_u$，即

$$4\frac{\tan\delta_2\left[\sigma_r\big|_{r=a} + \psi\gamma_s\left(\dfrac{3h_{2\max}}{2} - h_1\right) + \psi\Delta P\right] + \varsigma_2 \cdot c}{d}h_{2\max} + \gamma_s h_{2\max} + \Delta P$$
$$= 1.2c'N_c' + \sigma_0 N_q' + \frac{1}{2}\gamma dN_\gamma' + 2\tau_a h_1 / d \tag{4-116}$$

可见，极限岩芯长度 $h_{2\max}$ 主要受沉积物物理属性（v、c 和 φ）、取样深度以及扰动水压等因素影响，由于扰动水压的存在，$h_{2\max}$ 同样受到取样速度的影响。

2）结果与分析

结合南海某海域海底沉积物力学性能参数的测定结果，对沉积物取样过程轴向扰

动进行量化分析。图 4-46 所示为在取样速度分别为 5 mm/s、15 mm/s、25 mm/s 和 35 mm/s 的条件下，极限岩芯回采率 C_{rL} 随取样深度的变化规律。在单一回次取样开始，C_{rL} 由无穷大或 0 开始随取样深度迅速变化，表现出较大的差异，随着取样深度的增加，C_{rL} 逐渐趋于平稳。在该模型下，第一回次取样时，取样结束时极限岩芯回采率 C_{rL} 保持在 30%~60% 之间，无法获取完整的沉积物岩芯样本，岩芯受到剧烈的扰动；第二回次取样过程中，基本可以保证岩芯完全进入取样管，但在全速取样（V=35 mm/s）时，取样深度到达 5.2 m 以后，管内压力的增大可能导致岩芯向管外流动；取样至第三回次，即取样深度到达 6~9 m 阶段，此时管内外存在巨大的轴向压力差，可以保证全速取样时，岩芯无法再被挤出管外。值得注意的是，极限岩芯回采率描述的是管内允许岩芯极限高度 $h_{2\max}$ 与取样深度 h_1 的比值，实际取样过程中，岩芯取芯率一般不会超过 100%。

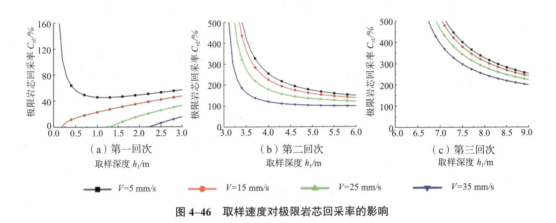

图 4-46　取样速度对极限岩芯回采率的影响

同时，第一取样回次，因取样速度的不同，C_{rL} 表现出巨大的差异，取样速度为 5 mm/s 时，C_{rL} 呈现先迅速减小后微微增大的趋势，这是由于管内存在较小的扰动水压；取样速度增加后，管内水压的增大无法平衡管外迅速增大的轴向压力，使得 C_{rL} 迅速增大；与第一回次不同的是，在第二、第三回次，随着取样深度的增加，C_{rL} 由无穷大迅速减小，并趋于稳定值，并可以保持在 100% 以上，获得完整的岩芯样品。

最后，对比取样速度 V 对 C_{rL} 的影响，可以发现其在三个回次中表现出共同的规律，即取样速度越大，越不易获取岩芯。当取样速度低于 25 mm/s 时，可以在第二回次获取 100% 的岩芯，而当取样速度为 35 mm/s 时，直到第三回次才有可能获取完整的岩芯样品。当然，这种差异可以通过优化钻具顶部的排水系统、调整钻具长度等方式进行改善。特别是，由于管内扰动水压影响的存在，在第一回次取样初始阶段较难获取沉积物样品，这一现象受取样速度的影响明显，较大的取样速度将导致扰动水压增大，阻止岩芯进入取样管。

图 4-47 所示为第一回次匀速（$V=20$ mm/s）取样过程中，沉积物物理属性不同的情况下，极限岩芯回采率 C_{rL} 随取样深度 h_1 的变化规律。同样，取样初始阶段，岩芯无法顺利进入取样管，这与取样管内的扰动水压大小有关，这一现象可以通过降低初始取样速度得到改善。随着取样深度的增加，C_{rL} 由 0 迅速增大后逐渐趋于平稳，并在回次结束时保持在 45%~55% 之间。

深海沉积物内摩擦角 φ 约为 0.5°~2.0°，变化幅度有限，因此其对 C_{rL} 的影响不大，并可以看出较大的内摩擦角 φ 有助于获取较完整的岩芯；与内摩擦角 φ 不同，黏聚力 c 对 C_{rL} 的影响表现出较大的差异。由图 4-47（a）可以看出，在取样起始段，黏聚力 c 较小的沉积物更易被挤出取样管；但随着取样深度的增加直至第一回次结束，在黏聚力 c 较小的沉积物中取样时，更易获得较高的回采率，得到更完整、扰动更小的岩芯样品。

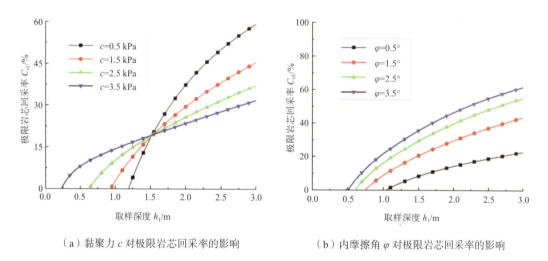

（a）黏聚力 c 对极限岩芯回采率的影响　　　　　（b）内摩擦角 φ 对极限岩芯回采率的影响

图 4-47　匀速取样，沉积物物理属性对极限岩芯回采率的影响

图 4-48 为匀速取样过程，取样管内径 d 对极限岩芯回采率的影响曲线。其表现出与图 4-47（a）一致的规律，在取样管内扰动水压的影响下，取样初始阶段同样存在岩芯无法进入取样管的问题。随着取样深度的增加，极限岩芯回采率在迅速增大后趋于平稳。同时可以看出，采用较大尺寸取样管，将导致管内扰动水压的迅速增大，更易对沉积物样品造成扰动。

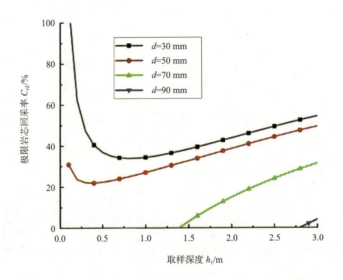

图 4-48　匀速取样，取样管尺寸对极限岩芯回采率的影响

4.5　海底复杂地层取芯工艺分析

在岩芯钻探领域，广义上的复杂地层是指地质构造运动导致岩层在压力、张力等多重作用下发生褶皱与断裂，进而形成节理、片理、裂缝和断层等的地层。这些地层的复杂性往往体现在岩层结构与空间布局上。目前，在海底复杂地层中蕴藏着丰富的矿产资源。比如部分海底天然气水合物蕴藏在软硬交错的沉积物地层中。其储层构成情况复杂，周围多为节理、裂缝等构造。海底多金属硫化物地层则通常具有较高的孔隙度、低机械强度和易碎等特性。在钻进过程中极易发生破碎和垮孔。本节以蕴藏天然气水合物的软硬交错沉积物地层为研究对象，重点分析钻进工艺参数对钻进效率和岩芯扰动程度的影响。

4.5.1　海底复杂地层取芯工艺流程

以"海牛号"系列海底钻机为例，在蕴藏天然气水合物的软硬交错复杂地层的取芯流程如下。

（1）海底钻机入水前，保压帽与内管总成分离，将钻探所需的全部管材存放在钻机的钻管库内，保压帽暂存在钻机本体的保压帽拧卸装置上。

（2）向钻具的压力补偿装置内预充 0.25~0.3 倍水深压力的惰性气体。钻机下放至钻探点时，保压筒内的惰性气体压力与外界海水压力平衡。

（3）钻机完成着底后，进行调平和支撑。

（4）软地层钻进时，采用纯压入抽吸模式，以（20±2）mm/s 的速度钻入沉积物，同时抽吸与岩芯等体积的海水。硬地层钻进时，切换至旋转驱动模式，钻头转速为30~150 r/min，钻进速度为（20±2）mm/s，外管钻具旋转钻进，内管保持静止。硬地层钻进时，采用高钻速、高转速取芯模式；软硬交错地层钻进时，切换为低扰动模式；若再次钻进软地层，返回纯压入抽吸模式。钻进模式实时调整，匹配地层条件。

（5）钻进结束后，通过动力头上行拔断岩芯并将其打捞至钻机上。在钻机的机械手和保压帽拧卸装置的配合下，完成保压帽与内管总成的密封操作。将新内管总成下放至外管钻具中，同时连接新钻杆。

（6）动力头带动钻杆串以 20~25 m/min 速度扫孔，平整孔底并多次冲孔后开始新回次的钻进作业。重复取芯钻进，直至完成取芯。

（7）在回收海底钻机的过程中，内管压力和温度传感器实时采集数据，惰性气体推动活塞补偿压力损失。同时，通过半导体制冷维持保压筒温度恒定，并将热量传导至海水。

4.5.2 复杂地层取芯有限元分析

首先从构建复杂地层模型着手，推导出钻头–地层岩石接触模型；然后建立复杂地层钻进取芯过程有限元模型，分析钻进取芯工艺参数对钻进速度和岩芯扰动的影响规律，为复杂地层高效高质钻进取芯提供参考。

4.5.2.1 复杂地层取芯建模

将钻头胎体表面镶嵌的金刚石颗粒视为球体形态，并保证金刚石颗粒有序排列，同时精简数量并增大出刃量，金刚石出刃量可设定为直径的 30%。为了模拟复杂地层结构，构建一个多层次、多材质的岩土模型。不同层次地层指定不同材料属性，对岩土模型进行纵向划分，分为钻进区、非钻进区与岩芯区。该模型的上层为松软的沉积物材质，下层为水合物地层材质。该模型重点是模拟钻头在通过软硬交互地层临界区域时的钻进状态。损伤模型采用 Drucker–Prager 准则，通过删除失效网格来表示岩土破碎。几何模型如图 4-49 所示。

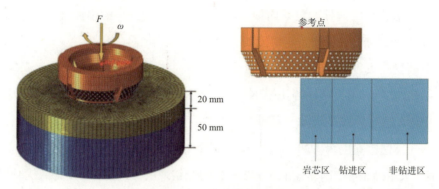

图 4-49 钻进过程几何模型

1）复杂地层模型

复杂地层模型主要针对钻头在不同地层间的钻进破坏问题。因此，复杂地层间作用力仅表现为竖直方向的压力。假设不同地层紧密连接且不相对滑移，地层模型采用线性 Drucker–Prager 模型，不仅体现出剪切引起的膨胀特性，还反映出屈服特性与围压的相关性，模型屈服面如图 4-50 所示。

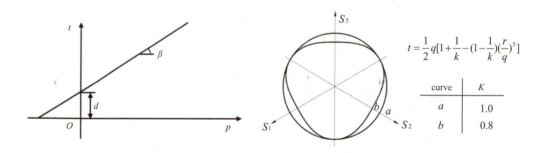

图 4-50 线性 Drucker–Prager 模型的屈服面

$$\begin{cases} F = t - p\tan\beta - d = 0 \\ t = \dfrac{q}{2}[1 + \dfrac{1}{k} - (1 - \dfrac{1}{k})(\dfrac{r}{q})^3] \end{cases} \quad (4\text{-}117)$$

式（4-117）中，β 为屈服面倾角（p-t 应力空间），与内摩擦角 φ 有关；k 是三轴拉伸与压缩的强度比，表示主应力与屈服强度的关系，屈服面在 π 面上的形状与 k 有关，取值范围为 $0.778 \leqslant k \leqslant 1.0$。

d 是屈服面在 p-t 曲线中 t 轴上的截距，可按如下方式确定：

$d = (1-1/3\tan\beta)\,\sigma_c$，根据单轴抗压强度 σ_c 定义。

$d = (1/k-1/3\tan\beta)\,\sigma_t$，根据单轴抗拉强度 σ_t 定义。

$d = \dfrac{\sqrt{3}}{2}\tau\left(1+\dfrac{1}{k}\right)$，根据剪切强度 τ 定义。

线性 Drucker-Prager 模型的塑性势面如图 4-51 所示，函数为：

$$G = t - p\tan\psi \qquad\qquad (4\text{-}118)$$

当 $\psi=\beta$，$k=1$ 时，线性 Drucker-Prager 模型即为经典的 Drucker-Prager 模型。

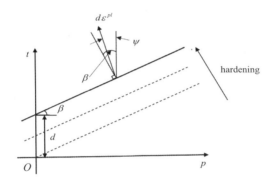

图 4-51　线性 Drucker-Prager 模型的塑性势面

硬化规律的实质是屈服面大小的变化。屈服面大小的变化是由一个等效应力 $\bar{\sigma}$ 与等效塑性应变 $\bar{\varepsilon}^{pl}$ 决定的，其中等效塑性应变为 $\bar{\varepsilon}^{pl}=\int\Delta\bar{\varepsilon}^{pl}\mathrm{d}t$。针对线性 Drucker-Prager 模型，有如下三种形式：

$\bar{\sigma}$ 为单轴抗压强度 σ_c 时，$\mathrm{d}\bar{\varepsilon}^{pl}=\left|\mathrm{d}\varepsilon_{11}^{pl}\right|$。

$\bar{\sigma}$ 为单轴抗拉强度 σ_t 时，$\mathrm{d}\bar{\varepsilon}^{pl}=\mathrm{d}\varepsilon_{11}^{pl}$。

$\bar{\sigma}$ 为凝聚力 d 时，$\mathrm{d}\bar{\varepsilon}^{pl}=\dfrac{dv^{pl}}{\sqrt{3}}$。

线性 Drucker-Prager 模型需要定义 β、k 和 ψ 值。同时需要指定硬化规律，即定义 $\bar{\sigma}$ 和 $\bar{\varepsilon}^{pl}$，这两个参数分别为硬化参数和等效塑性应变。

岩土本构模型的参数通常根据三轴压缩试验的结果获得，各应力变量在三轴试验中的含义如下：在三轴压缩试验中，试件受到均布围压，然后在某一个方向上受到附加的压应力。三个主应力均为负值，即

$$0\geqslant\sigma_1=\sigma_2\geqslant\sigma_3 \qquad\qquad (4\text{-}119)$$

因而有：

$$
\begin{cases}
p = -\dfrac{1}{3}(2\sigma_1 + \sigma_3) \\
q = \sigma_1 - \sigma_3 \\
r^3 = -(\sigma_1 - \sigma_3)^3 \\
t = q = \sigma_1 - \sigma_3
\end{cases}
\tag{4-120}
$$

在三轴压缩试验中，试件受到均布围压，然后在某一个方向压力减小。三个主应力的关系为：

$$
0 \geqslant \sigma_1 \geqslant \sigma_2 = \sigma_3
\tag{4-121}
$$

因而有：

$$
\begin{cases}
p = -\dfrac{1}{3}(\sigma_1 + 2\sigma_3) \\
q = \sigma_1 - \sigma_3 \\
r^3 = (\sigma_1 - \sigma_3)^3 \\
t = \dfrac{q}{k} = \dfrac{1}{k}(\sigma_1 - \sigma_3)
\end{cases}
\tag{4-122}
$$

海底地层的强度是指该地层抵抗破坏的能力。海底地层破坏是由于其所受的应力超过了承载极限。岩土材料的破坏形式主要有断裂破坏和流动破坏两种。当应力达到屈服极限时则会导致流动破坏，而当应力超过强度极限时会发生断裂破坏。常用的岩土破坏理论主要包括 Mohr-Coulomb 准则、Drucker-Prager 准则等。

Mohr-Coulomb 准则认为岩石的破坏主要是剪切破坏，抗摩擦强度为剪切面上由法向力所产生的摩擦力与岩体本身抗剪切摩擦的黏聚力的总和。剪切强度在平面中为：

$$
|\tau| = c + \sigma \tan\varphi
\tag{4-123}
$$

式（4-123）中，τ 为切面上的剪应力，σ 为剪切面上的正应力，c 为黏聚力，φ 为内摩擦角。

Drucker-Prager 准则是在 Mohr-Coulomb 准则基础上进行扩展，再与 Von Mises 准则相结合，可以描述静水压力下岩土材料的屈服和破坏，具体表述如下：

$$
f = \alpha I_1 + \sqrt{J_2} - K = 0
\tag{4-124}
$$

其中，应力第一不变量 I_1 为：

$$
I_1 = \sigma_1 + \sigma_2 + \sigma_3 = \sigma_x + \sigma_y + \sigma_z
\tag{4-125}
$$

应力第二不变量 J_2 为：

$$J_2 = \frac{1}{6}[(\sigma_1 - \sigma_2)^2 + (\sigma_2 - \sigma_3)^2 + (\sigma_3 - \sigma_1)^2]$$
$$= \frac{1}{6}[(\sigma_x - \sigma_y)^2 + (\sigma_y - \sigma_z)^2 + (\sigma_z - \sigma_x)^2 + 6(\tau_{xy}^2 + \tau_{yz}^2 + \tau_{zx}^2)] \tag{4-126}$$

式（4-124）中，α、K 为仅与岩石内摩擦角 φ 和黏聚力 c 有关的试验常数。

$$\begin{cases} \alpha = \dfrac{2\sin\varphi}{\sqrt{3}(3 - \sin\varphi)} \\[4mm] K = \dfrac{6\cos\varphi}{\sqrt{3}(3 - \sin\varphi)} \end{cases} \tag{4-127}$$

由式（4-127）可知，地层岩体在钻进过程中会因所受应力的增大而产生塑性应变。塑性应变的增大会导致岩体强度的降低。随着塑性应变的进一步增大，应变大小达到岩体失效时的等效塑性应变阈值时，岩体的表层单元就会从岩体上剥落而形成岩屑。因此，可采用等效塑性应变作为岩土破坏失效的判据，即

$$\varepsilon^p \leqslant \bar{\varepsilon}_f^{pl} \tag{4-128}$$

式（4-128）中，ε^p 为等效塑性应变，$\bar{\varepsilon}_f^{pl}$ 为岩土破坏的等效塑性应变。

2）钻头 – 岩石接触数学模型

钻头钻进复杂地层的过程是一个非线性动力学过程，其表现为：①岩体结构上发生大位移所产生的几何非线性。②岩石单元发生大应变所出现的材料非线性。③钻头转动与岩石单元变形所引起的接触非线性。为了提高计算效率和便于分析，对该模型做出如下假设：①钻头通过镶嵌在钻头唇面上的金刚石颗粒对复杂地层进行切削。由于其硬度远高于地层岩体，为了简化计算设置钻头为刚体。②钻头的进尺方向为垂直于地表，即钻头的轴线与井眼轴线始终重合。③海底岩体单元在受到破坏失效后自动剔除，不考虑钻井液对岩屑的影响。④海底岩体性质为连续、均质、各向同性的弹塑性介质，且不考虑温度的影响。⑤通过对岩石施加压力边界以及约束来模拟围压对海底岩体力学特性的影响。现基于所做假设建立钻头与地层的接触模型。

（1）法向接触模型。

当钻头与地层接触后，两接触面处于压紧状态时载荷才能进行传递，这种接触行为称为硬接触。钻头在法向载荷作用下逐渐挤压地层，使得地层的法向变形越来越大。

但这种接触不会穿透地层岩体，只对地层进行压缩。

（2）切向接触模型。

钻头在法向载荷作用下与地层紧密接触，当钻头绕轴线转动时，钻头与地层的接触面之间会产生摩擦力。当摩擦力小于某一极限值时，钻头与接触面处在黏结状态，钻头不会转动；在摩擦力大于该极限值后，接触面间就产生了相对滑动。

在接触滑动过程中，采用库仑摩擦定律计算滑动时的切向力。等效摩擦应力 τ_{eq} 为：

$$\tau_{eq} = \sqrt{\tau_1^2 + \tau_2^2} \tag{4-129}$$

根据标准库仑摩擦模型假设，如果 τ_{eq} 小于临界应力，τ_{crit} 与接触压力 P 成正比，即

$$\tau_{crit} = \mu p \tag{4-130}$$

式（4-130）中，μ 为摩擦系数。

速率相关的摩擦不能用于静态 Riks 分析，因为未定义速度，因此需要对临界应力进行限制：

$$\tau_{crit} = \min\{\mu p, \tau_{max}\} \tag{4-131}$$

式（4-131）中，τ_{max} 为指定最大值。

如果等效应力为临界应力（$\tau_{eq}=\tau_{crit}$），滑移可能发生。若摩擦为各向同性，即滑动和摩擦方向相同，则有：

$$\frac{\tau_i}{\tau_{eq}} = \frac{\dot{\gamma}_i}{\dot{\gamma}_{eq}} \tag{4-132}$$

式（4-132）中，$\dot{\gamma}_i$ 为方向滑移率，$\dot{\gamma}_{eq}$ 为滑移速度，具体为：

$$\dot{\gamma}_{eq} = \sqrt{\dot{\gamma}_1^2 + \dot{\gamma}_2^2} \tag{4-133}$$

如果运动接触算法用于硬切向表面行为，则无滑移情况下无相对运动。在每次增量结束时，都会调整接触面上节点的位置，使其无相对运动。

4.5.2.2　复杂地层钻进过程仿真分析

1）钻头钻进过程分析

在钻头的钻压和旋转切削作用下，与之接触的表层地层单元会发生破坏。接着下一层的岩石单元会裸露出来，作为新的地层表面与钻头进行接触。在持续钻进下，钻

头与岩石出露表面会再次形成新的接触关系。钻头与表层岩石单元的关系为反复接触—
破坏—接触过程，最终形成井眼。如图 4-52 所示为在 20 kN 的钻压和 90 r/min 的转速下，
金刚石钻头形成的井眼过程。图中分别给出了 0.25 s、0.50 s、0.75 s 及 1.00 s 时钻进地
层的等效应力云图，最终获得半径 30 mm 的天然气水合物岩芯。其中，最大的应力
值出现在钻头与岩石接触的部位，主要分布在井底与井眼周围，钻头弧形边缘完全侵
入岩石后其应力值分布基本稳定。

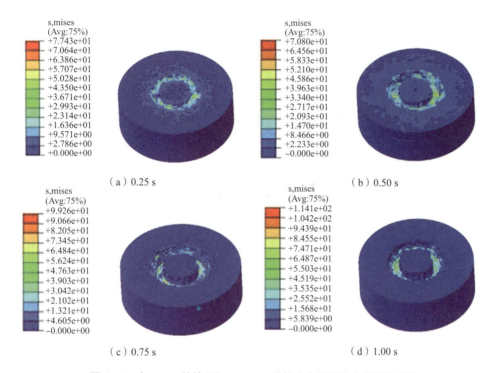

图 4-52　在 20 kN 的钻压和 90 r/min 的转速作用下形成井眼的过程

金刚石钻头的钻进过程可分为三个阶段。第 I 阶段为钻进沉积物层。第 II 阶段为
钻进沉积物与水合物交错层。在该阶段，金刚石钻头唇面会从接触水合物层开始至
钻头唇面完全进入水合物层。第 III 阶段为钻进天然气水合物层。钻头的钻进阶段如图
4-53 所示。

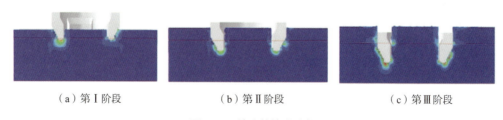

（a）第 I 阶段　　　　　　（b）第 II 阶段　　　　　　（c）第 III 阶段

图 4-53　钻头的钻进阶段

图 4-49 所示的金刚石钻头，其参考点的运动状态可以反映钻头加速度的变化，如图 4-54（a）所示。在钻进过程中，由于钻头与岩石不断处于黏滞—滑脱—黏滞的循环状态，因而加速度在稳定阶段总在某一范围内来回变化。在初始钻进阶段，由于沉积物地层的硬度及抗压强度较低，金刚石钻头在初始阶段加速度的平均值和峰值都较大。而当金刚石钻头完全钻穿上层的沉积物层时，就开始与较硬的天然气水合物层进行接触。当钻头通过两种地层的接触面时，钻头的钻进速度会发生较大的变化，无论是加速度的平均值还是峰值，都存在着较为明显的分界。

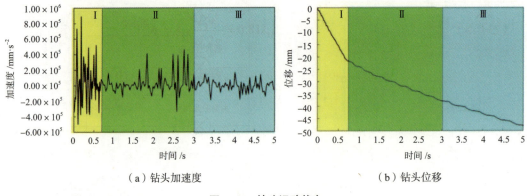

（a）钻头加速度   （b）钻头位移

图 4-54　钻头运动状态

参考点的位移 – 时间变化曲线如图 4-54（b）所示，设金刚石钻头从 t_0 时开始进行钻进作业，在钻进作业经过 t_n 时参考点的位移为 u_n，则可以得到金刚石钻头的进尺速度，即钻速为：

$$v_n = \frac{u_n - u_{n-1}}{t_n - t_{n-1}} \tag{4-134}$$

式（4-134）中，n 为金刚石钻头钻进的不同阶段，取 $n=1,2,3$，分别对应钻进的第 I 、II 、III 阶段。其中 $u_0=0$，$t_0=0$。

由图 4-54 可知，当在金刚石钻头上施加 20 kN 钻压，转速为 90 r/min 时，金刚石钻头在第 I 阶段的钻速约为 31 mm/s。此时，由于沉积物地层的硬度及抗压强度较低，则金刚石钻头的破岩速度较快。而当金刚石钻头完全钻穿上层的沉积物层时，开始与较硬的天然气水合物层进行接触，即进入第 II 阶段。此时，钻头的钻进速度发生了较大的变化，进尺速度大幅减小，且其变化趋势也在缓慢减小，金刚石钻头在这一阶段的钻速约为 6.94 mm/s。当钻进过程进入第 III 阶段时，金刚石钻头唇面完全进入水合物层，进尺速度达到了新的稳定阶段，在第 III 阶段的钻速约为 5.16 mm/s。

2）岩芯应力状态分析

钻头在一定的钻压和扭矩下进行钻进作业。在外力的作用下，地层会经历骨架颗粒的挤密和弯曲、骨架颗粒间连接形状的扭曲和骨架颗粒间的错动过程，发生塑性变形，从而导致孔隙度、饱和度、渗透率等重要储层参数发生变化。因此，研究钻进过程中井内应力分布状态，对于正确获取水合物钻井的相关信息以及提高钻井的效率具有重要意义。

控制钻压为 20 kN、转速为 90 r/min 进行钻进，并以钻进深度 45 mm 为第 I 阶段，对地层扰动状态进行分析。选取的岩芯及井周不同位置节点如图 4-55 所示。

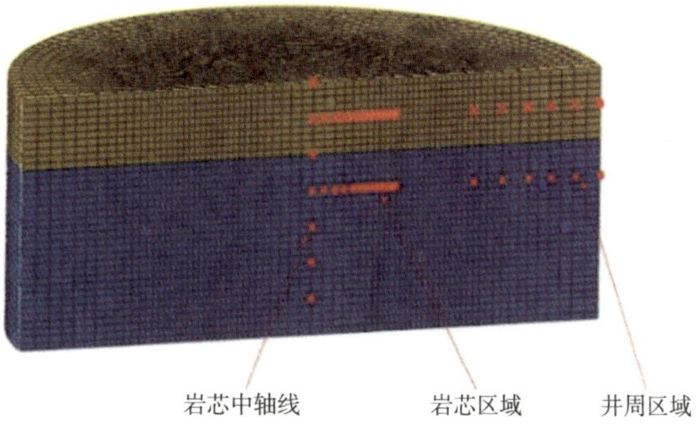

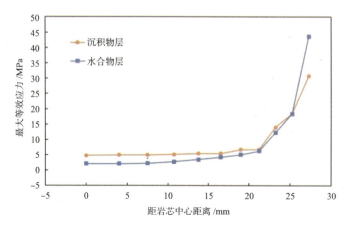

岩芯中轴线　　　岩芯区域　　　井周区域

图 4-55　模型应力参考点

先选取沉积物模型节点，通过获取其上应力分布状态来描述钻进过程中钻头对岩芯的影响。选取图 4-55 中深度为 10 mm 的岩芯层为表层节点，以岩芯中心为起点，方向沿径向向外，选取网格节点作为参考点。得到这些参考点上的最大等效应力分布状态曲线如图 4-56 所示。由图 4-56 可知，岩芯中心处的最大等效应力最小，其扰动程度最小。距离钻进区域越近的点，分布在其周围的等效应力越大。而在最靠近钻进区域的节点处，其上分布的最大等效应力则会急剧增大。其中岩芯中心处所受扰动最小，沉积物层岩芯处最大等效应力为 4.782 MPa，而水合物层岩芯处的最大等效应力仅为 2.107 MPa。与沉积物层所受扰动相比，钻进过程中水合物层所受扰动程度以及扰动范围较小，这与地层的性质有关。

图 4-56　岩芯径向应力分布

　　沿径向向外选取图 4-55 中钻进区域井周节点和网格节点作为参考点，这些节点距岩芯的距离分别为 50 mm、60 mm、70 mm、80 mm、90 mm、100 mm，其最大等效应力分布状态如图 4-57 所示。由图 4-57 可知，距离钻头越近，其最大等效应力越大，扰动程度越大；距离钻头越远，最大等效应力越小，扰动程度越小。井周外侧地层的最大等效应力在距离钻头一定范围内会随着距离的增大而急剧变小，而在更外侧的位置则随距离的增大而变化缓慢。

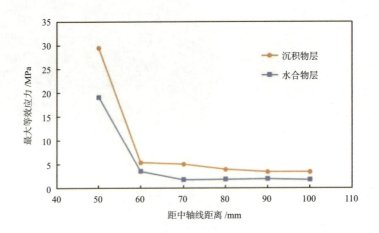

图 4-57　井周径向应力分布

　　选取天然气水合物模型的岩芯中轴线上位于不同深度的节点，获取的等效应力分布状态如图 4-58 所示。由图 4-58 可知，随着钻进过程的进行，金刚石钻头的钻进行为对岩芯中心处所造成的扰动随着岩芯深度的增加而逐渐减小，且在水合物层的扰动变化缓慢，即水合物层岩芯处所受扰动小于沉积物层。

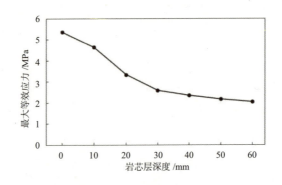

图 4-58　岩芯纵向应力分布

　　取岩芯中心深 10 mm（沉积物层）、30 mm（水合物层）处节点作为参考点，其所受等效应力随时间变化的曲线如图 4-59 所示。由图 4-59 可知，在钻进过程中，岩芯所受到扰动程度在钻头与地层接触的初始阶段时会产生较大的扰动，而随着钻进过程的进行，扰动程度会趋于平缓。地层岩芯所受最大扰动均发生在金刚石钻头进尺至该位置时刻前后。此时，地层岩芯所受等效应力在一段时间内会有一个明显的增大过程。以钻头通过该位置深度为节点将钻进分为前后两段，后一段岩芯所受平均等效应力高于前一段。

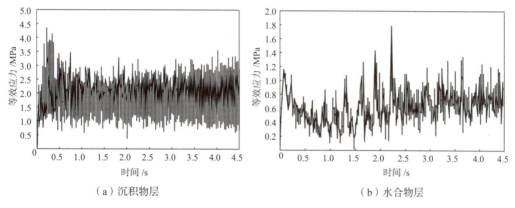

（a）沉积物层 （b）水合物层

图 4-59　岩芯中心处节点在不同深度处所受等效应力变化曲线

3）工艺参数对钻速的影响分析

（1）钻压参数。

对转速为 120 r/min，钻压分别为 15 kN、20 kN、25 kN 时的钻进过程进行模拟，可知当钻进深度为 45 mm 时，钻头的进尺情况以及各个阶段的进尺速度如图 4-60 所示。由图 4-60 可知，当转速一定时，增大钻压对于钻进软质沉积物层进尺速度的影响较大。当转速为 120 r/min 时，在 15 kN 钻压下，金刚石钻头在沉积物层的进尺速度约为 29 mm/s；而当钻压达到 25 kN 时，金刚石钻头在沉积物层的进尺速度增大了约 18 mm/s。对于水合物层而言，当钻压分别为 15 kN、20 kN 以及 25 kN 时，钻头的稳定进尺速度仅约为 4.16 mm/s、6.94 mm/s 和 10.87 mm/s。金刚石钻头在不同地层的钻进速度增量表现为：在沉积物层中，随钻压的增大而减小；在水合物层中，随钻压的增大而增大。

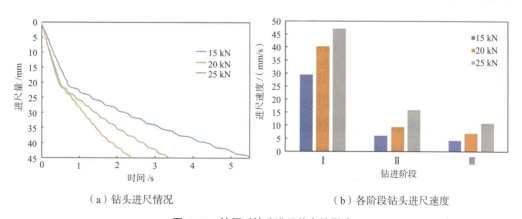

（a）钻头进尺情况 （b）各阶段钻头进尺速度

图 4-60　钻压对钻头进尺状态的影响

当转速为 120 r/min，进尺量为 45 mm 时，分别得到了岩芯中心处扰动（最大等效应力）在不同深度处随钻压的变化关系以及井周位置（取距离岩芯中轴线 60 mm 处节点）的扰动在不同深度处随钻压的变化关系，如图 4-61 所示。由图 4-61 可知，当转速保持不变且钻压增大时，岩芯与井周地层最大等效应力都呈增大趋势。当钻压由 15 kN 增加到 25 kN 时，沉积物中心处的最大等效应力增大了 1.657 MPa，沉积物井周处的最大等效应力仅增加了 0.806 MPa。这表明岩芯处所受扰动随钻压的变化较井周处更加明显。

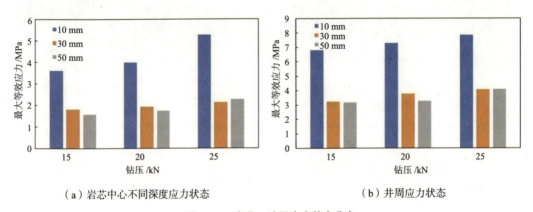

（a）岩芯中心不同深度应力状态 　　　　　（b）井周应力状态

图 4-61　岩芯、地层应力状态分布

（2）转速参数。

对钻压为 20 kN，转速分别为 90 r/min、120 r/min、150 r/min 时的钻进过程进行模拟，得到当钻进深度为 45 mm 时钻头的进尺情况以及各个阶段的进尺速度，如图 4-62 所示。由图 4-62 可知，当钻压一定时，金刚石钻头的进尺速度会随着转速的增大而增大。当钻压为 20 kN 时，90 r/min 的转速下金刚石钻头在沉积物层的进尺速度约为 31 mm/s，

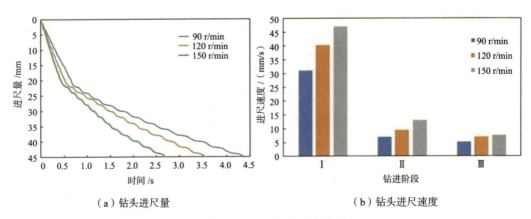

（a）钻头进尺量 　　　　　　　　　（b）钻头进尺速度

图 4-62　转速对钻头进尺状态的影响

而当转速达到 150 r/min 时，在沉积物层的进尺速度增大了约 16 mm/s。对于水合物层而言，当转速分别为 90 r/min、120 r/min 以及 150 r/min 时，稳定进尺速度仅约为 5.16 mm/s、6.94 mm/s 和 8.03 mm/s，且进尺速度表现为随着转速的减小而变化趋势变缓。金刚石钻头的钻速增量在一定范围内表现为随转速的增大而减少。

当钻压为 20 kN，进尺量为 45 mm 时，分别得到了岩芯中心处扰动（最大等效应力）在不同深度处随钻压的变化关系以及井周位置（取距离岩芯中轴线 60 mm 处节点）的扰动在不同深度处随钻压的变化关系，如图 4-63 所示。由图 4-63 可知，当钻压一定时，岩芯区域所受到的最大等效应力不随转速的变化而变化，而井周位置处的扰动随转速的增大而呈现增大趋势。但在不同的沉积物层表现出不同的规律：在软质沉积物层，井周所受最大等效应力变化仅为 0.508 MPa；而在水合物层，井周所受的最大等效应力由 90 r/min 时的 2.506 MPa 增加至 3.753 MPa，所受扰动程度较为明显。

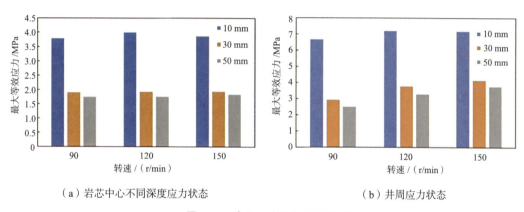

（a）岩芯中心不同深度应力状态　　　　　　　　（b）井周应力状态

图 4-63　岩芯、地层应力状态分布

4.5.2.3　钻进过程岩芯扰动仿真分析

1）岩芯扰动分析方法

在钻进取芯过程中，由于钻具对地层的强力作用，将岩芯从地层中分离出来，岩芯表面必然受到损伤扰动。为了满足后续检测分析要求，必须使岩芯非扰动区域的最小半径达到一定值。基于钻进过程的有限元仿真分析，提出两种岩芯扰动分析方法：①以岩芯未受扰动区域的最小半径评估岩芯扰动。②以钻进过程中的岩芯扰动率评估岩芯扰动。

在钻头钻进过程中，岩芯部分所受等效应力大小是在不断变化的，而当岩芯所受应力超过阈值时，该部分的岩芯就失去了其原始力学性能。一般将海底地层抗压强度的 60%~70% 作为岩芯受到扰动的阈值。岩芯中轴线与岩芯扰动区域的边界距离最小的点之间的距离即为所获岩芯受到扰动的最小半径，如图 4-64 所示。以圆柱体代表钻进取得的岩芯，阴影部分为某一时刻下岩芯部分应力超过评估值的区域，即扰动带。而在钻进过程中，岩芯内部存在一个规则的区域，该区域自钻进起始至取芯完成均未受到来自钻进过程的扰动。当钻进进行到某一时刻时，岩芯扰动曲线距岩芯中轴线距离出现最小值。此时，可视为以岩芯中心线为轴，以该最小值 r_{min} 为半径的圆柱体岩芯区域内均未受到扰动，该值可以作为评估岩芯扰动的参考值。

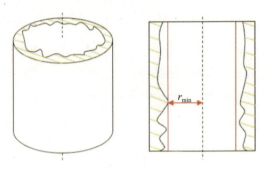

图 4-64　岩芯扰动分布简图

随着金刚石钻头钻进取芯过程的进行，取得的岩芯体积会不断增加，岩芯中受到扰动部分的体积也会随之增加。通过计算钻进过程中岩芯的扰动率可以直观地显示出钻进所获岩芯的质量及效率。设岩芯的扰动率为岩芯所受扰动区域的体积与岩芯总体积之比，即：

$$p = \frac{V_r(t)}{V(t)} = 1 - \frac{V_w(t)}{V(t)} \qquad (4-135)$$

式（4-135）中，V_r 为岩芯受到扰动区域的体积，V_w 为岩芯未受到扰动区域的体积，V 为岩芯总体积。

通过利用有限元仿真软件 Abaqus 对金刚石钻头钻进海底地层过程进行仿真模拟，可以得到钻进过程中地层的应力变化，从而可以对岩芯扰动做进一步的分析。但 Abaqus 仿真所得到的应力数据太过繁杂，仅靠自带的后处理不仅耗时也难以获得理想的结果，因此需要借助 Python 对 Abaqus 的后处理进行二次开发。对仿真模拟所得数据做进一步的计算处理，可以节省分析时间，并得到准确的结果。

（1）最小半径计算方法。

基于 Python 对 Abaqus 后处理进行二次开发，利用执行 Python 脚本来寻找岩芯范围内未受扰动区域的最小半径的步骤如下：首先，创建岩芯范围内节点与单元集合，定义节点在 x、y、z 三个方向的坐标分量以及扰动评估值。然后，通过遍历循环显示集合内各点的应力状态随时间的变化，利用条件循环语句比较单元节点的应力与扰动评估值大小，定义当节点应力大于扰动值时为失效节点。对于岩芯而言，节点位于网格单元的各个顶点，而扰动峰值点不一定会出现在节点上，因此需要寻找扰动峰值点所在的网格单元，该单元应满足同时存在失效节点和未失效节点。遍历循环所有满足条件的网格单元，并计算其节点至中心线的距离，所获最小值节点所在单元即为扰动曲线峰值所在单元。接下来，通过标记峰值点为参考点即可利用 Abaqus 工具模块获得峰值点到中心线的距离。最终，以该距离为半径，以中心线为轴的圆柱体岩芯区域即为自钻进开始至终了均未受到扰动的区域。逻辑框图如图 4-65 所示，其中单元集合数 N、时间总数 T、单元节点数 M、评估值 a 均为常数，节点坐标 x、y、z 为对应坐标系下的坐标值。经过计算，脚本最终会显示扰动曲线峰值所在的单元编号和扰动曲线峰值出现的时间节点。

（2）扰动率计算方法。

基于 Python 对 Abaqus 后处理进行二次开发，通过执行 Python 脚本来计算岩芯扰动率随时间的变化的步骤如下：首先，创建岩芯范围内的单元与节点集合并定义扰动评估值。接着，通过遍历循环显示各集合中所有时间下的单元应力状态。岩芯上各单元所受到的应力状态是不断变化的，当某一处的应力值大小超过评估值时，则该单元视为受到了扰动而失效，之后不再对该区域的应力大小进行判断。因此利用条件判断语句不断删除岩芯集合中受到扰动的单元，计算每一次循环下该集合中剩余单元的体积和即为未受扰动区域的体积 V_w。最后，将未受扰动区域体积与岩芯总体积做差则获得岩芯扰动区域的体积 V_r，岩芯总体积可由钻头进尺量与岩芯表面积的乘积获得。逻辑框图如图 4-66 所示，其中单元层集合 D、单元集合数 N、时间总数 T、单元节点数 M、评估值 a 均为常数。时间位移常数即金刚石钻头的进尺量随时间的变化，该值近似等于钻进获取的岩芯长度。经过计算将岩芯不同时刻下未受扰动的体积存储入集合，经过整理后即可得到岩芯扰动区域体积的变化。

2）工艺参数对岩芯扰动的影响

（1）岩芯未受扰动区域最小半径。

经过计算，获得的不同钻进参数下岩芯未受扰动区域的最小半径如表 4-6、表 4-7 所示。由表可知，随着钻压和转速的增加，未受扰动的岩芯范围都呈减小趋势。对于沉积物层岩芯而言，未受扰动的最小岩芯半径约为 20 mm，且随钻压的变化有较为明显的差异；而对于水合物层岩芯而言，未受扰动的最小半径约为 25 mm，且受钻进参数的影响较小。同时，通过分析最小半径出现时的位置以及该时刻的进尺量即钻头位置可知，最小半径出现的深度多数位于井底上侧，钻头在钻井中与沉积物作用时对岩芯上部仍存在着较大影响。

表 4-6　转速为 120 r/min 时不同钻压下岩芯的扰动情况

钻压 /kN	15		20		25	
岩芯类型	沉积物	水合物	沉积物	水合物	沉积物	水合物
最小半径 /mm	21.88	25.36	20.99	25	19.18	24.7
时刻 /s	0.2975	2.0125	0.4125	2.0375	0.28	1.34
最小半径深度 /mm	8.6	26.4	15.3	31.5	12.7	35.1
进尺量 /mm	9.8	28.9	16.9	34.9	13.8	34.9

表 4-7　钻压为 20 kN 时不同转速下岩芯的扰动情况

转速 /（r/min）	90		120		150	
岩芯类型	沉积物	水合物	沉积物	水合物	沉积物	水合物
最小半径 /mm	21.2	25.54	20.99	25	21.06	24.75
时刻 /s	0.45	2.85	0.4125	2.0375	0.1375	1.35
最小半径深度 /mm	14.4	35.3	15.3	31.5	11.2	30.5
进尺量 /mm	14.2	36.8	16.9	34.9	7.2	32.9

（2）岩芯扰动率。

通过 Python 对 Abaqus 的后处理进行二次开发，分别取沉积物层和水合物层的失效强度为 7.18 MPa 和 34.65 MPa，图 4-67 和图 4-68 展示了在转速固定为 120 r/min，不同钻压下，钻头分别在沉积物层和水合物层钻进 20 mm 时，所获得的扰动率随时间的变化曲线。由图可知，在钻进过程中，岩芯所受到的扰动在初始阶段会迅速增大，随着钻进过程的进行，岩芯的扰动率逐渐趋于平稳，并保持在一定范围之内。而当钻压不同时，钻进过程对岩芯的扰动率的影响也不同，且钻压越大，岩芯扰动率趋于平稳状态时的值越大。不同的储层在相同的钻进参数下的扰动率也有较大的差异，其中天然气水合物层岩芯的扰动率的稳定值在 0.2~0.25 之间，而其上覆土层沉积物岩芯受钻进影响较大。当转速保持 120 r/min，钻压为 15 kN 时，沉积物层岩芯的扰动率约为 0.33；而当钻压增大至 25 kN 时，沉积物层岩芯的扰动率高达 0.42。

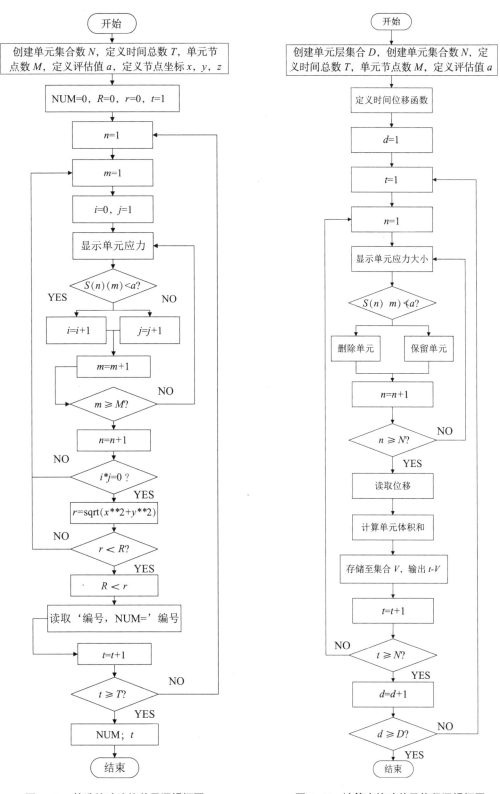

图 4-65　筛选扰动峰值单元逻辑框图　　　　图 4-66　计算未扰动单元体积逻辑框图

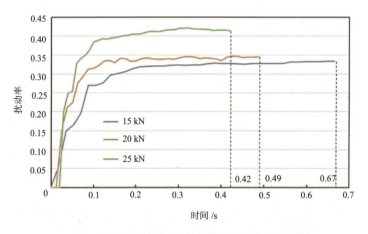

图 4-67　不同钻压下沉积物层岩芯的扰动率曲线

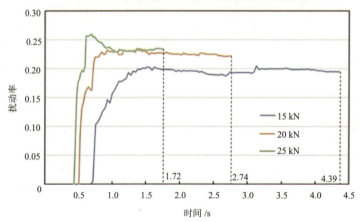

图 4-68　不同钻压下水合物层岩芯的扰动率曲线

当钻压固定为 20 kN 时，改变金刚石钻头的转速，计算获得钻头在沉积物及水合物层进量各为 20 mm 时岩芯的扰动率，结果如图 4-69、图 4-70 所示。由图可知，当钻压固定时，改变钻头转速对岩芯扰动率的影响较小。其中，沉积物层岩芯和水合物层岩芯的扰动率稳定值分别约为 0.35 和 0.21。因此，钻探作业时，在控制钻压的前提下，适当提高钻头钻速，既能提高下钻速度，又对岩芯扰动率影响较小，可以确保钻探取芯效率。

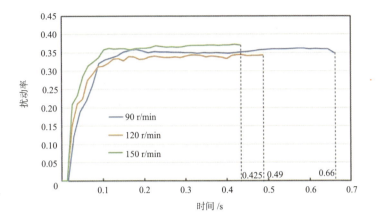

图 4-69　不同转速下沉积物层岩芯的扰动率曲线

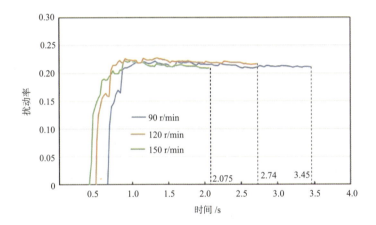

图 4-70　不同转速下水合物层岩芯的扰动率曲线

4.6　冲洗液循环系统

钻孔冲洗是钻进过程中不可或缺的环节。冲洗液在钻孔内作为循环介质，其主要作用是清洗孔底、悬浮和携带岩屑、冷却钻头、平衡地层压力与井壁侧压力、维持井壁稳定等。本节将重点介绍冲洗液的作用与分类、钻探过程中水路循环方式和钻孔冲洗液泵基本参数的确定方法。

4.6.1 冲洗液的作用与分类

冲洗液是钻探过程中孔内使用的循环冲洗介质的总成，又被称为钻井工程的"血液"。除前述作用外，随着钻探技术的发展，冲洗液还能够传递动力，实现液力冲击钻进、螺杆钻进和涡轮钻进等。此外，从冲洗液中还可以提取所钻地层的地质信息。冲洗液根据连续相的相态可以分为水基冲洗液（泡沫除外）、油基冲洗液、合成基冲洗液及气体型冲洗液等。其主要性能参数包括密度、流变性、滤失性、含砂量以及胶体率。其中，密度及流变性是冲洗液选型时考虑较多的两个因素。目前，海底钻机的钻孔深度较浅（通常不超过 300 m），冲洗液比较容易实现维持井壁的稳定。同时，海底的低温环境为冲洗液冷却钻头创造了有利条件。此外，根据海洋环保法规要求，冲洗液还必须具备低毒性和生物可降解性。因此，海底钻机采用的冲洗液体系较为简单，多以海水为主。但是，随着海底钻机作业能力的提升和钻孔深度的不断增加，构建专门的冲洗液体系显得尤为必要。与陆地钻探相比，深水冲洗液还面临着海底地层复杂性、冲洗液低温流变性调控、天然气水合物的生成与抑制、海洋环境保护等方面的挑战。未来，深水冲洗液体系潜在的发展方向主要包括：纳米颗粒技术的应用与研究、天然气水合物生成与抑制机理研究、深水井壁稳定机理与防塌对策研究、深水冲洗液无害化处理与再利用技术等。

4.6.2 钻探过程中水路循环方式

钻探过程中的水路循环，是影响钻头使用寿命和钻进效率的关键因素。技术上讲，冲洗液循环方式大致可分为全孔正循环、全孔反循环和局部反循环。当采用全孔正循环时，高压冲洗液首先通过钻杆串从钻具内部通道流至孔底。然后，冲洗液沿着钻杆串与孔壁之间的间隙上返至孔口。该循环方式在陆域和海域钻探领域均得到广泛应用。全孔反循环冲洗液的流向与正循环相反，具体为冲洗液通过孔口压入钻杆串与孔壁之间的间隙通道流向孔底。然后，冲洗液从钻具内部并经钻杆串上返至孔口。由于冲洗液上返过程流经的断面较小且上返流速较快，因此这种循环方式能够有效携带较大的岩屑颗粒。全孔正循环和全孔反循环冲洗可以采用闭式和开式两种方式。采用闭式则冲洗液可重复利用；采用开式则冲洗液不能重复使用。综合式循环结合正循环与反循环，有利于提高岩芯采取率。用此方法时，孔的上部采用正循环，而孔底局部实施反循环。

传统的陆地钻机和船载钻机的循环系统主要由钻井泵、地面管汇、泥浆池和泥浆净化设备等组成。地面管汇由高压管汇、立管和水龙带等组成，泥浆净化设备涵盖振动筛、除砂器、除泥器和离心机等设备。当采用正循环方式时，钻井泵对泥浆池中的泥浆加压，沿着高压管汇、立管和水龙带输送至水龙头，然后泥浆沿着钻杆串的中心孔并经过钻头的水口流至孔底。到达孔底后的泥浆携带岩屑沿着孔壁和钻杆串之间的环状间隙返回地面。返回的泥浆经过多级净化设备去除固相物质后可再循环使用。

但是，海底钻机的作业方式与陆地或船载钻机存在显著不同。海底钻机是直接位于海底开展钻探作业。因此，海底钻机的循环系统相对简单，没有地面管汇和泥浆净化设备。海底钻机的冲洗液泵是直接集成在钻机本体上，通常直接采用海水作为冲洗介质。目前，海底钻机的冲洗液循环方式主要是开式正循环，钻进过程中冲洗液的循环过程如图 4-71 所示。正常钻进时，海底钻机上的液压马达通过联轴器与集成在钻机本体上的冲洗液泵连接。经过冲洗液泵加压后的高压海水首先从动力头顶部的水管接口进入其内部。冲洗液在流经高压旋转密封对接头后进入主动钻杆的中心孔内。然后，冲洗液通过钻杆串的中心孔流向孔底并冷却钻头。冲洗液到达孔底后携带岩屑并经钻杆串与孔壁之间的环状间隙上返。由于采用的是开式正循环方式，冲洗液返回孔口后不重复使用。

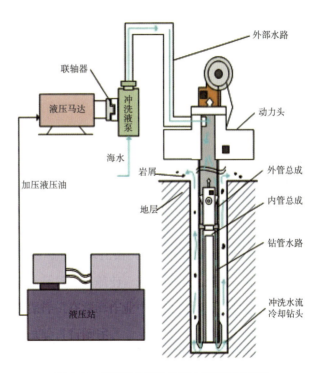

图 4-71　海底钻机的冲洗液水路循环示意图

4.6.3　钻孔冲洗液泵基本参数的确定

钻孔冲洗液泵作为冲洗液循环系统的核心部件，为高质量取芯钻探提供保障。对于泵的主要要求如下：①流量能在较大范围内灵活调节。②排量稳定且不受泵压影响。③泵压在满足钻探需求时，仅在合理范围内波动且不影响冲洗液在孔内的正常循环。

④结构设计简单可靠、运动部件耐磨耐腐、部件维修方便快捷。通常，泵的选型围绕洗孔参数确定的泵量与泵压等展开。

4.6.3.1 泵量的确定

泵量定义为单位时间内泵能够输送的液体量。冲洗液量是指单位时间内通过孔底及钻杆串与孔壁之间间隙上返至孔口的冲洗液体积。在钻孔作业时，泵量与钻孔内循环冲洗液量相等。在实际确定冲洗液量时，主要以是否能有效排出岩屑作为评判标准。因此，冲洗液量可以通过以下公式进行计算：

$$Q = \beta Fv = \beta \frac{\pi}{4}(D^2 - d^2)v \qquad (4-136)$$

式（4-136）中，Q 为循环的冲洗液量；β 为衡量上返速度不均匀程度的系数，$\beta=1.1\sim1.3$；F 为上返环状空间中的最大截面面积；D 为最大的孔径或套管内径；d 为钻杆外径；v 为冲洗液上返速度，该速度大于冲洗液中最大岩屑的沉降速度，即：

$$v=v_0+u \qquad (4-137)$$

式（4-137）中，v_0 为悬浮状态岩屑的临界速度；u 为冲洗液中岩屑的上升速度，一般情况下，$u = (0.1\sim0.3)v_0$，因此：

$$v=(1.1\sim1.3)v_0 \qquad (4-138)$$

静止冲洗液中岩屑的沉降速度与岩屑保持悬浮状态的临界速度相等，而沉降速度与重力、浮力、沉降阻力等参数有关。

球形岩屑重力 G 为：

$$G = \frac{\pi\delta^3}{6}\rho_s g \qquad (4-139)$$

式（4-139）中，δ 为球形岩屑直径，ρ_s 为球形岩屑密度，g 为重力加速度。

冲洗液中球形岩屑所受浮力 P 为：

$$P = \frac{\pi\delta^3}{6}\rho g \qquad (4-140)$$

式（4-140）中，ρ 为冲洗液密度。

冲洗液中球形岩屑所受的沉降阻力 R 为：

$$R = Cf\frac{v_0^2}{2}\rho = C\frac{\pi}{4}\delta^2\frac{v_0^2}{2}\rho \qquad (4-141)$$

式（4-141）中，C 为阻力系数，受岩屑几何形状、冲洗液类型的影响；f 为岩屑沉降过程的受阻面积。

岩屑沉降的过程中速度逐渐增加，沉降阻力 R 也就逐渐增大，直到沉降阻力符合 $R=G-P$ 时，岩屑达到三力平衡状态，即以恒定速度 v_0 沉降。此时有：

$$C\frac{\pi}{4}\delta^2\frac{v_0^2}{2}\rho = \frac{\pi}{6}\delta^3(\rho_s-\rho)g \qquad (4-142)$$

求解式（4-142），可知岩屑沉降速度为：

$$v_0 = \sqrt{\frac{4g}{3C}\cdot\frac{\delta(\rho_s-\rho)}{\rho}} = k\sqrt{\frac{\delta(\rho_s-\rho)}{\rho}} \qquad (4-143)$$

式（4-143）中，k 为岩屑形状系数，岩屑为圆球形时，$k=4{\sim}4.5$；岩屑为不规则形状时，$k=2.5{\sim}4$。

根据小孔径地质岩芯钻探规范要求与相关研究，冲洗液上返速度与钻头和冲洗液类型相关，具体如表 4-8 所示。此外，绳索取芯钻探中不同规格的钻头泵量需求不同，推荐泵量如表 4-9 所示。

表 4-8　不同工况下的冲洗液上返速度

钻头类型	冲洗液上返流速 /（m/s）	
	清水	泥浆
金刚石钻头	0.5~0.8	0.4~0.5
硬质合金钻头	0.25~0.6	0.2~0.5
三牙轮钻头	0.6~0.8	0.4~0.6
刮刀钻头和矛式钻头	0.6~1	0.6~0.8

表 4-9　不同规格钻头推荐泵量

钻头规格	A	B	N	H	P	S
泵量 /（L/min）	25~40	30~50	40~60	60~90	90~100	100~130

4.6.3.2　泵压的确定

泵压定义为泵出口端的表压力，与冲洗液在循环系统中流经各部位所产生的压力损失总和相等，表示如下：

$$p = \beta(p_1 + p_2 + p_3 + p_4) \tag{4-144}$$

式（4-144）中，β 为附加阻力系数，可以设置为 1.1；p_1 为钻杆内部冲洗液流动所造成的压力损失；p_2 为在钻杆串与孔壁间的环状空间内冲洗液流动所造成的压力损失；p_3 为钻杆接头处冲洗液流动所造成的压力损失；p_4 为岩芯管及钻头内外处冲洗液流动所造成的压力损失。

压力损失 p_1 为：

$$p_1 = \lambda_1 \gamma \frac{L_1 v_1^2}{d_1 2g} = 0.81\lambda_1 \rho \frac{L_1 Q^2}{d_1^5} \tag{4-145}$$

式（4-145）中，λ_1 为阻力系数。

压力损失 p_2 为：

$$p_2 = \lambda_2 \frac{L_2}{D-d} \cdot \frac{v_2^2}{2g} = 0.81\lambda_2 \rho \frac{L_2 Q^2}{(D-d)^2 (D+d)^2} \tag{4-146}$$

式（4-146）中，λ_2 为环状空间阻力系数，D 为钻孔直径或套管内径，v_2 为冲洗液上返流速，d 为钻杆外径，L_2 为钻进深度。

压力损失 p_3 为：

$$p_3 = \zeta \frac{L}{l} \cdot \frac{v_3^2}{2g} = 0.81\zeta\rho \frac{LQ^2}{ld_2^4} \tag{4-147}$$

这部分压力损失属于局部阻力损失。

式（4-147）中，ζ 为局部阻力系数，可表示为：

$$\zeta = \alpha \left[\left(\frac{d_1}{d_2} \right)^2 - 1 \right]^2 \tag{4-148}$$

式（4-148）中，α 为经验系数，可取 2；d_1、d_2 分别为钻杆内径和接头内径。

对于压力损失 p_4，这类压力损失涵盖岩芯管及岩芯环状间隙的冲洗液流动造成的压力损失、在钻头处因冲洗液流动方向变化产生的压力损失，以及钻杆串和孔壁之间的环状间隙的冲洗液流动造成的压力损失，可通过试验测量或通过经验数据估算。

根据工程经验，当使用清水钻进直径为 46 mm 或 59 mm、孔深大约为 300 m 的硬岩层时，泵压范围约为 $5.01 \times 10^5 \sim 1.01 \times 10^6$ Pa（若采用泥浆钻进，泵压略高一些）；当钻进软岩层时，泵压范围约为 $8.08 \times 10^5 \sim 1.2 \times 10^6$ Pa。在钻探过程中，孔深每增加 100 m，泵压增加约 2.03×10^5 Pa。若泵压发生小幅波动，这通常预示着孔底换层。当泵压剧增，同时伴随钻速下降或不进尺现象，可能意味着岩芯发生堵塞。

参考文献

[1] EVSEEV D G, MEDVEDEV B M, GRIGORIYAN G G. Modification of the elastic-plastic model for the contact of rough surfaces[J]. Wear, 1991, 150(1-2): 79-88.

[2] YU W, BLANCHARD J P. An elastic-plastic indentation model and its solutions[J]. Journal of Materials Research, 1996, 11(9): 2358-2367.

[3] YANG T N, BU J W, CHEN H Z. Theoretic discussion and parameter calculation of subsea sampler: the fifth introduction of subsea coring technology[J]. Geological Science and Technology Information, 2001, 20(2): 103-106.

[4] YUAN G X, LIU H Z, WANG Z M. Optimum design for shrink-fit multi-layer vessels under ultrahigh pressure using different materials[J]. Chinese Journal of Mechanical Engineering, 2010 (5): 582-589.

[5] HUANG Z H, JIN B, LIU S J, et al. Research on deep sea microbe sampler pressure-retaining process[J]. Journal of Zhejiang University Engineering Science, 2006, 40(5): 878.

[6] MARYIN S B, AUNG P W. Working body for deformation of thin-walled pipe billets[C]//Materials Science Forum. Trans Tech Publications Ltd, 2019, 945: 628-633.

[7] CHEN H, LI L, LI J. An elastoplastic solution for spherical cavity undrained expansion in overconsolidated soils[J]. Computers and Geotechnics, 2020, 126: 103759.

[8] STOW D A V, AKSU A E. Disturbances in soft sediments due to piston coring[J]. Marine Geology, 1978, 28(1-2): 135-144.

[9] ZHAO G, LIU J, CUI J, et al. Revealing the mechanism of the force dragging the soft bag in the dynamic process of deep soil coring[J]. Powder Technology, 2019, 344: 251-259.

[10] DRUCKER D C, PRAGER W. Soil mechanics and plastic analysis or limit design[J]. Quarterly of Applied Mathematics, 1952, 10(2): 157-165.

[11] WANG J, SUN Y, QIAN D, et al. Scheme design and performance analysis of thin-walled pressure-retaining coring tools for seafloor drills in the deep-sea operating environment[J]. Journal of Petroleum Science and Engineering, 2022, 208: 109790.

[12] 刘广志. 金刚石钻探手册 [M]. 北京: 地质出版社, 1991.

[13] 汤凤林. 岩心钻探学 [M]. 武汉: 中国地质大学出版社, 2009.

[14] 万步炎, 金永平, 黄筱军. Wireline coring recovery system of a seafloor drilling rig and method of using same: US11041344B1[P]. 2021-06-09.

[15] 万步炎，金永平，黄筱军，等 . Sediment core-drilling process for submarine wire-line coring drill rig: US10927606B2[P]. 2019-12-31.

[16] 万步炎，金永平，黄筱军，等 . Drilling process of pressure-preserving cable core drilling machine for subsea natural gas hydrates: EP3640427B1[P]. 2020-04-22.

[17] 万步炎，黄筱军，金永平，等 . Pressure-retaining cap screwing and unscrewing device for marine natural gas hydrate pressure-retain rock-core barrel: US10947800B2[P]. 2020-06-08.

[18] 万步炎，王佳亮 . 一种适用于海底钻机的海底沉积物绳索取心钻具：ZL201610142443.3[P]. 2018-10-23.

[19] 万步炎，黄筱军，王佳亮 . 一种适用于海底钻机的天然气水合物保压绳索取心钻具：ZL201611017992.4[P] .2018-10-16.

[20] 万步炎，黄筱军，金永平，等 . 海底天然气水合物保压绳索取心钻机钻进工艺：ZL201810914166.2[P]. 2019-09-10.

[21] 万步炎，黄筱军，金永平，等 . 一种适用于海底绳索取心钻机的沉积物取心钻进工艺：ZL201810914274.X[P]. 2019-11-26.

[22] 卫成效 . 海底天然气水合物复杂地层钻探取芯建模与分析 [D]. 湘潭：湖南科技大学，2022.

[23] 何川 . 流体力学 [M]. 北京：机械工业出版社，2010.

[24] 梅毕祥，杨敏，贾尚华 . 基于摩尔库伦准则考虑渗流影响的孔扩张理论 [J]. 同济大学学报 (自然科学版)，2017，45(03): 309-316.

[25] 李雨浓，李伟 . 考虑渗流影响的球孔扩张理论解答 [J]. 应用力学学报，2020，37(05):1980-1986+2318.

[26] 朱向荣，何耀辉，徐崇峰，等 . 饱和软土单桩沉桩超孔隙水压力分析 [J]. 岩石力学与工程学报，2005(S2):5740-5744.

[27] 陈聪，龙建军，李赶先 . 南海深海海底沉积物力学性质试验研究 [J]. 海洋工程，2015, 33(04):108-114.

[28] 龙建军，周华建，李赶先，等 . 受控三轴应力 - 应变下沉积物声速与物理力学性质的关系 [J]. 海洋学报，2016，38(09):46-53.

[29] 李广信 . 高等土力学 [M]. 北京：清华大学出版社，2016.

[30] 李家彪 . 现代海底热液硫化物成矿地质学 [M]. 北京：科学出版社，2017.

[31] 彭奋飞 . 海底钻机用高可靠绳索取心钻具结构优化研究 [D]. 湘潭：湖南科技大学，2019.

[32] 吴丹，金永平，刘德顺，等 . 深海海底钻机海底天然气水合物钻进取芯建模与分析 [J]. 矿冶工程，2024，44(04):136-143.

[33] 刘亮 , 金永平 , 刘德顺 , 等 . 深海海底钻机海底沉积物取芯过程扰动水压分析 [J].
矿业工程研究 , 2022, 37(04):1-7.

[34] 刘亮 . 深海海底沉积物压入取芯过程扰动机理分析 [D]. 湘潭 : 湖南科技大学 ,
2022.

[35] 卫成效 , 金永平 , 刘德顺 , 等 . 海底天然气水合物储层复杂地层钻进取芯数值模
拟 [J]. 矿业工程研究 , 2024, 39(03):11-19.

[36] 卫成效 , 金永平 , 刘德顺 , 等 . 海底天然气水合物复杂地层钻进取芯仿真岩芯扰
动分析 [J]. 湖南科技大学学报 (自然科学版), 2023, 38(01):43-49.

[37] 王佳亮 , 钱弟垒 , 孙杨 , 等 . 一种主副水路型金刚石钻头水路系统的设计方法 :C
N202110257919.9[P].2022-05-03.

[38] 彭奋飞 , 王佳亮 , 万步炎 , 等 . 适用于海底钻机的保压绳索取心钻具设计 [J]. 钻
探工程 , 2021, 48(04):97-103.

[39] 冯帆 . 海底绳索取芯钻具的设计与研究 [D]. 湘潭 : 湖南科技大学 , 2015.

[40] 刘广平 . 全海深沉积物整体式气密取样器设计与试验研究 [D]. 湘潭 : 湖南科技
大学 , 2019.

[41] 何明明 . 基于旋切触探技术的岩体力学参数预报研究 [D]. 西安 : 西安理工大学 ,
2017.

[42] 王维 , 彭枧明 , 王红岩 , 等 . 天然气水合物地层 PCS 取样扰动有限元仿真分析 [J].
中南大学学报 (自然科学版), 2014, 45(04):1183-1189.

第 5 章

遥测遥控技术

本章主要介绍海底钻机水下作业全过程可视化监测及手动、半自动、自动等三种操控模式的遥测遥控系统。首先，在分析海底钻机遥测遥控系统独特性的基础上，详细阐述系统组成与原理，着重对所涉及的甲板操作控制台、机载控制系统和光纤通信系统进行总体架构解析。然后，对上述三类系统的硬件组成与软件设计进行介绍，包括甲板与机载控制系统、机载传感系统连接方案，图像监控系统、甲板控制系统、机载控制系统的软件设计方案与功能模块实现。最后，基于数据通信仿真开展遥测遥控系统的实时测试。

5.1　遥测遥控系统组成

海底钻机遥测遥控系统负责对海底钻机系统的布放、寻址着底、钻探取芯、作业后回收等各环节进行全程可视化监测与控制，海底钻机的状态数据与甲板操作控制指令通过脐带缆双向传输，确保整个作业过程的安全与高效。有别于陆地钻机系统，海底钻机遥测遥控系统具有如下特性。

（1）海底钻机作业水深数千米，需要在钻机上配置水下摄像机，依靠视频图像信息和传感器数据完成钻机作业全过程的信息检测任务，多路图像视频信号的高速处理与实时传输成为海底钻机操作控制系统的必备功能。

（2）考虑到机载液压控制阀、机载用电设备、机载供配电系统的操作控制需求，海底钻机遥测遥控系统还具备众多开关量与模拟量的输入/输出通道，为防止出现脐带缆断电事故导致钻机遇险无法动作的紧急情况，通常携有机载不间断电源（uninterruptible power supply，UPS）。

（3）海底钻机机载传感器数目众多，在耐海水腐蚀的同时还要具有较高的抗压能力（数十兆帕以上），部分传感器（如漏水检测传感器、支腿触底传感器、海水压力传感器等）为海底钻机特有类型，需要根据作业水深和具体工况专门研制。

根据功能需求的不同，不同类型钻机的总体配置存在一定差异，特别是在传感器类型和数量上有着较大区别，但总体控制原理基本一致。

5.1.1　系统功能

海底钻机遥测遥控系统用于海底钻机在水下作业过程中的可视化监测及手动、半自动、自动三种模式的操作控制，如图 5-1 所示。主要功能包括海底钻机机载传感器模拟及开关量信号、多路视频监控信号的采集、传输与显示，海底钻机各功能系统执行器件的操作控制等。依据功能划分，海底钻机遥测遥控系统主要包括甲板操作控制台、机载控制系统和光纤通信系统，各部分均由相应的硬件和软件构成。

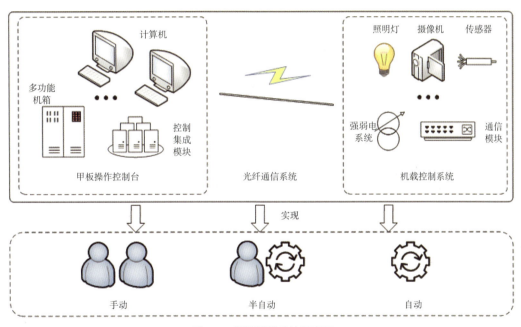

图 5-1　遥测遥控系统示意图

甲板操作控制台主要采集高压大功率电源的三相电压、电流、有功功率、无功功率、功率因数等信息，同时对高压大功率电源进行远程控制保护。机载控制系统常采用嵌入式硬件构建而成的一个信号采集与控制中枢系统，能够实现海底钻机各液压机械部件、强电系统及传感系统的可靠控制，确保安全而高效地完成海底钻探取芯任务。光纤通信系统通过数千米长的光电复合脐带缆实现甲板操作控制台和机载控制系统之间的长距离通信，脐带缆长度根据作业水深而定。海底钻机系统因可扩展性与冗余性要求的不同而有不同配置，常见的参数与控制量配置如下。

（1）机械液压系统阀组控制。

（2）机载电源转换系统控制。

（3）机载照明灯、摄像机、高度计等电子设备控制。

（4）机械动作位移检测。

（5）液压压力、电压、倾角等模拟量检测。

（6）钻具转速脉冲量检测。

（7）离底高度计数字检测。

（8）机载罗经仪数字检测。

此外，还要求水下多路彩色视频监控信号实时传输到甲板操作控制台，可实现显示、字幕叠加和存储等功能。甲板操作控制台还需具备采集多波束声学数据、作业区域经纬度、水深数据、海底钻机工作电压及电流等信息。

5.1.2　甲板操作系统

甲板操作系统主要包括图像监控计算机、操作控制台计算机、多功能通信机等，总体架构如图 5-2 所示。内嵌于操作台计算机的多功能采集控制卡可实现对甲板强电系统的信号采集与智能开关控制，包括交流接触器线包、强电直接供电接触器线包、软启动启停控制等；多串口卡用于各类串口数据的采集与处理，如表征船舶在海洋中位置的船载 GPS 位置信号、表征船舶下方不同位置水深情况的多波束水深信号、表征与海底距离关系的离底高度信号等。

甲板多功能机箱的设计用途如下。

（1）作为甲板操作控制台计算机与机载控制系统的通信接口，传输脐带缆内的光纤信号，实现机载多路图像和各种传感器的信号上传以及甲板控制命令的下传工作。

（2）作为甲板操作控制台计算机与船舶相关数据采集设备的接口，便于全面快速地对船舶的状态、周围环境以及作业情况进行分析和判断。

（3）作为甲板操作控制台计算机与供变电系统的控制接口，实时传输对电源系统的控制命令，并接收电源系统反馈的各项参数。

甲板操作系统的接线设计以多功能通信机为核心，使用光纤接口与光纤动力脐带缆连接，利用光缆铜芯向机载控制系统供电。脐带缆中光纤传输而来的视频信号，经过多功能通信机转换成同轴视频数据，经图像编码器采集后通过网口传输至图像监控计算机。由光纤传输而来的机载传感数据和控制信息，通过多功能通信机转换至串行

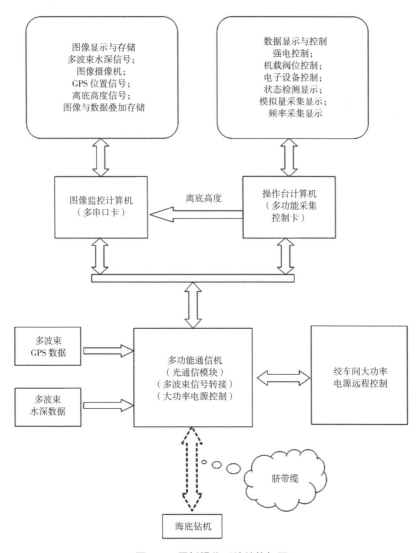

图 5-2 甲板操作系统结构框图

接口后与甲板操作控制台计算机的多串口卡通信。多功能通信机通过串行接口获得多波束 GPS 数据和多波束水深数据，再经串行接口传输到图像监控计算机进行字幕显示。操作台发出的电源控制指令需要转换，才能对相应的设备进行有效控制。多功能通信机将控制指令转化为 CAN 信号，再传输到绞车间的集中控制器，实现对绞车间强电配电柜的电力分配、运行状态监测等功能，如图 5-3 所示。

5.1.3　机载控制系统

机载控制系统采用主控系统、光纤视频通信模块、电源变换模块作为机载电子监控中心的硬件平台。其中，主控系统处于核心地位，不仅负责各类电子设备的控制及

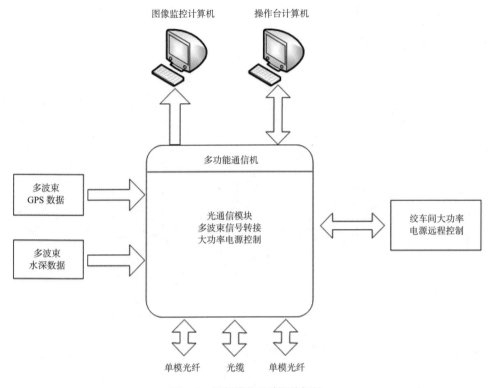

图 5-3　甲板操作系统通信框图

传感器数据的采集，还负责液压动力系统的各类电磁阀控制。视频光端通信模块专门用于机载系统视频与传感数据的接收，并与甲板操作控制台的光纤视频通信模块共同构成通信链路。机载控制系统的总体结构如图 5-4 所示。

钻进取芯智能感知与控制是机载控制系统的核心，依托分布在钻机关键执行元件和部件上的传感器，实时采集海底钻机环境参数、钻进取芯工艺参数和关键部件状态参数，基于钻进取芯模型、智能算法和专家系统，以提高钻进速度、岩芯质量和运行可靠性为目标，对钻机全过程运行状态进行实时监测和执行元部件优化控制，实现高效率、高质量、高可靠性的海底钻进取芯作业。

实现全过程智能感知与控制所需的基本控制量众多，具体囊括传感器的多路信号与数据（模拟量、频率量、位置量、海底钻机姿态、电压、电流、转速等）的采集、甲板上位机高速通信、海底钻机的操作动作及控制（动力头控制、机械手控制、接管控制、卸管控制、调平支腿控制、辅助腿控制等），而海底钻机耐压舱体积有限，这就要求机载控制系统搭载的微控制器（microcontroller unit，MCU）体积小、通用 I/O 端口丰富、可靠性高。

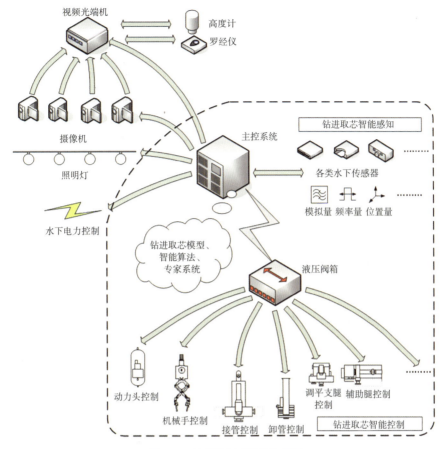

图 5-4　机载控制系统结构框图

5.1.4　光纤通信系统

机载控制系统与甲板操作控制台之间的通信链路采用了光纤传输这种高效且可靠的方式。通信链路内部包含多根单模光纤，两端分别设置光纤视频通信模块，完成光信号与电信号的相互转化，实现机载控制系统和甲板操作控制台的数据交互。光纤通信系统采用"双纤备份"的智能策略，当其中一根光纤由于某种不可预见的原因发生故障时，系统能够自动切换至另外一根光纤，确保整个通信链路的稳定。光纤视频通信模块采用专用 ASIC 设计、高速 DSP、全数字、非压缩、无损伤传输等一系列先进技术，将多路正向视频、多路串行数据等信号，通过粗波分复用以单模单芯光纤进行远距离、高质量无损传输。在视频信号支持方面，光纤视频通信模块具有强大的兼容性，不仅支持任意高分辨率的基带视频信号，并且能够自动兼容 PAL、NTSC、SECAM 等广泛使用的视频图像制式，视频接口采用了标准的 75Ω BNC 接口。光纤视频通信模块自身为单模单纤接口，光接口为 FC 或 ST 口，传输距离可达数十千米之远，同时还提供了丰富的设备信号状态显示功能。光纤通信如图 5-5 所示。

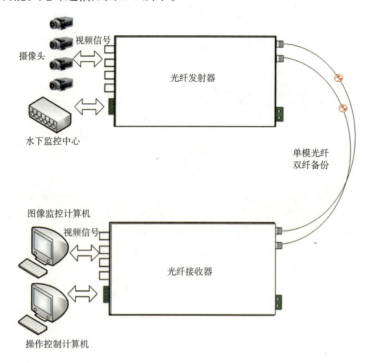

图 5-5　光纤通信示意图

5.2　遥测遥控硬件

5.2.1　甲板操作系统硬件

加拿大 CRD100 钻机的操作控制台如图 5-6 所示，需 2~3 人协同操控，主要包括两把操纵椅、两台计算机、四台触摸屏显示器及四台壁挂式显示器。其中，壁挂式显示器用于八个水下摄像机的画面监控，操作员可通过操纵椅和触摸屏在内的一系列输入设备与系统进行交互，操纵椅的操纵杆用于钻机的手动操作。控制系统基于 NASA 标准遥控操作系统模型（NASREM）架构，采用分层结构，将

图 5-6　CRD100 操作控制台

高层级命令分解为低层级动作，从而实现复杂任务的自动化执行。CRD100 的控制命令分为四个层级（L1~L4），分别为可读的操作员命令（L4）、多部件组合动作命令（L3）、单一部件动作命令（L2）、机载硬件输入 / 输出命令（L1）。

MeBo200 钻机的操作控制台如图 5-7 所示，主要包括一把操纵椅、三台触摸屏显示器、两台壁挂式显示器及五台工控计算机。其中，两台工控计算机为贝加莱 Automation PC 910，用于钻机遥测遥控系统的数据处理；另外三台工控计算机为贝加莱 Automation PC 3100，用于远程人机界面处理。

我国中深孔钻机的甲板操作控制台如图 5-8 所示，可实现单人自主操控，硬件系统主要包括两台工控计算机及显示器、一台视频光纤通信模块、一张多功能采集控制卡、一张多串口卡和一个甲板多功能机箱等。其中，一台工控计算机为操作控制计算机，用于完成机载各种传感器数据显示、阀位状态指示，并可进行自动、半自动或手动操作；另一台作为图像监控平台，用于完成多路图像解码显示，机载高度计信号、多波束水深信号及 GPS 位置信号的接收与显示，根据所显示的传感器数据及监控图像对海底钻机的工作状态做出判断，然后根据操纵规则通过鼠标或键盘发出操作指令，按规定的程序控制海底钻机系统工作。

图 5-7　MeBo200 操作控制台

图 5-8　我国中深孔钻机甲板操作控制台

5.2.2　机载控制系统硬件

海底钻机机载控制系统的核心处理器通常有多种可行设计方案，常用的有微控制器（如 AVR、ARM 系列单片机）、可编程逻辑控制器（programmable logic controller，PLC）、数字信号处理器（digital signal processing，DSP，如美国德州仪器公司的 TMS320C2000/C5000/C6000 系列处理器）、嵌入式微处理器（micro processor unit，MPU，如 ARM、X86/Atom、MIPS、PowerPC）、嵌入式片上系统（system on chip，SOC）等。

MeBo200 钻机的机载控制器采用贝加莱 X90 控制系统，其核心为 ARM 处理器，如图 5-9 所示。由于 X90 控制器采用标准化组件接口，因此添加不同功能的组件模块可轻松适应不同的要求。MeBo200 配备了智能 POWERLINK 总线控制器，可将众多传感器连接到 X90 控制器，控制器通过光纤将传感器收集的数据反馈给甲板操作控制台。

图 5-9　X90 控制器及其安装位置

CRD100 钻机的机载控制器采用美国国家仪器公司的 CompactRIO 系统，该系统提供了高处理性能、传感器专用 I/O 和紧密集成的软件工具。CompactRIO 系统由控制器与机箱两大核心部件组成。其中，控制器内置搭载 Linux Real-Time 操作系统的处理器，能够执行 LabVIEW Real-Time 应用程序，并且兼容采样率调控、执行路径追踪、本地数据存储与外部通信等功能。

CompactRIO 系统由控制器和机箱组成，控制器上有一个运行 Linux Real-Time OS 的处理器，该处理器能够可靠地执行 LabVIEW Real-Time 应用程序，并支持多采样率控制、执行跟踪、板载数据记录以及与外围设备通信。机箱上有可编程 FPGA，直接连接到 I/O 模块，而非通过总线连接，所以 CompactRIO 系统可以高性能地访问每个模块的 I/O 电路以及定时、触发和同步。

我国某型海底钻机机载控制系统如图 5-10 所示。机载控制系统负责机载传感数据的监测和机载机械液压系统的控制，通过光纤通信模块实现与甲板操作控制台计算机之间的交互通信。根据采集控制量数目配置通信单元、输入采集单元、输出控制单元等。具体而言，核心处理器负责读取输入设备（如传感器、开关等）采集的信号，按照预先编程的控制逻辑进行数据处理，并输出控制指令驱动执行设备（如电动机、阀门等）完成相应操作。

5.2.3　机载传感系统硬件

以我国某型海底钻机为例，机载传感系统的电源供给先是通过机载变压器将脐带缆上的三相高压交流电降压为低压交流电源，低压电源再通过交 – 直流转换模块转换成直流电源，为不同型号的机载传感器供电。机载传感系统供电连接方式如图 5–11

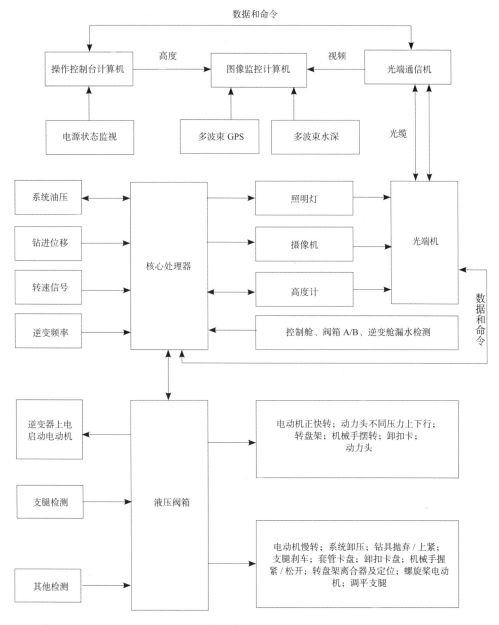

图 5–10　我国某型海底钻机机载控制系统

所示。机载传感系统的接线以耐压控制舱为核心，分别连接液压阀箱、传感器与电气转接盒，通过转接盒将传感器接线进行分类（如不同电压等级电源、输出控制、反馈输入等），如图 5-12 所示。

机载传感系统总体接线方式如图 5-13 所示，其中，传感器与电气转接盒连接水下摄像机、照明灯、高度计、转速测量计等设备接口。

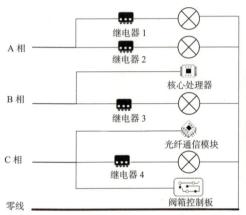

图 5-11　机载传感系统供电连接方式

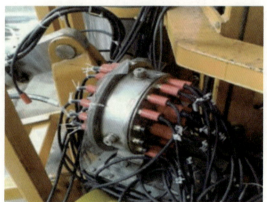

图 5-12　传感器与电气转接盒

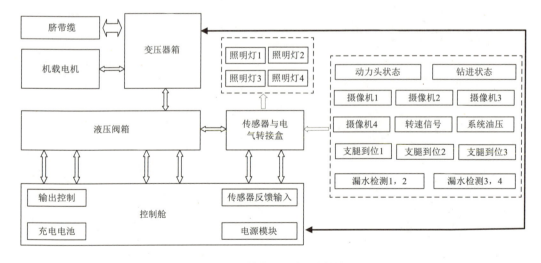

图 5-13　机载传感系统总体接线图

5.3　遥测遥控软件

5.3.1　图像监控软件

5.3.1.1　技术要求

我国海底中深孔钻机遥测遥控系统图像监控对主机板的技术要求如下。

（1）扩展槽：符合 PCI 2.1 标准，同时提供 5 V 电源。

（2）CPU：需要支持 Pentium IV 以上的 CPU，芯片组需满足主机板的桥路与 DMA 通道的速度要求。

（3）内存：容量要求在 32 MB 以上，当采集的图像尺寸较大或者数量较多时，需要更大的内存来存储这些图像数据。

（4）传输速率：针对 8 位黑白图像传输速率应至少达到 15 Mbyte/s，在 32 位方式下，传输速率要达到 60 MB/s，以满足对高质量图像传输的要求。

（5）显卡：DMA 传输速率影响着与内存等设备之间数据传输的速度，分辨率越高，显卡的读写速率就越低，读写速率决定了显卡处理图像数据的效率，需要具备较好的性能来平衡高分辨率与读写速率之间的关系，以确保在高分辨率下仍然具有较好的图像显示效果。在安装显卡驱动程序时，应尽量使用显卡制造厂商提供的驱动程序。

5.3.1.2　软件开发

软件开发主要依据图像编码器提供的应用接口库和 MSComm（Microsoft communications control）串口控件。其中，MSComm 作为串行通信编程设计的 ActiveX 控件，赋予应用程序收发数据的能力。利用图像编码器的 SDK 实现多路图像的采集和存储，利用 MSComm 串口控件实现串口通信模块的功能，获取多个串口的数据（多波束 GPS 数据、多波束水深数据、离底高度数据），按照固定格式将数据编制为字幕叠加到视频图像上，同时实现视频存储的功能（视频码流采用 H.264 编码）。我国早期研制的海底钻机系统采用 C++ 作为开发工具进行软件设计。图 5-14 所示为软件开发框图。

5.3.1.3　显示界面设计

图像监控系统采用多通道视频显示界面，双击某一通道界面时，该通道视频扩充至整个视频区域，再次双击就会返回多通道视频显示的常规界面。为保证操作简便，软件操作界面应尽量紧凑。如图 5-15 所示为图像监控系统软件界面，图像预览打开与关闭共用一个按钮，叠加字幕与关闭字幕共用一个按钮，保存图像打开与关闭共用一个按钮。图像预览、保存图像针对多路图像全部实现。图像设置

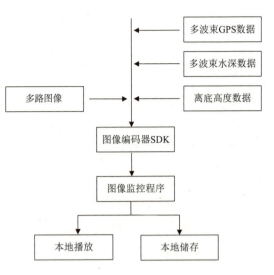

图 5-14　图像监控系统软件开发框图

包括选择制式、分辨率、亮度、对比度、饱和度、色调等若干选项，并提供恢复至默认颜色的选项。制式可选择 PAL（最大分辨率为 768×576，可选择项为 352×576，480×480，352×288，176×144，640×480，320×240）或 NTSC（最大分辨率为 600×400，可选择项为 352×480，480×480，352×240，176×112，320×240）。常规界面为四通道视频显示界面，此时设置图像质量对所有通道都适用。双击某一通道界面后，该通道视频扩充至整个视频区域，此时设置图像质量只对该通道有效。

5.3.1.4　主要模块设计

依据功能划分，可将甲板图像监控系统分为以下五个软件模块：图像采集模块、图像存储模块、串口通信模块、字幕叠加模块与线程管理模块，如图 5-16 所示。各模块设计如下所述。

图 5-15　图像监控系统软件界面

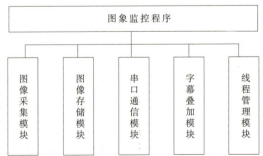

图 5-16　甲板图像监控系统软件模块

1）图像采集模块

视频采集程序完成采集设备初始化，图像亮度、对比度、色调、饱和度的调节，图像显示等功能。通过调用图像编码器中相关 SDK 函数来实现，主要流程如图 5-17 所示。在用户应用程序初始化时，启动图像卡并设置相关参数，若图像卡的退出操作没有在应用程序结束前执行，可能会导致资源泄露、数据丢失或者系统异常等问题。图像卡还可支持图像的实时处理，能

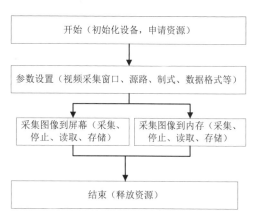

图 5-17　图像采集程序流程图

够独立进行图像数据的采集而不依赖 CPU，但图像卡的资源在某一时刻只能被分配用于向屏幕或者内存进行图像采集。

2）图像存储模块

图像采集视频的存储格式既支持现阶段绝大多数通用播放器的播放，也可通过直接调用软件自带的播放器进行播放。文件命名规则可由用户自定义或直接根据采集时间命名。视频压缩功能通过调用编码器接口函数来实现，对一段视频序列开展编码工作，主要分为三个阶段：首先是编码初始化阶段，负责对编码相关的各种参数、资源等进行初始化设置；然后循环读入每一个视频帧，每个视频帧都要经过编码接口函数的处理，从而转化为符合编码要求的形式；最后调用资源释放接口函数释放内存。

3）串口通信模块

串口通信的实施流程如图 5-18 所示，接收数据时分为接收帧头和帧尾，在保存字符串后，将此次数据采集所获取的测量值显示和保存到图像上。

4）字幕叠加模块

字幕叠加模块用于实现字幕显示、刷新速度设置（防止闪烁）、字幕与视频文件同步存储等功能。字幕叠加主要通过调用图像编码器的 SDK 函数来实现。

5）线程管理模块

多线程应用程序赋予了代码并行执行的特性，对于实时性要求较高的操作，可以在特定的时间限制内及时地响应并处理相关任务。多个线程可以同时利用 CPU 资源，从而充分发挥 CPU 的计算能力，缩短信息处理的总时长，提高整体效率。

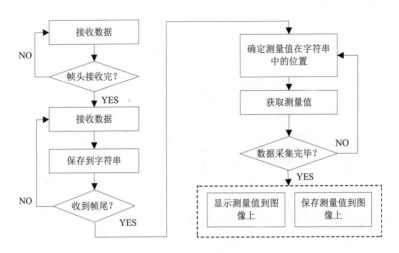

图 5-18　串口通信流程图

5.3.2　甲板操作系统软件

5.3.2.1　技术要求

　　我国海底中深孔钻机甲板操作基本要求为：提供符合 PCI 2.1 标准的扩展槽；配置 Pentium IV 以上的 CPU；主机具有多串口。甲板强电供配电系统位于脐带缆绞车旁侧，距离甲板操作控制台计算机较远。为满足与甲板强电供配电系统数据通信的需求，甲板操作控制台计算机将输出转换为串行或 CAN 总线方式进行中远距离信号传输，如图 5-19 所示。在绞车间旁的甲板强电供配电系统上装有一个集中控制器，负责对甲板操作控制台计算机发出的指令进行解析和执行。

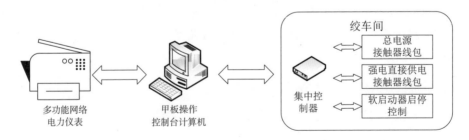

图 5-19　甲板强电供配电系统控制原理

5.3.2.2　软件开发

　　甲板操作控制台计算机的主要任务包括三部分：对总电源接触器、强电直接供电接触器、软启动器启停进行控制；对机载电子设备和机载阀位进行控制；对机载状态传感数据进行检测与显示。其中与机载设备的交互通过多功能通信机中的光纤通信模块完成，并利用串行通信方式与甲板操作控制台计算机连接。甲板操作控制台计算机端的监控操作台程序利用 MSComm 串口控件进行数据的读取，从而获取机载设备的状态传感数据，并执行相应控制程序。对甲板强电部分的控制通过数据采集控制卡，由互感器将强电信号转化为数据采集卡输入，数据采集卡输出量通过继电器进行控制，甲板控制系统软件开发流程框图如图 5-20 所示。依据程序设定，甲板控制系统的执行流程如图 5-21 所示。

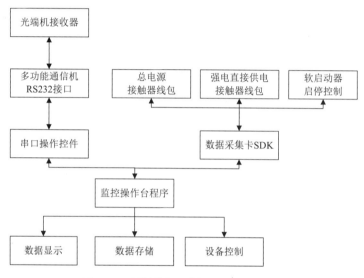

图 5-20　甲板控制系统软件开发流程框图

5.3.2.3　功能模块

甲板界面显示控件和操作按钮的数量较多，具体的布局和控制方式可根据用户友好和界面美观的原则来确定。通常，甲板控制系统涉及海底钻机全作业过程，包括功能操作模块和视频图像及状态信息显示模块，具体功能为：设置软件基本操作（初始化设置、通信功能启停、串口数据操作、操作模式切换、异常状况处理等）和显示端口状态信息（电力参数、海底钻机姿态信息、钻进位移及转速显示、离底高度等）。控制界面如图 5-22 所示，主要功能模块如下。

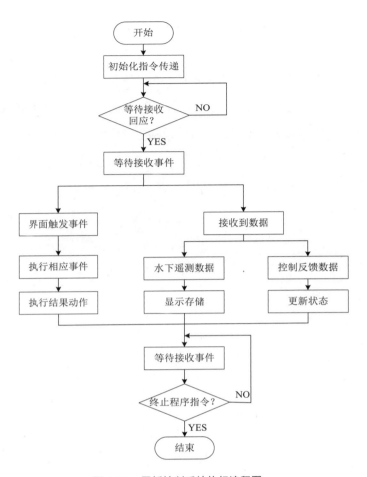

图 5-21   甲板控制系统执行流程图

1）数据采集模块

该模块通过调用数据采集控制卡的相关 SDK 函数实现对视频光端机的串口数据的接收，串口收发数据按照设定的协议进行解析。

2）数据存储模块

该模块将采集的传感数据存储为文本格式文件，方便用户进行历史信息查询。

3）数据显示模块

该模块显示界面中各个按钮的逻辑关系（应满足用户友好和界面美观的设计要求）。

4）串口通信模块

该模块通过 MSComm 控件的事件驱动通信机制进行串行端口交互作用、获取串口数据。当某些特定事件触发时，系统通常需要及时响应。这时，MSComm 控件的 OnComm 事件承担获取通信事件并处理的任务。

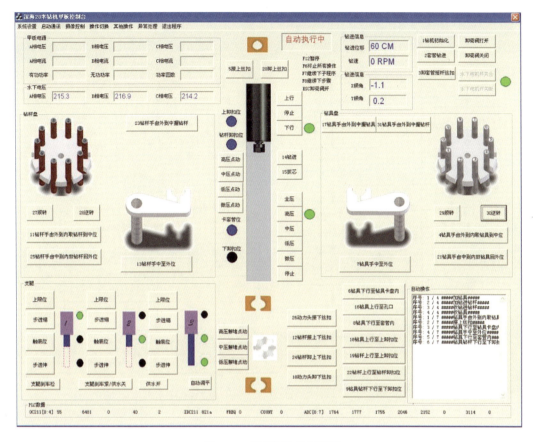

图 5-22　甲板操作控制界面

5）控制输出模块

该模块通过调用数据采集控制卡的相关 SDK 函数实现对视频光纤通信模块的串口数据的发送，串口收发数据按照设定的协议进行编码。

6）逻辑控制模块

通过对海底钻机工作逻辑关系（手动控制和自动控制）的整理得到控制逻辑流程。由于自动控制要求对机载监控中心的当前状态和控制反馈信息进行综合判断，因此逻辑控制模块必须具有智能判断和异常处理的功能。

5.3.3　机载控制系统软件

机载控制系统要完成诸如测控系统的数据采集、控制算法、外部设备控制、使用传输协议解析上位机下达的命令，以及上传采集到的数据、信息等功能及任务。机载控制系统软件包括系统初始化、数据采集处理、传输协议处理、甲板命令处理、海底钻机操作流程控制等子程序，以及中断服务程序。机载控制系统软件框架如图 5-23 所示。

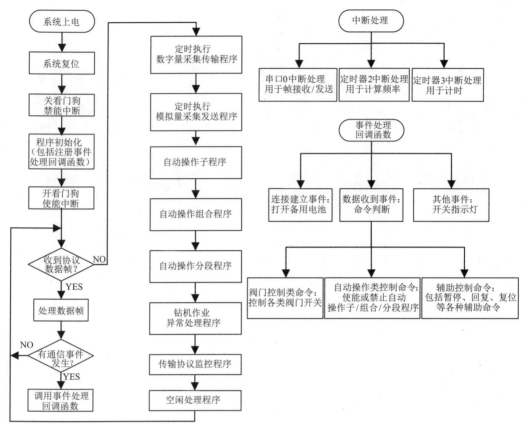

图 5-23　机载控制系统软件框架

系统上电后，主控芯片将自动进行复位操作（复位所有寄存器）。程序正常运行之前必须关闭看门狗和禁能中断，防止其在后续操作时出现异常（如看门狗复位，中断在程序初始化完成前发生）。然后，对程序进行初始化操作，包括定时器初始化、串口初始化等，同时注册事件处理回调函数。接着，开启看门狗和使能中断，进入主循环。主循环必须保证单次循环时间极短（达毫秒级），否则对上位机下达的命令的响应会严重滞后。因此，主循环内每个子程序结构必须进行完备设计，确保其能立刻返回。主循环内的程序部分是定时执行的（如数字、模拟数据采集传输程序），即仅在重复性定时器耗尽时程序才执行动作，否则直接返回；部分程序为有条件执行（如各种自动操作程序），即程序变量在满足某些条件时才执行动作，否则直接返回。正是这些条件的存在，使得程序可控；剩余部分为无条件执行（如异常监控处理程序、传输协议监控程序、空闲处理程序等）。

程序中断处理的函数主要有三种：串口 0 中断处理函数、定时器 2 中断处理函数以及定时器 3 中断处理函数。其中串口 0 中断处理函数用于串口数据的接收与发送，数据以 SLIP 协议格式发送和接收；定时器 2 中断处理函数用于外部引脚频率测量（通过计算频率的周期）；定时器 3 中断处理函数用于实现各种软件定时器，程序中大量使用各种定时器，如模拟量采样传输定时器、数字量采样传输定时器、传输协议重传定时器、传输协议连接超时定时器以及自动操作延时用定时器等。事件处理回调函数是软件框架中的控制中心，根据基于串口的传输协议回调函数处理各类事件。其中最主要的是数据收到事件，事件附带的数据即为其与上位机约定的控制协议。根据各种不同的控制命令执行相应的控制功能。在 PLC 系统中，甲板操作控制系统软件与 PLC 之间采用 PLC 产品的通信协议进行通信，PLC 执行组合动作中的子程序，甲板操作控制系统软件实现手动操作和组合动作中的组合程序与分段程序。PLC 程序利用梯形图编辑工具进行编写，实现多个组合子程序的执行。

5.4 遥测遥控测试

基于前述技术原理与软硬件设计方案进行数据通信仿真，各功能模块的仿真结果分别如图 5-24 至图 5-26 所示，包括端口输出测试仿真结果、端口输入测试仿真结果、读寄存器返回值测试仿真结果。其中，仿真工具为 ModelSim，支持 Verilog 和 VHDL 混合仿真，仿真精度高、速度快。

在数据通信仿真的基础上，在实验室环境下对视频光纤通信模块进行测试，制订测试方案如图 5-27 所示。搭建海底钻机实时遥测遥控系统原型样机，实现视频光纤通信，图像监控界面如图 5-28 所示。其中，通信速率、延时等性能指标均满足系统要求。以电力监测为例，经过双绞线、串行接口转换卡，计算机与多功能网络电力仪表相连接，选择串口为 COM1，通信波特率设置为 9600，无奇偶校验位，8 位数据位，2 位停止位；多功能网络电力仪表的通信波特率也设置为 9600。完成设置后，从主机发送读取仪表寄存器命令帧，从机接收命令帧后，向主机返回一串包含起始寄存器地址的数据帧信息。

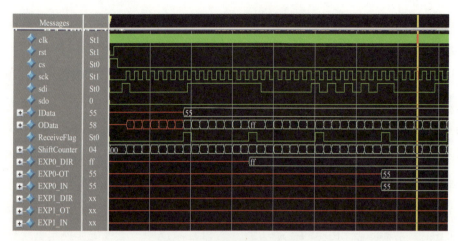

图 5-24　端口输出测试仿真结果

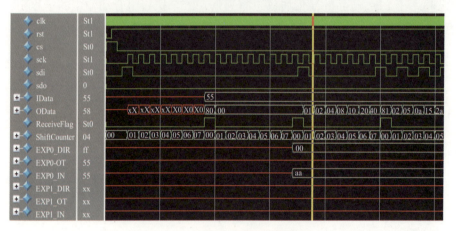

图 5-25　端口输入测试仿真结果

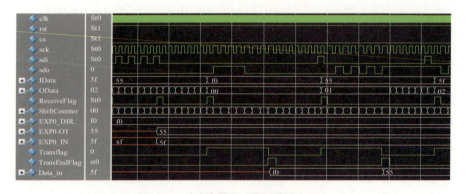

图 5-26　读寄存器返回值测试仿真结果

实时测试结果显示，遥测遥控系统能够满足海底钻机测控监测和长距离高速光纤数据通信的需求。系统测控数据和图像传输的实时性良好，其延时小于 200 ms；数据通信速率大于 1 GB/s；实现多路彩色视频监控图像数字信号和串行通信数字信号的同步传输。软件系统实现了手动单步、半自动、全自动等三种模式的操作控制。在全自动操作模式下，可使得海底钻机的整个水下作业过程实现"一键式"操作。

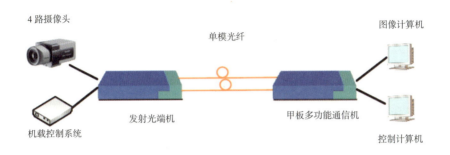

图 5-27　光纤通信测试方案

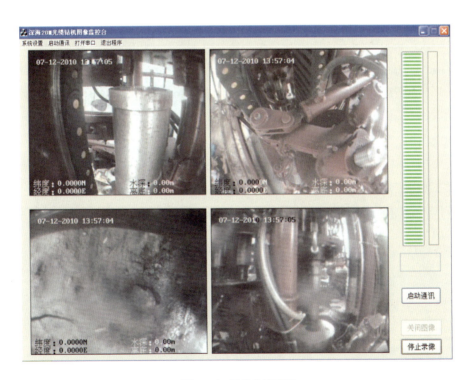

图 5-28　图像监控界面

参考文献

[1] SOYLU S, HAMPTON P, CREES T, et al. Automation of CRD100 seafloor drill[C]// OCEANS 2016 MTS/IEEE Monterey. IEEE, 2016:1-8.

[2] FREUDENTHAL T, WEFER G. Drilling cores on the sea floor with the remote-controlled sea floor drilling rig MeBo[J]. Geoscientific Instrumentation, Methods and Data Systems, 2013, 2(2):329-337.

[3] DAVIES P J, WILLIAMSON M, FRAZER H, et al. The portable remotely operated drill[J]. The APPEA Journal, 2000, 40(1):522-530.

[4] MURRAY R E. Deep water automated coring system (DWACS) [C]//OCEANS 2010 MTS/IEEE SEATTLE. IEEE, 2010.

[5] COOPER A G, GAN K, HOARE S D. Seafloor drill technology-bearing capacity and breakout force analysis[C]//Offshore Technology Conference Brasil. OTC, 2015.

[6] 万步炎. 海底中深孔岩芯钻机关键技术研究 [D]. 武汉 : 武汉理工大学 , 2011.

[7] 彭佑多 , 万步炎 , 陈奇 , 等 . 海底 60 米多用途钻机系统技术设计报告 [J]. 科技资讯 , 2016, 14(09):168-169.

[8] 刘敬彪 , 艾勇福 , 盛庆华 . 基于 C8051F040 的数据传输嵌入式系统开发 [J]. 计算机系统应用 , 2010, 19(04):116-119+68.

[9] 艾勇福 . 深海中深孔岩芯取样钻机监控系统设计与实现 [D]. 杭州 : 杭州电子科技大学 , 2010.

[10] 叶益阳 . 深海多钻头 5 米钻机电子监控系统研制 [D]. 杭州 : 杭州电子科技大学 , 2013.

第 6 章

高压供变电技术

本章主要以我国海底中深孔钻机为例，全面介绍海底钻机的高压供变电系统。首先，阐述高压供变电系统的基本原理与控制过程，并据此提出系统关键性能要求。在此基础上，进行海底钻机脐带缆供电一体化系统设计，并对其供电能力进行深入分析，以确保脐带缆的供电能力满足海底钻机的需求。然后，针对供变电系统主要用电设备——三相高压机载电机存在功率因数较低的问题，对三相高压机载电机进行无功功率补偿设计，重点研究无功功率就地补偿的具体方法，分析其电学特性的影响因素，制订三相高压机载电机的无功功率就地补偿方案，保证海底钻机在负载运行时能够有效降低电流。最后，考虑深海作业环境，引入充油平衡式接触器减重，明确其工作特性及操作策略，确保高压供变电系统稳定运行。

6.1　高压供变电原理

海底钻机的供电方式经历了从自带电池供电到脐带缆供电的转变。一般来说，电池供电主要适用于钻深能力小于 2 m 的小型海底浅孔钻机，例如我国和俄罗斯开发的浅孔钻机。而对于大中型海底钻机，则必须采用脐带缆供电模式，即通过脐带缆将电力从母船甲板传输至海底钻机。脐带缆供电主要分为三相交流和直流两种模式。由于海底钻机往往配备多种设备，这些设备对电压的需求各不相同，因此供电模式需具备良好的变电适应性。与直流供电相比，三相交流供电在变电过程中更为便捷，因此更适合海底钻机的实际应用场景。三相交流供电的电压选择对整个钻机的供变电系统具有重要影响。若选择低电压直接供电，将导致线路压降较大，脐带缆发热严重；若选择高压供电，则需要提高脐带缆及整个海底钻机系统的绝缘设计标准。因此，在实际应用中需综合考虑海底钻机的功率需求、传输距离及设备的绝缘能力，以选择合理的电压等级，确保供电系统的安全性与效率。

总的来看，采用三相高压交流输电能够有效减少负载变化引起的海底供电电压波动，并降低电力传输过程中的发热量。因此，三相高压交流供电模式在海底钻机中较为常见。例如，荷兰的 FUGRO 钻机、加拿大的 CRD100 钻机，以及我国的中深孔钻机均采用 3300 V 的高压交流输电方式。此外，母船电网或甲板通常能够提供多种电压制式，包括三相 AC 6000 V、AC 4500 V、AC 690 V、AC 440 V，以及单相 AC 220 V 等。具体选择何种输电模式和规格，主要依据母船甲板的电力系统能力以及海底钻机的性能与配套需求而定。在末端供电中，高压电力可以通过降压变压器调整为适合海底钻机辅机的工作电压，或直接用于驱动海底钻机的主电机，这取决于具体设备的设计和运行要求。

6.1.1　供变电系统工作原理

母船甲板电源向海底钻机供配电，要保证深海电机和机载控制系统设备的用电，这两类用电可能来自单路或多路的交流船电，即母船甲板采用单个或多个变压器分别为海底钻机供电。供变电系统设计取决于应用场景，根据海底钻机搭载的高压电机或标准低压电机，海底钻机的供变电系统分为高压电机启动与低压电机启动两种类型。高压电机供变电系统的特点为：经过升压变压器的电源直接驱动高压电机，未经机载变压器变压。低压电机供变电系统的特点为：经过升压变压器的电源将电力传输到海底钻机本体并通过机载变压器降压，以此驱动标准低压电机。实际上，若对海底钻机单路供电，其供电与控制方式相较于多路供电稍显复杂。以下针对单路供变电系统进行介绍。

6.1.1.1　高压电机供变电系统

国内外多种型号的海底钻机均采用高压电机供变电系统。例如，MeBo、MeBo200 均配备 2 台功率为 65 kW 的 3000 V 高压电机，FUGRO 钻机配备单台 110 kW 的 3300 V 高压电机；我国中深孔钻机也配备有 3000 V 高压电机。供变电系统将母船电力通过脐带缆传输至海底钻机，随后经过一系列的升压、稳压及保护措施，确保电力稳定且安全地供至高压电机。在电机启动前，系统进行一系列预检，确保各部件处于正常工作状态；启动后，系统会实时监控电机运行状况，及时调整供电参数，以保障海底钻机的高效、稳定运行。具体工作流程根据母船、海底钻机及配套设施有所差异，但总体相似，概括如下。

（1）当水面配电控制柜的直接供电接触器闭合时，母船提供的三相电源通过绞车间升压变压器升压，经由绞车上的光纤动力滑环与脐带缆传输至海底钻机，用于驱动其深海作业。

（2）脐带缆传输的三相高压电接入海底钻机配电箱，分为两路：一路连接深海高压电机（此时高压接触器处于常开状态，电机不启动）；另一路则接入降压变压器（将三相高压电降为三相低压电），并通过常闭接触器供给机载控制系统。

（3）机载控制系统接收三相低压电经整流滤波转换为低压直流电，再由 DC/DC 变换器转换为设备元件用电，以此驱动机载控制系统自动运行。

（4）机载控制系统启动后，接通耐压舱内蓄电池的常开继电器，使蓄电池进入浮充状态。

（5）海底钻机完成寻址并着底后，机载控制系统断开与配电箱中的常闭接触器的连接，转为蓄电池供电模式，同时断开甲板低压控制配电柜的直接供电接触器。

（6）机载控制系统控制配电箱的高压常开接触器闭合，并通过甲板控制配电柜的三相软启动器启动深海高压电机。启动完成后，软启动旁路接触器自动闭合。

（7）深海高压电机启动后，机载控制系统重新连接配电箱中的常闭接触器（由船电供电），随即进行钻进取芯作业。

（8）单次钻探任务完成后，机载控制系统断开强电箱内的常闭接触器，转换为蓄电池供电，然后通过甲板的三相软启动器实现电机的软停止，并断开高压常开接触器以停止电机供电。

（9）在回收海底钻机前，机载控制系统重新接通强电箱中的常闭接触器，通过直接供电接触器恢复至三相船电供电。

（10）在海底钻机回收过程中，机载控制系统停止供电，同时断开甲板的直接供电接触器和蓄电池的常开继电器。

当脐带缆出现供电故障时，机载控制系统将关闭高功耗设备，并自动切换至蓄电池供电，以维持半小时的供电用于故障排除。如果海底钻机钻进系统的故障无法排除，将通过光纤向机载控制系统发送抛弃钻具指令，并且光纤通信中断超出设定时间仍无法与甲板操作控制台建立通信，机载控制系统将自动启动钻具抛弃程序。

6.1.1.2　低压电机供变电系统

相较于搭载高压电机，低压电机的工作原理表现出更为复杂的特性，主要体现在海底钻机本体的电力分配中，来自脐带缆的三相高压电需要降压转换为三相或单相低压电源，分别给电机及机载控制系统供电。其中，ROVDrill、ROVDrill3 钻机配备单相 120 V 电压，CRD100 钻机配电盒和控制端电压为三相 AC 440 V；BGS RD2 RockDrill 配备三相 AC 415 V 电源。具体工作流程可概括如下。

（1）此步骤与高压电机工作流程的步骤（1）相同。

（2）在海底钻机本体上，来自脐带缆的三相高压电首先通过分线箱进入机载强电箱，经由降压变压器转换为三相低压电。由于连接的深海电机接触器处于常开状态，深海电机并未获得启动所需的电力。同时，另一路三相电则通过常闭接触器输送至机载控制系统。

（3）当海底钻机完成寻址并着底后，需启动深海电机。此时，机载控制系统断开强电箱内的常闭接触器，转为蓄电池供电模式。随后，断开甲板配电柜上的直接供电接触器。

（4）机载控制系统随后闭合强电箱中的常开接触器，并通过甲板的三相软启动器启动海底钻机深海电机。启动完成后，软启动旁路接触器自动闭合。

（5）电机启动后，机载控制系统重新接通强电箱中的常闭接触器，恢复由船电供电，进行钻进操作。

（6）此步骤与高压电机工作流程的步骤（8）相同。

（7）在回收海底钻机前，通过直接供电接触器恢复对机械控制系统的直接供电。当机载常闭接触器接通时，机载控制系统转由船电供电。此时，可进行海底钻机回收操作。

（8）余下的步骤与高压电机工作流程的步骤（10）相同。

6.1.2 供变电系统控制过程

供变电系统的控制过程是一个综合且精细的系统级调控过程。以我国海底中深孔钻机供变电系统控制过程为例，其主要分为四个核心环节：首先是机载控制系统上电与寻址，确保系统初始化并精准定位；其次是水下高压电机启动，通过一系列有序操作实现电机的安全高效运行；然后是水下高压电机停机，确保电机平稳停止以保护设备；最后是海底钻机故障处理，及时响应并排除故障，以保障整个系统的稳定运行和作业效率。

6.1.2.1　机载控制系统上电与寻址

机载控制系统上电与寻址的工作流程如图 6-1 所示。在系统初始化阶段，甲板计算机首先启动，随后多功能通信机准备与水下光端机建立信号连接。当甲板直接供电接触器闭合时，机载控制系统获得电力并启动，同时开始对水下应急电池进行充电。监控系统启动后，摄像头和灯光设备随即开启，进行寻址操作。若寻址过程中找到合适的地址，则进行海底钻机的下放，并启动电机进行钻进作业；反之，则继续执行寻址任务。

6.1.2.2　水下高压电机启动

水下高压电机启动的工作流程如图 6-2 所示。首先，水下高压电机启动前，机载控制系统先断开强电箱内的常闭接触器，改为应急电池供电。其次，断开甲板直接供电接触器，通过机载控制系统闭合连接电机的水下高压常开接触器。然后，在甲板软启动水下电机，软启动完毕后，旁路接触器闭合，通过旁路接触器供电。最后，机载控制系统接通强电箱中的常闭接触器，恢复到船电供电，开始钻进工作。

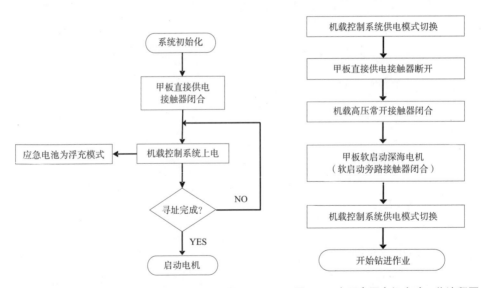

图 6-1　机载控制系统上电与寻址流程图　　图 6-2　水下高压电机启动工作流程图

6.1.2.3　水下高压电机停机

水下高压电机停机的工作流程如图 6-3 所示。海底钻进任务结束后，机载控制系统先断开强电箱内的常闭接触器，改为应急电池供电。甲板软启动器关停电机，待电机完全停止后，断开水下高压接触器。再闭合甲板直接供电接触器，机载控制系统由甲板供电，应急电池变为充电模式。机载控制系统断电，断开给应急电池充电的继电器。最后断开甲板直接供电接触器，停止向海底钻机本体供电，并对海底钻机进行回收。

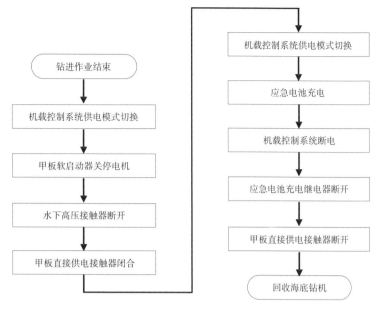

图 6-3　水下高压电机停机工作流程图

6.1.2.4　海底钻机故障处理

海底钻机故障处理工作流程如图 6-4 所示。当接收到故障信息提示时，首先判断该故障是否属于机载供变电系统故障。若判断为"YES"，则机载控制系统立即由甲板供电模式切换至应急电池供电模式，并关闭照明灯、摄像机、各传感器及电池阀等高功耗外接设备。随后再次检查机载供变电系统故障是否已排除。若故障仍未排除，则进一步判断通信系统是否正常。若通信系统正常，则机载控制系统执行抛弃钻具的操作，并随后回收海底钻机。如果通信系统异常，则延时以观察通信是否能在规定期间恢复。若通信未能在规定时间恢复，则系统将自动执行抛弃钻具的操作。

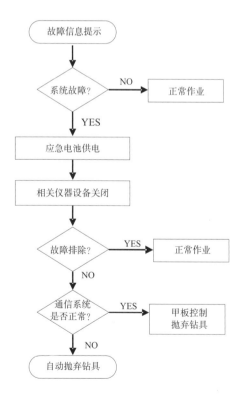

图 6-4　海底钻机故障处理工作流程图

6.2　高压供变电系统设计

高压供变电系统主要由甲板供变电系统、配备光电滑环的脐带缆及其绞车装置、机载供变电系统、用电设备等构成。供变电系统设计面临的关键技术问题涵盖以下方面。

（1）系统及人员安全保护机制的完善与可靠性至关重要，应含有漏电与绝缘保护、过压/过流及欠压/欠流保护、不间断供电等保护措施。

（2）考虑到船电系统与陆地常规供电系统的差异，既要保证有充足的供电能力，也要保证供电可靠，并设计专门的电路设备和组件。

6.2.1　供变电系统设计

在进行供变电系统设计时，假设某型母船电源为 380 V 三相交流电；配备的脐带缆由 6 根输电芯线和 4 根单模光纤组成，其耐压性能指标为 AC 3300 V，此时输电电压等级也视为 AC 3300 V；深海电机电压分别为 3000 V 和 380 V；机载控制系统所需电压为 24 V。图 6-5 所示为供变电系统示意图。

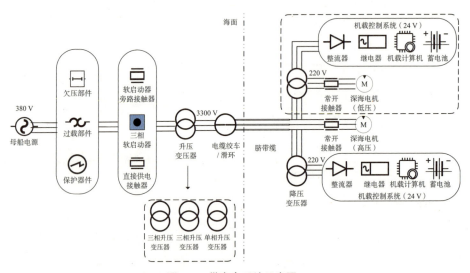

图 6-5　供变电系统示意图

母船上发电机提供的 AC 380 V 三相动力电首先进入甲板低压控制配电柜。在配电柜内部，母线依次经过漏电断路器、过载保护器和保险丝等安全保护装置。随后，该母线被一分为三，分别连接直接供电接触器、电机软启动器以及软启动旁路接触器。经过这些设备后，三条路径重新合并为一条母线，并送入升压变压器升压至 AC 3300 V（或送入不同的升压变压器，分别为深海电机和水下降压变压器供电）。最后，升压后的电力通过电缆绞车 / 滑环系统，经脐带缆传输至海底钻机本体。

在海底钻机本体上，脐带缆的缆头自承重头引出后，直接进入浸油压力平衡式转接配电箱，并通过密封件在箱壁入口处实现密封。转接配电箱内配备有高低压接线端子、光纤连接器插座、小型 AC 3300 V/AC 220 V 三相降压变压器、AC 3300 V 高压常开接触器以及低压常闭接触器等组件。具体而言，从脐带缆头分出的三相高压芯线通过高压接线端子分别连接至高压常开接触器和降压变压器的原线圈。其中，高压常开接触器输出的三相高压线穿出箱体，连接至三相高压深海电机；而降压变压器副边输出的三相低压（AC 220 V）线则先经过一个常闭接触器，再接入机载控制系统耐压舱。此外，光纤芯线通过光纤连接器穿出转接配电箱，进入控制系统耐压舱，并接入光调制解调器。

在机载控制系统耐压舱内，来自转接配电箱的 AC 220 V 三相低压电首先经过整流滤波，转换为 DC 350 V 供电，随后通过 DC/DC 直流稳压电源变换为 DC 24 V。其中，一路 DC 24 V 直接供给机载控制系统；另一路则通过一个由机载控制系统控制的常开继电器连接至 DC 24 V 蓄电池。当常开继电器接通时，蓄电池既可处于浮充状态，也可向机载控制系统供电。

低压电机系统与高压电机系统的主要区别在于海底钻机本体上的配置。三相高压芯线从分线箱引出后，进入机载强电箱。机载强电箱内包含大型 AC 3300 V/AC 380 V 三相降压变压器、AC 380 V 常开接触器和 AC 380 V 常闭接触器、高低压接线端子等组件。三相高压芯线通过高压接线端子连接至降压变压器的原线圈，而降压变压器副边输出的三相（AC 380 V）线则分别连接至 AC 380 V 常开接触器和 AC 380 V 常闭接触器。其中，AC 380 V 常开接触器输出的三相线穿出箱体，连接至三相 AC 380 V 深海电机；而 AC 380 V 常闭接触器输出的三相线则穿出箱体，接入机载控制系统耐压舱。

6.2.2　供电能力分析

无论是海底钻机还是其他类型的水下作业装备，配变电技术关键在于设备的选型与供电能力的计算。假设某型母船的脐带缆由 6 根输电芯线和 4 根单模光纤组成，对其供电能力进行分析计算。该脐带缆输电芯线为 2.5 mm² 铜导线，两两并联形成 3 组（等效于 3 根 5 mm² 的铜导线）。此时，高压电机每相的线电阻为单位长度电阻 8.5 Ω/km 乘以长度 10 km 的二分之一，即 42.5 Ω。依据电路原理，直径为 1 mm² 的铜导线可承载的最大电流为 4 A，因此 5 mm² 铜线可安全传输的最大电流为 20 A（5×4 A）。并联的 3 根线间电容经实测为 1.5 μF，在 50 Hz 工作频率下相当于三相间具有 2122 Ω 的容抗，可得该脐带缆在 AC 3300 V 电压下可补偿的无功功率约为 5.1 kVar。

假设高压电机的三相负载平衡，通过对单相功率进行计算分析，电机总功率为单相电路功率的三倍。对于高压电机的最大传输功率，电缆末端的负载性质与其密切相关，最理想的情况为纯电阻负载。根据最大功率传输定理，当负载电阻与等效电源内阻相等时，负载即可获得最大传输功率。考虑到电缆前端的供电电源通常为电网电源，其内阻较小，可将其视为无内阻的电动势源。因此，从电缆末端看，等效电源的内阻即为电缆的沿途电阻 42.5 Ω。若负载电阻也等于 42.5 Ω，则负载处可达到最大传输功率。

假设电缆前端采用三相三线制供电，线电压为 AC 3300 V（记为 U_L），则每相电压 U_P 计算为 AC 1905 V。在最大功率传输条件下，每根电缆沿程电阻与负载电阻均为 42.5 Ω，因此，从电缆前端观测每相的总电阻为两者之和 85 Ω。此时，从电缆前端输入的每相功率 N_P 可相应计算为：

$$N_p = \frac{U_p^2}{R} = \frac{1905 \times 1905}{85} = 42.7 \text{(kW)} \qquad (6-1)$$

电缆前端输入的三相总功率 N_T 即 128.1 kW，每相电流为：

$$I_p = \frac{U_p}{R} = \frac{1905}{85} = 22.4 \text{(A)} \qquad (6-2)$$

若电缆每芯截面积为 4 mm²，则其承载电流略偏大。尽管电缆前端输入的三相总功率可达 128.1 kW，但依据电工学中的最大功率传输定理，在理想状态下，负载实际获取的功率仅为输入功率的一半，即 64.05 kW，而另一半则转化为热能损耗于电缆沿线。此 64.05 kW 为理论上的最大功率值。

然而实际负载通常为非纯电阻性，其功率因数一般较低。若负载为电机等类型，还需考虑机械效率。因此为确保安全，安全系数范围应为 1.5~2.0，这表示电缆末端负载 NA 的实际功率应该为 32.03~42.70 kW。

海底钻机的主要负载为液压系统驱动电机，其轴功率为 18.50 kW，效率为 80%（相较于陆地常用的三相异步电机效率为 85%~90%，机载浸油电机的效率略低），该电机的输入电功率需达到 23.13 kW。再加上机载控制系统所需电功率不超过 1 kW，因此，海底钻机本体所需总电功率不超过 24.13 kW，这大幅低于电缆供电能力的下限 32.03 kW。然后，根据式（6-3）计算脐带缆电流承受能力。最后，验证电缆的供电能力是否足以满足海底钻机的需求。

短时承受的最大电流为：

$$I = \frac{152.1 \times S}{\sqrt{t}} \qquad (6-3)$$

式（6-3）中，I 为短时承受的最大短路电流，S 为导线截面积，t 为通电时间。

短时过载允许电流为：

$$\frac{I_2}{I_1} = \sqrt{\frac{R_1}{R_2}\left(1 + \frac{\theta_2 - \theta_1}{\theta_1 - \theta_2} \times \frac{1}{1 - e^{\frac{-t}{\tau}}}\right)} \qquad (6-4)$$

式（6-4）中，I_1、I_2 分别为长时允许温度 θ_1 和短时过载允许温度 θ_2 的载流量，R_1、R_2 分别为温度 θ_1、θ_2 时的单位电阻。

6.2.3　供变电系统设备

供变电系统设备因海底钻机与母船的类型而异，但通常包含水面与水下的高压供变电组件。以搭载在"大洋一号"科考船的海底中深孔钻机为例，这些组件主要包括甲板高压供变电设备、浸油压力平衡式分线箱、具备压力平衡功能的水下高压变配电箱以及高压接触器等，而机载的水下变电设备大多需要专门研制。它们共同承担着向水下高压电机及控制系统供电、控制水下电机启停以及实现水下电机的无功功率就地补偿等作业任务。

甲板高压供变电设备被部署在母船的绞车间内部，其核心组件包括甲板配电控制柜以及专为海底钻机设计的升压变压器等，如图 6-6 所示。甲板配电控制柜的主要功能为：监测并接收 AC 380 V 低压船电的各类数据（例如三相电压、电流以及功率因数等），并将监测数据传送至甲板操作控制台；为系统提供漏电、过载、过流、过压

图 6-6　配电控制柜和升压变压器

以及欠压等多重保护措施；负责控制系统的通断操作及实现电机的软启动等功能。

在电力启动方面，存在多种启动方式。下面重点介绍电机的软启动方式，其采用 CMC-L 数码型软启动器进行电力启动。CMC-L 数码型软启动器是一种集电力电子、微处理器和自动控制等技术于一体的电机启动设备。其优势为：保证电机平稳无阶跃启停；避免直接启动、星 / 三角启动等传统启动可能产生的机械和电气冲击；降低启动电流和配电容量。

对甲板配电控制柜的操作可通过其操控面板实现。甲板配电控制柜安装于船舱绞车间，而海底钻机控制系统则设置于船上专用的操控实验室，故在海底钻机控制系统旁增设甲板配电控制柜远程操控装置，以便于应急操作。该远程操控装置与甲板配电控制柜的操控面板之间存在互锁机制，确保两者不会同时被操作，从而防止误操作的发生。

升压变压器承担将船上三相 AC 380 V 电转换为海底钻机所需的 AC 3300 V 电的任务。具体而言，船上的三相 AC 380 V 电首先被送入绞车间内的甲板配电控制柜。

图 6-7　脐带缆及绞车系统

随后，甲板配电控制柜输出的电力经过 AC 380 V/AC 3300 V 升压变压器升压，再被输送至脐带缆，如图 6-7 所示。不同船舶所配备的脐带缆存在差异，此处以"大洋一号"科考船所配备的脐带缆为例进行说明，其六芯线输电电压等级设定为 AC 3300 V。脐带缆的基本性能指标如表 6-1 所示。

表 6-1　"大洋一号"科考船所配备的脐带缆性能指标

性能指标	参数
破断抗拉强度	225 kN（22.5 t）
有效抗拉强度	80 kN（8 t）
空气中单位长度质量	1400 kg/km
水下单位长度质量	1050 kg/km
6 根 2.5 mm^2 铜导线，电压等级	AC 3300 V
单根铜导线电阻	8.5 Ω/km
4 根单模光纤，每根光纤通信速率	>1 GB/s

　　由于脐带缆仅经过深水拖体试验，而未经高压强电输送试验的验证，且绞车上未配备能在绞车转动时转换输送电力的电滑环，因此，专门研发了耐压等级为 AC 3300 V 的电滑环，具体结构如图 6-8 所示。此外，脐带缆在使用过程中易受损，特别是在海底钻机收放过程中，故采用了专用的脐带缆承重头，其结构如图 6-9 所示。该承重头采用不锈钢材质铸造，并设计了灵活的万向结构，能够实现全方位自由旋转，从而为连接部位的脐带缆提供有效保护。为确保其性能可靠，脐带缆承重头需经过严格的拉力试验和承重试验验证。

图 6-8　耐压等级为 AC 3300 V 的电滑环

　　光纤动力复合缆送达海底钻机本体后，需借助浸油压力平衡式分线箱实现光纤与强电的分离。此分线箱（图 6-10）采用专门的皮囊装置进行压力补偿，确保海底钻机稳定运行。自浸油压力平衡式分线箱引出的三相高压电，通过特制的水密高压电

图 6-9　海底钻机专用脐带缆承重头

图 6-10　浸油压力平衡式分线箱

缆连接配电箱。在配电箱内，三相高压电被分为两路：一路直接连接至电机油泵箱，另一路则接入箱内的小型变压器。电机油泵箱内置的电机为深水作业设计的充油式电机，与泵实现直接联轴。

上述设备参数检测依赖于 AOB192E 多功能网络电力仪表，该仪表专为满足供变电系统的电力监控需求而设计制造。其具备高精度测量能力，能够覆盖常用的电力参数，如三相电流、三相电压、有功功率、无功功率、功率因数、频率以及四象限电能等。该仪表所测量的参数信息及电网系统的运行状态均通过 LED 显示屏进行直观展示。此外，AOB192E 仪表配备了 RS485 通信接口，并使用 Modbus RTU 通信协议进行数据通信。对于电机三相电流的测量，则是通过电流互感器将感应到的电流信号传输至多功能网络电力仪表进行处理。

6.3 无功功率就地补偿设计

作为感性负载的三相高压交流浸油电机会消耗大量的无功功率。因此，脐带缆在传输足够的有功功率之外，还需承担大量无功功率的传输。这导致脐带缆内三相电流显著增大。若电流过大，会引发两大问题：一是脐带缆末端的电压随负载变化剧烈波动，通常超过 20% 的电压波动就可能对海底钻机的正常运作造成影响，而实际波动幅度可能高达 30% 甚至 40%，严重威胁电机的稳定运行；二是数千米长的脐带缆缠绕在储缆绞车卷筒上，发热严重且难以有效散热，导致脐带缆及绞车温度急剧上升，存在损坏风险。国外通过为绞车加装喷淋式散热装置来散热，但并非所有科考船均可配备降温设施，因此需探索其他解决方案：一是尽可能采用高压输电技术；二是在保证海底钻机负载能力的前提下，尽量减小供电电流。然而，供电电压的提升受限于脐带缆的耐压等级。唯一可行途径是提高海底钻机用电系统的功率因数，使之趋近 1.0。这意味着发展无功功率补偿技术是必要的。

无功功率补偿技术不仅仅适用于海底钻机。实际上，众多深海机电设备，如海底机器人、海底挖沟机、海底电缆铺设机等，均使用大功率油浸式三相交流机载电机，同样依赖海面支持母船通过脐带缆供电。大功率供电要求脐带缆具备足够的线芯截面积，否则将遭遇与海底钻机类似的问题。无功功率补偿技术可有效降低大功率三相交流机载电机功率因数低导致的较高工作电流，从而减小细长脐带缆的电能损耗、发热量及末端电压波动，提升深海机电设备的可用有功电功率水平。本节将详细阐述该技术。

在电路中，有功功率 P、无功功率 Q 和视在功率 S 之间存在着功率三角形的运算关系。功率因数 $\cos\varphi$ 作为关键指标，其计算公式为：

$$\cos\varphi = \frac{P}{S} = \frac{P}{\sqrt{P^2 + Q^2}} \qquad (6-5)$$

功率因数是衡量电源输出视在功率有效利用程度的重要指标。当无功功率减小时，功率因数随之增大，意味着更多的视在功率被用于供给有功功率，进而电能输送效率提高。具体而言，无功功率与电压稳定性、有功功率输出及线路损耗等因素紧密相关。

无功功率补偿技术在确保供变电系统电压质量方面发挥着关键作用，它能将端电压的偏移和波动控制在合理范围内。由于脐带缆长度较长，无功功率引起的电压波动在水下电机处可能会被显著放大，因此必须采取措施减小这种波动。同时，无功功率在通过电阻时，也会像有功功率一样出现功率损耗。在输送一定有功功率的情况下，总的功率损耗完全取决于无功功率的大小。

影响设备及系统功率因数的主要因素如下。

（1）异步电机是无功功率的主要消耗者，其无功功率消耗占比在 60%~70%。海底钻机通常配备三相交流水下电机。

（2）变压器也会消耗一定的无功功率，一般约为其额定容量的 10%。在海底钻机中，若采用三相交流低压水下电机，则需配备变压器，但其消耗的无功功率占比较小。

（3）供电电压超出规定范围也会对功率因数产生影响，通常只能通过调节船上发电机进行控制。

6.3.1 无功功率就地补偿理论

无功功率补偿不仅涉及三相间的能量转换，还包括储能与释能的方式。当实际功率的瞬时值偏离最佳功率瞬时值时，储能元件都会相应地存储或释放这部分能量，以此来逼近理想的功率波形。无功功率补偿装置种类繁多，针对海底钻机的特定需求，通常选择电容器作为无功功率补偿的元件，具体实现方式包括集中补偿、分组补偿和就地补偿等。由于海底钻机机载供变电系统的独特性以及其通过长达数千米的脐带缆进行供电的特点，采用就地补偿方式更为适宜。海底钻机供电系统示意图如图 6-11 所示。

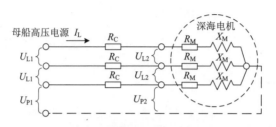

图 6-11　海底钻机供电系统示意图

在供电系统的电路模型中，U_{L1} 代表从船舶三相高压动力电源输送至脐带缆的线电压，其值设定为 AC 3300 V。相应地，U_{P1} 为船上三相高压电源的相电压，系统采用的是三相三线制，图 6-11 中以虚线形式标示的零线在实际情况中并不存在。根据三相电压的计算关系，高压电机线电压 U_{L1} 等于 $\sqrt{3}\ U_{P1}$（相电压）。U_{L2} 则指的是海底钻机从脐带缆末端实际接收到的三相电源线电压，而 U_{P2} 则是海底钻机从脐带缆末端实际获取到的三相电源相电压。I_L 表示在电缆中流动的三相线电流。R_C 代表脐带缆中每根相线的沿途电阻。R_M 为海底钻机机载电机的等效相阻。X_M 则代表海底钻机机载电机的等效相感抗，这一数值可以通过实施无功功率就地补偿技术来进行调整和优化。

假设选用的机载电机效率为 η（浸油电机，效率低），其额定功率为 P_N，则电机应输入的有功电功率 N_M 为：

$$N_M = \frac{P_N}{\eta} \tag{6-6}$$

脐带缆的沿途电阻因传输发热所消耗的有功功率 N_R 为：

$$N_R = 3I_L^2 R_C \tag{6-7}$$

船上高压电源从脐带缆前端输入的三相有功功率 N_{IN} 为：

$$N_{IN} = \sqrt{3} U_{L1} I_L \cos\theta \tag{6-8}$$

式（6-8）中，$\cos\theta$ 为海底钻机用电系统（包括脐带缆）的总功率因数，它的大小随无功功率就地补偿的程度而变化。

根据能量守恒原理：

$$N_{\text{IN}} = N_{\text{R}} + N_{\text{M}} \tag{6-9}$$

以及供电系统的电路模型：

$$\tan\theta = \frac{X_{\text{M}}}{R_{\text{M}} + R_{\text{C}}} \tag{6-10}$$

若设海底钻机电机功率因数为 $\cos\varphi$，则根据电机电路阻抗关系得到：

$$\tan\varphi = \frac{X_{\text{M}}}{R_{\text{M}}} \tag{6-11}$$

联立式（6-7）至式（6-11）可解得：

$$\cos\varphi = \cos\left(\tan^{-1}\left(\frac{3I_{\text{L}}^2 R_{\text{M}} + 3R_C I_{\text{L}} \tan\left(\cos^{-1}\left(\cos\theta\right)\right)}{3I_{\text{L}}^2 R_{\text{M}}}\right)\right) \tag{6-12}$$

根据海底钻机负载有功功率计算式得出：

$$U_{\text{L2}} = \frac{N_{\text{M}}}{\sqrt{3}I_{\text{L}}\cos\varphi} \tag{6-13}$$

脐带缆沿途电阻造成的三相线电压压降 ΔU_{L} 为：

$$\Delta U_{\text{L}} = U_{\text{L1}} - U_{\text{L2}} \tag{6-14}$$

当利用海底无功功率就地补偿技术改变 $\cos\varphi$ 时，I_{L}、$\cos\theta$、ΔU_{L} 以及 N_{R} 都将随之而变化。将 $\cos\theta$ 作为自变量，利用上述公式，分别计算 I_{L}、$\cos\varphi$、U_{L2}、ΔU_{L} 以及 N_{R}，结果列于表 6-2，得出的 $\cos\varphi$ 与 I_{L}、ΔU_{L}、N_{R} 之间的关系曲线如图 6-17 所示。

无功功率补偿效果分析中，未经无功功率就地补偿的机载电机，其功率因数为 0.70，对应表 6-2 中的首行数据。第 2~7 行数据则展示了在不同补偿程度下，各相关参数的改善状况。由图 6-12 可知，随着补偿程度的增强，功率因数逐步提高，同时，供电电缆的电流、末端电压的波动幅度以及沿程发热功率均呈现下降趋势。结果表明：无功功率就地补偿对系统工作性能具有改善作用，但各参数的改善幅度存在差异。具体而言，当机载电机的功率因数由 0.70 提升至 0.95 时，脐带缆电流降低了 26.7%，脐带缆末端电压波动幅度减小了约 5.1%，而脐带缆沿途的发热功率则显著下降了 46.4%。这充分表明，无功功率就地补偿技术在减少脐带缆发热方面具有显著效果，但对减少脐带缆末端电压波动的作用相对有限。

表 6-2   无功功率就地补偿效果计算表

$\cos\varphi$	$\cos\theta$	I_{L}/A	U_{L2}/V	ΔU_{L}/V	N_{R}/W
0.70	0.77	6.47	2949.19	350.81	5332.74
0.75	0.81	6.03	2954.25	345.75	4629.28
0.80	0.84	5.64	2958.36	341.64	4057.86
0.85	0.88	5.30	2961.75	338.25	3585.81
0.90	0.92	5.00	2964.56	335.44	3192.99
0.95	0.96	4.74	2966.95	333.05	2860.68
1.00	1.00	4.50	2968.97	331.03	2578.35

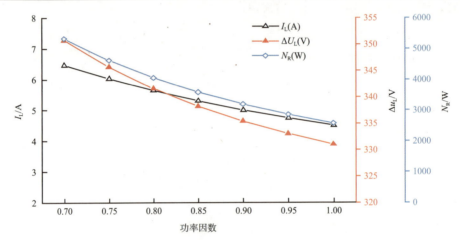

图 6-12   机载电机功率因数与电流、电压、发热功率之间的关系

6.3.2   无功功率就地补偿方法

机载电机无功功率的补偿策略，具体实现方式是在电机的三相进线端，依据实际需求选择星形或三角形连接方式，并联接入专为深海环境设计的电力电容器。此类电容器具备优异的耐压、耐潮及耐腐蚀性能，确保在极端海洋条件下仍能稳定工作。图 6-13 所示为海底钻机配套电机无功功率就地补偿示意图，清晰地展示了补偿装置的安装位置及其与电机系统的连接方式。

图 6-13 中三组电容器采用星形连接。每组电容器由一个或多个电容器并联组成，其个数取决于每组所需要的电容总量。每组电容总量 C 的计算式为：

$$C = \frac{N_{W}}{2\pi f U_{L2}^{2}} \tag{6-15}$$

式（6-15）中，N_{W} 为电机每相所需要补偿的无功功率值，f 为电路工频。

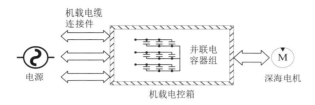

图 6-13 海底钻机配套电机无功功率就地补偿示意图

需要补偿的无功功率 N_W 的计算式为：

$$N_W = N_M \times \left(\tan \varphi_1 - \tan \varphi_2 \right) \qquad (6\text{-}16)$$

一般而言，深海环境下可应用的高压电容器，受其工作环境限制，电容量普遍较小。为达到所需的补偿效果，选用单个电容量约为 1.7 μF 的电力电容器时，每组通常需要并联 3 至 4 个。此前，已介绍了一种从整个系统角度出发计算所需电容总量 C 的方法。接下来，将介绍另一种更为简便的计算方法。尽管使用该方法得出的结果与试验结果较为接近，但在深入分析系统各环节变化趋势方面存在一定的局限性。为便于理解，以两种不同类型的电机为例进行分析与计算。

6.3.2.1 Y180M-4 三相异步电机

第一种以型号为 Y180M.4 的三相异步电机为对象进行分析计算。该电机功率为 18.5 kW，输入额定电压为 380 V，电流为 35.9 A，转速为 1460 r/min，效率为 91%，功率因数为 0.86。

输出功率为：

$$P_{输出} = \sqrt{3} \times U \times I \times \cos \varphi \times \eta \qquad (6\text{-}17)$$

总输出功率为：

$$P_{总输出} = \sqrt{3} \times 380 \times 35.9 \times 0.86 \times 0.91 = 18.5 \, (\text{kW}) \qquad (6\text{-}18)$$

单相有功功率为：

$$P_{单相} = \frac{1}{3} \times \sqrt{3} \times U \times I \times \cos \varphi \qquad (6\text{-}19)$$

$$P_{单相} = \frac{1}{3} \times \sqrt{3} \times 380 \times 35.9 \times 0.86 = 6.733 \, (\text{kW}) \qquad (6\text{-}20)$$

并联电容计算公式为：

$$C = \frac{P}{\omega U^2} \left(\tan \varphi_1 - \tan \varphi_2 \right) \qquad (6\text{-}21)$$

并联前功率因数 $\cos\varphi_1=0.86$，即 $\varphi_1=30.683°$。

（1）如果将功率因数补偿到 0.95，即 $\cos\varphi_2=0.95$，$\varphi_2=18.195°$。

①并联电容 Y 接法：

$$
\begin{aligned}
C &= \frac{6.773}{2\pi \times 50 \times 1732^2}(\tan\varphi_1 - \tan\varphi_2) \\
&= \frac{6.773}{2\pi \times 50 \times 1732^2} \times (0.593 - 0.329) = 1.90\,(\mu F)
\end{aligned}
\tag{6-22}
$$

$$
U = \frac{1}{\sqrt{3}} \times 3000 = 1732\,(V) \tag{6-23}
$$

②并联电容△接法：

$$
\begin{aligned}
&= \frac{6.773}{2\pi \times 50 \times 3000^2}(\tan\varphi_1 - \tan\varphi_2) \\
&= \frac{6.773}{2\pi \times 50 \times 3000^2} \times (0.593 - 0.329) = 0.63\,(\mu F)
\end{aligned}
\tag{6-24}
$$

$$
U = 3000\ V \tag{6-25}
$$

（2）如果将功率因数补偿到 1，即 $\cos\varphi_2=1$，$\varphi_2=0°$。

①并联电容 Y 接法：

$$
\begin{aligned}
C &= \frac{6.773}{2\pi \times 50 \times 1732^2}(\tan\varphi_1 - \tan\varphi_2) \\
&= \frac{6.773}{2\pi \times 50 \times 1732^2} \times (0.593 - 0) = 4.26\,(\mu F)
\end{aligned}
\tag{6-26}
$$

$$
U = \frac{1}{\sqrt{3}} \times 3000 = 1732\,(V) \tag{6-27}
$$

②并联电容△接法：

$$
\begin{aligned}
C &= \frac{6.773}{2\pi \times 50 \times 3000^2}(\tan\varphi_1 - \tan\varphi_2) \\
&= \frac{6.773}{2\pi \times 50 \times 3000^2} \times (0.593 - 0) = 1.42\,(\mu F)
\end{aligned}
\tag{6-28}
$$

$$
U = 3000\ V \tag{6-29}
$$

6.3.2.2 YQY290/18.5.4 三相异步高压电机

第二种以型号为 YQY290/18.5.4 的三相异步高压电机为对象进行分析计算。其额定功率为 18.5 kW，输入额定电压为 2800 V，额定电流为 6.8 A，额定转速为 1487 r/min，效率为 79%，功率因数为 0.71。

输出功率为：

$$P_{输出} = \sqrt{3} \times U \times I \times \cos\varphi \times \eta \tag{6-30}$$

总输出功率为：

$$P_{总输出} = \sqrt{3} \times 2800 \times 6.8 \times 0.71 \times \eta = 18.5(\text{kW}) \tag{6-31}$$

由式（6-31）计算得到效率 η 为 0.79。

单相有功功率为：

$$P_{单相} = \frac{1}{3} \times \sqrt{3} \times 2800 \times 6.8 \times 0.71 = 7.805(\text{kW}) \tag{6-32}$$

并联电容计算公式为：

$$C = \frac{P}{\omega U^2}(\tan\varphi_1 - \tan\varphi_2) \tag{6-33}$$

并联前功率因数：$\cos\varphi_1$=0.71，即 φ_1=44.765°。

（1）如果将功率因数补偿到 0.95，即 $\cos\varphi_2$=0.95，φ_2=18.195°。

①并联电容 Y 接法：

$$\begin{aligned}
&= \frac{6.773}{2\pi \times 50 \times 3000^2}(\tan\varphi_1 - \tan\varphi_2) \\
&= \frac{6.773}{2\pi \times 50 \times 3000^2}(0.593 - 0.329) = 0.63(\mu\text{F})
\end{aligned} \tag{6-34}$$

$$U = \frac{1}{\sqrt{3}} \times 2800 = 1617(\text{V}) \tag{6-35}$$

②并联电容 △ 接法：

$$\begin{aligned}
C &= \frac{7.805 \times 10^3}{2\pi \times 50 \times 2800^2}(\tan\varphi_1 - \tan\varphi_2) \\
&= \frac{7.805 \times 10^3}{2\pi \times 50 \times 2800^2} \times (0.992 - 0.329) = 2.1(\mu\text{F})
\end{aligned} \tag{6-36}$$

$$U = 2800 \text{ V} \qquad\qquad (6-37)$$

（2）如果将功率因数补偿到 1，即 $\cos\varphi_2=0$，$\varphi_2=0°$。

①并联电容 Y 接法：

$$
\begin{aligned}
C &= \frac{7.805\times10^3}{2\pi\times50\times1617^2}(\tan\varphi_1 - \tan\varphi_2) \\
&= \frac{7.805\times10^3}{2\pi\times50\times1617^2}\times(0.992-0) = 9.43(\mu F)
\end{aligned}
\qquad (6-38)
$$

$$U = \frac{1}{\sqrt{3}}\times2800 = 1617(\text{V}) \qquad\qquad (6-39)$$

②并联电容△接法：

$$
\begin{aligned}
C &= \frac{7.805\times10^3}{2\pi\times50\times2800^2}(\tan\varphi_1 - \tan\varphi_2) \\
&= \frac{7.805\times10^3}{2\pi\times50\times2800^2}(0.992-0) = 3.14(\mu F)
\end{aligned}
\qquad (6-41)
$$

$$U = 3000 \text{ V} \qquad\qquad (6-42)$$

6.3.3　无功功率就地补偿试验

实际应用中，不同船舶所配备的绞车对发热功率的要求存在显著差异。例如，"大洋一号"科考船上的脐带缆及其配套绞车，对电缆的总发热功率有着严格限制，要求不得超过 5 kW。而对于机载电机而言，在其正常作业状态下，供电电压的波动范围需控制在 ±10%以内，以确保电机运行的稳定与可靠，这一波动范围在极端情况下不得超过 ±15%，否则可能会对电机的性能及使用寿命产生不利影响。据此，开展无功功率就地补偿试验，如图 6-14 所示。

机载电机为三相浸油鼠笼式异步电机，接线方式如图 6-11 和

图 6-14　无功功率就地补偿试验

图 6-13 所示。其高压电源供电电压 U_{L1} 为三相 AC 3300 V，接至机载电机的每根相线上串联 1 个（总共 3 个）45 Ω 电阻以模拟脐带缆沿途电阻；在电机进线端采用三组耐压 AC 3000 V 电力电容器组成就地星形补偿网络，其中每组电容器由 3 个 1.7 μF 电容器和 1 个 0.5 μF 电容器并联组成，其总电容量为 5.6 μF。试验结果如表 6-3 所示。

　　电机空载运行是指海底钻机液压系统已启动但未承担任何负载；电机轻载运行是指液压系统已带动钻进系统运作，但尚未钻入岩石层；电机满载运行则指海底钻机正全力钻进岩石层。由于采用模拟高压电表测量 U_{L2} 时，其读数存在较大误差，故 N_R 值是基于 I_L 的计算结果得出。

　　由表 6-3 可见，实施无功功率补偿能显著提高机载电机的功率因数，有效减小其工作电流，并降低脐带缆沿途的发热功率，但对电压波动幅度的改善效果相对有限。在海底钻机满载且未进行无功功率补偿的情况下，脐带缆沿途发热功率高达 6.8054 kW，已超出脐带缆所能承受的发热功率范围。而一旦进行补偿，其发热功率则下降至 3.3078 kW，降幅达 51.54%，重新回到脐带缆允许的发热功率范围；同时，脐带缆的供电电流也下降了 30.3%。在试验过程中，未发现并联电容器会对机载电机的运行产生不利影响。

表 6-3　海底钻机无功功率补偿试验结果

工况	$\cos\theta$	U_{L2} / V	I_L / A	N_R / W
电机空载未补偿运行	0.26	3150	4.10	2269.4
电机空载补偿运行	0.91	3130	1.70	390.2
电机轻载未补偿运行	0.34	3090	4.30	2496.2
电机轻载补偿运行	0.95	3110	2.40	777.6
电机满载未补偿运行	0.70	2910	7.10	6805.4
电机满载补偿运行	0.97	2930	4.95	3307.8

　　因此，当深海机电设备带有感性电力负载，且在大深度水下作业时，其细长的供电脐带缆易出现供电紧张的问题，此时可通过并联电容器的方式对其进行无功功率补偿。这一方法对提高功率因数、减小供电电流、降低脐带缆沿途发热功率以及增加水下可用电功率等方面均有显著效果。在补偿条件适宜的情况下，脐带缆供电电流的降幅在 30% 以上（或水下可用电功率提高 30% 以上），脐带缆沿途发热功率也能降低 50% 以上。

6.3.4 无功功率就地补偿电容

深海无功功率就地补偿需要压力补偿式的深海电容器。由于海底钻机采用 AC 3300 V 高电压，所用电容器必须能耐 AC 3300 V 高电压和 40 MPa 深海水压的电力电容器。因此需对普通高压电力电容器进行耐深海压力改造，研制出一种适用于海底钻机的高压电容器，并在模拟深海环境的高压试验筒体中，对所研制的电容器进行耐水压性能的测试，试验装置结构如图 6-15 所示。在测试过程中，筒体内的电容器两极通过特制的高压水密电缆连接至筒体外侧，以便在施加压力条件下对电容器的性能进行全面检测。试验结果如图 6-16 和图 6-17 所示。

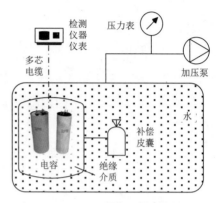

图 6-15 耐压试验原理图

根据表 6-4、图 6-16、图 6-17 的数据进行分析，电容器一在水压逐渐增大的过程中，其电容值呈现出略微上升的趋势，且基本保持线性增长。当水压从 0 增加至 60 MPa 时，电容值增加了约 0.010 μF，相当于原电容值的 2%。而电容器二同样随着水压的增加，电容值上升，但其增量幅度却随着压力的增大而逐渐减小。在水压从 0 增加至 60 MPa 时，电容值增加了约 0.033 μF，约为原电容值的 2%。

表 6-4 电容器的规格及性能参数

参数	电容器一（塑料外壳）	电容器二（塑料外壳）
外形尺寸	¢50 mm × 125 mm −40~80 ℃	¢65 mm × 130 mm −40~80 ℃
电压等级	AC 3000 V （极壳耐压 AC 4500 V）	AC 3000 V （极壳耐压 AC 4500 V）
电容值	0.51 μF	1.7 μF
频率	50/60 Hz	50/60 Hz
耐海水压力	0~60 MPa	0~60 MPa

在海底工程应用中，如机载供变电系统，其中电容器的数量不多，则它们电容值的变化对整个电力系统的影响有限。然而，当电容器数量较多时，形成累积效应，这时就需要足够重视电容值的变化。

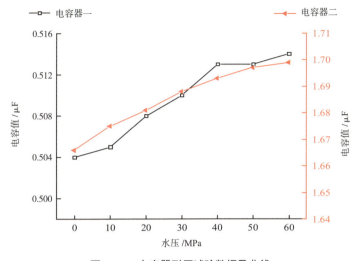

图 6-16　电容器耐压试验数据及曲线

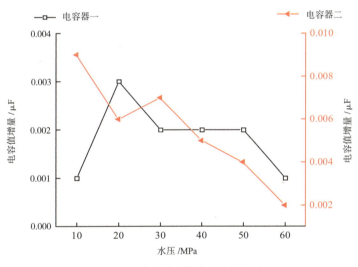

图 6-17　电容值与海水压力的关系

6.4　深海电机接触器

　　海底钻机供变电领域的另一大技术挑战是机载高压电机的继电控制技术，此技术的关键部件为深海电机接触器。特别地，对于如"大洋一号"等船舶，其配备的脐带缆芯线数量有限、供变电通道少，且需配备在水下执行高压继电控制的供配电系统，还需攻克深海高压环境下的接触器控制难题。但继电控制技术并不是所有海底钻机必须配备的，例如，与海底钻机相连的脐带缆能够提供两个及两个以上的供电通道时，海底钻机控制系统供电和电机供电可以采用两个供电通道分别供电，互不干扰，就不需要采用专门应用于深海电机供电的接触器。而当脐带缆只有一条供电通道时，两种供电需共用同一个通道，这时就要通过接触器实现两种供电需求的分离：同时供电时，接触器吸合；仅需要控制系统供电时，接触器断开。

针对深海环境，接触器控制装置的设计通常有两种方案。第一种方案是将常规的接触器控制装置安装于耐压舱内部，由耐压舱来承受外界海水的巨大压力。此方案技术实现相对简单，易于操作，但其显著缺点是装置质量大、体积庞大。第二种方案是充油平衡式接触器控制装置，其将接触器控制装置置于一个充满绝缘油的薄壁箱体内，并通过压力补偿系统使箱体内的油压与外界海水压力保持动态平衡。该方案的优势在于装置轻便、体积小，但技术实现的难度相对较高。为了有效减轻海底钻机的整体质量，充油平衡式接触器控制装置已被逐步应用于海底钻机系统。下面以充油平衡式接触器控制装置为例进行讲解。

6.4.1　基本结构及原理

充油平衡式接触器控制装置的基本结构如图 6-18 所示。该装置的主体为一个密封箱体，材质选用耐海水腐蚀的不锈钢或钛合金等高强度材料。箱体内充盈着绝缘油（常用变压器油、绝缘硅油，电压等级较低时采用普通液压油）。装置内部固定有直流或交流接触器，箱体壁上则安装有深海水密插座。此外，还配备有与箱体内部通过管道相连且同样充满相应绝缘油的压力补偿器，以及必要的连接导线等组件。接触器

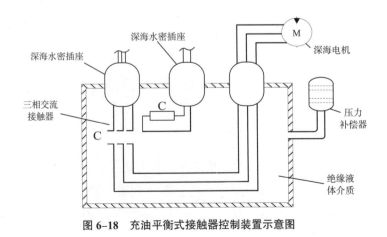

图 6-18　充油平衡式接触器控制装置示意图

虽可选用普通陆用非真空类型，但其制造材料必须为耐油性能材质，一般包含吸引线圈、衔铁、铁芯、触头系统等。其作业原理为吸引线圈通电或断电，控制铁芯内部电磁场的产生／消失，带动衔铁与触头系统，从而控制电路。

充油平衡式接触器控制装置通过箱体和绝缘油的共同作用，实现接触器与导电海水的有效隔离，确保控制元件能在绝缘环境中稳定工作。同时，利用压力补偿装置精确地将外界海水压力引入箱体内部，使内外压力达到平衡状态，从而使薄壁箱体设计成为可能，极大地减轻了装置质量并缩小了装置体积。由于接触器在高压绝缘油环境中运行，其结构设计必须为开放式，严禁存在封闭空腔。电触头则需在绝缘油的高压力条件下保持正常分断与接通功能。若需在深海环境下执行电路的带载开关操作，接触器电触头还需具备在高压绝缘油中有效灭弧的能力。

6.4.2　接触器触点通断能力

接触器触点的通断能力依据负载状态可分为带载通断与不带载通断。在深海应用环境中，接触器触点的通断能力受到多重因素的影响，其中深水压力与充油压力是两个核心影响因素。深水压力随着水下深度的增加而增大，对接触器触点保持稳定的物理性能和电气性能构成严峻挑战。充油压力则与接触器所处环境的绝缘油填充状态密切相关，对触点的稳定性和可靠性产生直接影响。此外，绝缘油的选择也十分重要，不同种类的绝缘油在电气绝缘性能、热稳定性以及化学兼容性等方面存在差异，这些特性均会对接触器触点的通断能力产生重要影响。

6.4.2.1　深水油压对不带载通断的影响

充油平衡式接触器控制装置能够于深海底正常工作的先决条件是接触器能够在充满绝缘油且承受高压力的环境下顺利完成开关动作，尤其需要确保在深海高压条件下能够有效通断电路。因此，应尽可能选择线圈功率足够大，而触点接触面积较小的接触器。从理论层面分析，触点接触面积增大，在高压环境下无法正常分断电路的风险会相应增大。此外，接触器的结构材料还需具备良好的耐油性，故选用 GSZ 某型200D/24 V 的单极直流接触器。为深入探究深海压力对接触器触点通断性能的具体影响，设计并实施不带载通断试验，具体如下。

将充油平衡式接触器控制装置的样机安装于高压试验水舱内部，通过导线和水密接插件将接触器的线圈及主触头引出至水舱外部。随后，利用高压试压泵逐步向水舱内注水加压，同时在外部通过 DC24 V 直流电源对接触器触头的开关动作进行操控。利用万用表通过主触头的引出线验证其通断状态，并利用 QJ23 直流电桥对主触头闭合时的接触电阻进行测量（试验前已测得该电阻的初始值为 30.1 mΩ）。试验压力从 1 个大气压（0.1 MPa）起始，每次递增 10 MPa（相当于模拟水深增加 1000 m 的环境），并在每种压力条件下重复测量 5 次。试验时国内研制的海底工程机械装备的最大工作水深可达 6000 m，所能承受的海水压力最高为 60 MPa，因此将试验的最大水压设定为 60 MPa。结果如表 6-5 所示，主触头在每次测试中均能顺利完成分断动作，且在整个试验过程中，主触头的接触电阻值始终保持恒定，未受水压变化的影响。结果充分验证充油条件下接触器主触头的不带载通断性能及其闭合时的接触电阻均不受外界水压变化的干扰。

表 6-5　水压对主触头接触电阻的影响　　　　　　　单位：mΩ

试验压力	测量次序				
	1	2	3	4	5
大气压	30.1	30.1	30.1	30.1	30.1
10 MPa	30.1	30.1	30.1	30.1	30.1
20 MPa	30.1	30.1	30.1	30.1	30.1
30 MPa	30.1	30.1	30.1	30.1	30.1
40 MPa	30.1	30.1	30.1	30.1	30.1
50 MPa	30.1	30.1	30.1	30.1	30.1
60 MPa	30.1	30.1	30.1	30.1	30.1

6.4.2.2　深水油压对带载通断的影响

不带载通断试验结果已证实，交流或直流接触器的触点动作均不会受到深海高压环境的干扰。然而，若要求这些接触器在海底环境中如同在陆地上一样能够执行带载开关操作，则还需进一步验证其在充油及深海高压条件下的带载通断能力。普通接触器在充油环境中使用时，触点开合过程中会产生电弧，因此必须考虑灭弧。电弧不仅会电离和碳化绝缘油，还会产生气泡，从而可能影响接触器的性能。为了深入探究充油环境下电弧的影响程度及灭弧能力，设计并实施了以下试验方案。

在不带载通断试验的基础上进行扩展，于舱外将主触头引出线通过 90 Ω/10 kW 的负载电阻及一个空气开关连接到 450 V 的直流电源上，以确保主触头在接通时有约 5 A 的直流电流通过。在通电状态下，对主触头进行开关操作。由于带载条件下已无法直接测量主触头的接触电阻值，因此在主触头引出线的两端接入了电压表，以测量主触头两端的电压降。在电流保持恒定的情况下，该电压降与主触头的接触电阻值成正比。由于直流电源在分断时产生的电弧火花相较于同等数值的交流电源更为强烈且稳定，因此选择直流 5 A/450 V 的电源作为主触头的负载电源，有助于更准确地评估电弧的影响。试验的水压条件与不带载通断试验相同，从一个大气压开始，每次递增10 MPa，并在每种压力条件下重复测量 5 次，试验结果如表 6-6 所示。

表 6-6　带载通断操作时主触头两端电压降　　　　　　　　　　　　　　单位：mV

试验压力	测量次序				
	1	2	3	4	5
大气压	144.5	637	764	1.184	不能分断

试验结果表明，每次通断操作后主触头的接触电阻值均有所增加。至第五次分断操作时，主触头已无法彻底断开电路（即便在断开线圈电源数秒后，仍有电流通过主触头），因此不得不切断主触头电源，并对接触器进行拆解检查。检查发现，尽管动、静触头已分离，但它们之间却由直径约 5 mm 的圆柱状碳化颗粒相连，形成了导电通道，表明接触器已损坏。在一个大气压下的充油环境中，接触器已无法正常进行带载分断和灭弧，故继续在高水压下进行通断试验已失去意义，因此未进行其他水压下的试验。本试验已充分证明，在负载电流较大的情况下，充油条件下的接触器无法进行带载通断操作。

为进一步观察浸油状态下接触器触头动作时的电弧情况，将接触器直接浸入绝缘油中进行试验，所施加的电流负载与高压水舱试验时保持一致。结果表明，每次主触头分断时拉出的电弧，其高温和电离作用均会导致绝缘油碳化并产生气泡。这些气泡在浮力作用下从触头处迅速上升，对电弧产生一定的吹灭作用。然而，同时产生的部分黑色碳化颗粒会滞留在触头间隙内。随着开关次数的增加，触头间隙中的碳化颗粒逐渐积聚，迅速导致导电通道的形成和触点的损坏。此外，在试验过程中还发现接触器的安装角度对导电通道的形成和触点损坏前的正常分断次数具有显著影响。当接触器触头间隙处于垂直方向时，分断产生的气泡能较为顺畅地朝上快速排出，有利于带走生成的碳化颗粒并促进灭弧，因此接触器较难失效。而当接触器触头间隙处于水平方向时，分断产生的气泡被上面的触头阻挡，大部分碳化颗粒被迫留在触头间隙内，仅少量碳化颗粒被气体带出间隙外，因此接触器很快失效。

6.4.2.3　绝缘油对带载通断的影响

初始试验采用普通液压油作为绝缘液体介质。为进一步探究油液种类对充油接触器在海底高压及充油环境下通断能力的影响，后续试验分别采用了变压器油和高黏度硅油作为绝缘介质进行重复验证。

试验结果表明，使用变压器油所得结果与采用液压油的结果基本一致。而在使用高黏度硅油时，即便主触头间隙处于垂直状态，首次分断产生的电弧虽能引发少量气泡，但受限于硅油的高黏度，气泡无法顺利朝上排出。因此，电弧火花导致的碳化颗粒大多滞留于主触头间隙内，并逐渐累积，形成持续的导电通道，电弧无法自行熄灭。此外，当主触头间隙处于水平位置时，所得结果与间隙垂直时的结果基本相同。

接触器触头分断时产生的电弧温度高、电离作用强，无论是液压油、变压器油还是硅油，均无法承受这种极端的高温与电离作用，均会发生气化和碳化现象。在环境条件有利于气化气泡携带碳化颗粒离开触头间隙的情况下，如使用低黏度硅油或触头间隙处于垂直位置时，接触器尚能维持较长时间的正常工作。然而，总有部分碳化颗粒会残留在间隙内，导致动、静触头的金属面无法紧密贴合，进而增大接触电阻值。随着开关次数的增加，碳化颗粒不断累积，当接触电阻值增大到一定程度时，若存在较大的负载电流，触头可能会因此烧坏。同时，随气泡排出间隙的碳化颗粒会漂浮在油中，当这些漂浮的碳化颗粒累积到一定数量时，会对系统的绝缘强度产生不利影响。若漂浮的碳化颗粒数量过多且集中于高电压电极之间，可能会引发电击穿，导致严重后果。综上所述，无论采用何种绝缘油，接触器在充油条件下均无法实现长期可靠工作。

6.4.3　供电保护与操作策略

6.4.3.1　电路设计与操作策略

由于接触器无法在浸油环境中执行带载开关操作，为确保充油平衡式接触器控制装置能适用于不同系列的海底钻机，采取以下电路设计与操作策略。

（1）由单一脐带缆供电的海底钻机控制系统串联部署 UPS。如此一来，在脐带缆断电时，控制系统能依赖 UPS 维持至少半小时的连续运行。

（2）在母船甲板的脐带缆前端安装供电接触器，它与海底钻机的充油平衡式接触器控制装置及机载控制系统协同工作，共同调控机载设备的供电与机载电机的启停。

（3）启动机载电机时，首先通过甲板供电接触器切断海底钻机的电源，此时海底钻机的机载控制系统因 UPS 的支持而保持运行。随后，机载控制系统激活专门控制机载电机电源的充油平衡式接触器控制装置。最后，通过甲板供电接触器恢复对机载设备的供电，电机随即启动。由于充油平衡式接触器控制装置在不带载状态下接通，因此避免了电弧问题。

（4）停止机载电机时，首先通过甲板供电接触器切断海底钻机的电源，电机随即停止。接着，机载控制系统断开控制机载电机电源的充油平衡式接触器控制装置。最后，通过甲板供电接触器恢复对其他机载设备的供电。由于充油平衡式接触器控制装置在不带载状态下断开，因此同样避免了电弧问题。

6.4.3.2　验证试验方案

为验证上述技术策略的有效性，设计如下试验。

试验装置和电路连接方式与带载通断试验相同，但高压水舱的压力设定为 60 MPa。每次测量时，先闭合主触头，再接通 5 A 电流；测量主触头引出线两端的电压降后，断开 5 A 电流，随后分断主触头。主触头的接通与断开均在无电状态下进行，因此不会产生电弧火花。试验连续进行了 100 次测试。试验结果如表 6-7 所示。

试验结果显示，在 100 次测量中，主触头回路的电压降在 143.2 mV 至 146.3 mV 之间波动。按 5 A 电流计算，接触电阻值在 28.64 mΩ 至 29.26 mΩ 范围内。最大变化差为 0.62 mΩ。考虑到测量误差与系统误差，该差异不显著。因此，可以认为在 60 MPa 且不带载的条件下，接触器能够稳定可靠地接通与断开，且接通时的接触电阻值不受深海水压及绝缘油类型的影响。

表 6-7　60 MPa 下接触器主触头闭合后通过 5 A 电流时的电压　　　　　单位：mV

	1	2	3	4	5	6	7	8	9	10
1	145.2	145.2	144.8	144.9	145.1	145.1	145.0	144.9	144.5	144.9
2	145.0	144.9	145.1	145.0	145.1	145.1	145.0	145.0	144.9	144.8
3	143.2	145.2	145.0	144.4	144.9	144.8	144.6	145.2	145.4	145.7
4	145.4	145.8	146.1	146.1	146.3	146.1	145.9	146.1	146.1	145.7
5	146.0	146.1	146.1	146.1	146.0	145.8	145.5	145.9	146.1	145.9
6	145.4	145.3	145.6	145.7	145.3	145.5	145.4	145.5	145.4	145.5
7	145.3	145.4	145.2	145.0	145.0	145.1	145.3	145.3	145.4	145.4
8	145.2	145.3	145.3	145.1	145.2	145.3	145.1	145.0	145.2	145.3
9	145.2	145.4	145.2	145.2	145.4	145.3	145.3	145.3	145.3	145.1
10	146.0	146.0	145.8	145.9	145.8	145.9	145.9	145.9	145.8	145.6

参考文献

[1] 万步炎, 章光, 黄筱军, 等. 深海电机无功功率就地补偿技术研究 [J]. 矿业研究与开发, 2010, 30(02):66-69.

[2] 朱伟亚. 深海底岩芯取样钻机强电系统的设计 [D]. 长沙: 湖南大学, 2016.

[3] 艾勇福. 深海中深孔岩芯取样钻机监控系统设计与实现 [D]. 杭州: 杭州电子科技大学, 2009.

[4] 朱伟亚, 万步炎, 黄筱军, 等. 光电复合缆供电的深海 2 米岩芯钻机的研制 [J]. 有色金属 (矿山部分), 2014, 66(6):47-52+56.

[5] 方大千. 输配电速查速算手册 [M]. 北京: 中国水利水电出版社, 2004.

[6] 万步炎, 黄筱军. 深海浅地层岩芯取样钻机的研制 [J]. 矿业研究与开发, 2006 (S1):49-51+130.

[7] 彭佑多, 万步炎, 陈奇, 等. 海底 60 米多用途钻机系统技术设计报告 [J]. 科技资讯, 2016, 14(09):168-169.

[8] 刘淑英. 深海电机充油平衡式继电控制研究 [J]. 矿业研究与开发, 2010, 30(02):70-73.

[9] 朱伟亚, 万步炎, 黄筱军, 等. 深海底中深孔岩芯取样钻机的研制 [J]. 中国工程机械学报, 2016, 14(01):38-43.

[10] 李江明. 富钴结壳规模取样器深海强电动力传输及供配电系统研制 [D]. 长沙: 长沙矿山研究院, 2019.

第 7 章

收放技术

　　收放指的是将海底钻机从母船甲板布放到海底以及从海底回收至母船甲板的过程，其中布放是海底钻机进行钻探取芯作业的必要前置环节，回收则是完成整个水下作业的最后一块拼图。因此，用于实现海底钻机收放的母船配套收放系统，对海底钻机系统的重要性不言而喻。由于受到海洋环境中风、浪、流等外载荷的影响，母船会不可避免地处于一种随机摇荡的运动状态，这也使海底钻机收放过程中的几乎每一步都充满着潜在的风险与挑战。为了保障顺利地布放和回收海底钻机，需要结合海底钻机的自身特性选择合理的收放方式，配置合适的收放系统，进行关键流程的动力学分析，并最终建立完善的收放技术体系。

7.1　收放系统工作原理

7.1.1　收放方式

　　海底钻机的收放方式通常由母船的配置和海底钻机自身的特性共同决定。根据母船的构造和甲板布置情况，可分别在船尾、船侧和船舯月池对海底钻机进行收放，如图 7-1 所示。

（a）船尾收放（澳大利亚 PROD 钻机）　　　　　（b）船侧收放（英国 RockDrill2 钻机）

（c）船舯月池收放（中国"海牛Ⅱ号"钻机）

图 7-1　不同母船上的海底钻机收放作业位置

此外，根据收放配套设备和海底钻机入水方式的不同，可将海底钻机的收放方式主要概括为三类：A 形架式、翻转托架式、船载起重机式。

7.1.1.1　A 形架式

如图 7-2 所示，缆绳由绞车引出，绕过 A 形架上的绞盘连接至海底钻机顶部。当对海底钻机进行布放时，由绞车提供牵引并配合 A 形架的摆动，将海底钻机由母船甲板上方转移至水面上方；之后 A 形架锁定不动，绞车继续放缆将海底钻机布放入水中。海底钻机回收过程则与之相反。

图 7-2　A 形架式收放示意图

（a）加拿大 CRD100 钻机

（b）加拿大 CRD150 钻机

（c）英国 RockDrill2 钻机

图7-3　A形架式收放应用案例

使用此种收放方式的 A 形架上通常配备有对接头，其既可在与海底钻机对接时起缓冲作用，又可在 A 形架摆动的过程中防止海底钻机晃动，有效提高海洋复杂环境下收放作业的安全性。

A 形架式收放的优点是收放过程中海底钻机始终处于直立状态，收放流程极其简单；收放作业效率高；收放配套设备较少，节省了甲板空间；对海况的适应能力较强。其缺点则是海底钻机的外形尺寸受到 A 形架性能参数的限制，特别是海底钻机高度不能超过 A 形架的适用高度。A 形架式收放的典型应用案例如图 7-3 所示。

7.1.1.2　翻转托架式

与 A 形架式收放一样，在进行收放前，需先将由绞车引出的缆绳绕过 A 形架上的绞盘连接至海底钻机顶部。不同的是，海底钻机需在导轨上以平躺姿态通过 A 形架下方并转移到可翻转托架上；随后托架上的锁紧机构将海底钻机与托架进行绑定，之后海底钻机跟随托架一同旋转 90° 后变换为直立姿态；最后解除托架对海底钻机的固定并配合绞车放缆下放海底钻机，整个过程如图 7-4 所示。

这种收放方式的一个典型特征就是采用翻转托架来进行海底钻机水上水下的转移，并在转移的过程中对海底钻机起固定保护的作用。翻转托架根据具体的海底钻机外形特征可有不同的结构形式。

翻转托架式收放的优点是海底钻机以水平姿态通过 A 形架，因此不受母船 A 形架高度的限制，可用于收放重型、大尺寸海底钻机，另外其还有较强的海况适应能力。因其需要使用滑轨和翻转托架等辅助设备，占用的甲板空间相对较多。采用翻转托架式收放的典型应用案例如图 7-5 所示。

图 7-4　翻转托架式收放示意图

（a）德国 MeBo200 钻机

（b）澳大利亚 PROD 钻机

图 7-5　翻转托架式收放应用案例

7.1.1.3　船载起重机式

不同于上述两种收放方式，使用船载起重机式收放方式时，在收放之前，由绞车引出的缆绳绕过 A 形架绞盘后置入水下，并未与海底钻机连接。当对海底钻机进行布放时，由船载起重机吊臂将其从母船甲板上吊起并放入水中，然后在水下通过 ROV 的机械手首先将绞车缆绳的挂钩与海底钻机连接。随后绞车小幅收缆使海底钻机的重力负载转移到绞车缆绳上，而起重机绳处于松弛状态，此时 ROV 的机械手再将起重机绳与海底钻机脱钩。最后通过绞车放缆将海底钻机下放至海底，如图 7-6 所示。

图 7-6　船载起重机式收放示意图

这种收放方式的典型特征是利用船载起重机来进行海底钻机水上水下的转移，并需要 ROV 提供挂钩与脱钩的辅助作业。

船载起重机式收放的优点是占用的母船甲板空间少，海底钻机高度不受母船 A 形架高度的限制；其缺点则是海底钻机在甲板与水面间转移的过程中容易发生晃动，且 ROV 在辅助作业时对海况的要求相对较高。采用船载起重机式收放的典型应用案例如图 7-7 所示。

（a）Gregg's 海底钻机　　　　　　　　　　（b）ROVDrill Mk.2 钻机

图 7-7　船载起重机式收放应用案例

7.1.2　定点布放

海底钻机定点布放中的"点"指的是先前海洋科考或地质勘探人员在海底选定的一系列需要进行后续钻探的点位，在这些点位处通常放置了信标作为标记物。海底钻机的定点布放分两步实现，第一步是母船航行至指定钻探水域，第二步是将海底钻机从母船上布放至海底指定钻探点。由此可见，实现海底钻机定点布放的两个关键分别是母船的导航定位和海底钻机的水下定位。

7.1.2.1　母船导航定位

导航定位对船舶在广袤海洋中的航行极为重要。为了确保能在复杂、恶劣的海洋环境中始终获得精准可靠的导航定位支持，现代船舶通常会综合运用多种导航定位方式，其中最主要的是外部依赖型的全球导航卫星系统（global navigation satellite system，GNSS）和船载独立自主的惯性导航系统（inertial navigation system，INS）。

GNSS 是一种基于卫星发射信号的精确导航技术，由多个在地球轨道上运行的卫星与地面控制站共同组成，旨在通过接收卫星信号，计算地球表面任意地点的三维坐标、速度以及时间信息。GNSS 由多个定位系统组成，包括北斗卫星导航系统（BDS）、格洛纳斯卫星导航系统（GLONASS）、伽利略卫星导航系统（Galileo）和全球定位系统（GPS），各系统基于各自独特的工作原理与定位机制，实现全球范围内的高精度定位与导航服务。GNSS 为船舶提供了实时且精确的位置信息、航向和速度数据，能够帮助船员实时监控船舶动态，通过不断更新的定位信息，船员就能够灵活地调整航行路线、优化航速及航向，从而有效应对复杂的航行环境，确保航行的安全与稳定。

INS 是一种通过惯性测量单元（inertial measurement unit，IMU）测量航行器的加速度和角速度，利用积分计算位置、速度和姿态变化，推算航行器位置信息的导航技术。INS 独立性强，无须依赖外部数据传输，能够在地下、隧道或极地等环境下持续、实时测量和更新航行器的位置、速度和姿态数据，提供完全自主的导航能力，具有较强的抗干扰能力。由于 INS 依赖于加速度和角速度的积分计算，任何微小的传感器误差都会随时间积累，导致位置、速度和姿态的漂移，因此精度随时间延长而降低；温度、振动等环境因素可能影响惯性传感器的精度，需要采取额外的措施进行补偿和校正。为克服误差积累的问题，通常将其与其他导航系统（如 GNSS）进行集成，通过数据融合，不同导航系统可以相互校正误差，从而提高集成导航系统的精度和稳定性，充分发挥各系统的优势，弥补单一系统的不足，确保在多种环境下的高效、可靠导航性能。

7.1.2.2　海底钻机水下定位

由于母船定位误差的存在，同时在复杂海洋环境载荷的影响下，海底钻机的下放轨迹也不会是一条垂线，这可能会使海底钻机在接近海底时偏离目标点较远。当目标点位的标记物尚未出现在海底钻机机载摄像头的视野中时，需要准确可靠的水下定位技术来指导操作人员调整母船的位置，并控制海底钻机机身上的螺旋桨推进器来推动海底钻机寻找目标点位。

水下定位技术主要有水下 GPS 定位技术、水下声学定位技术和水下电场定位技术。其中水下电场定位技术的工作范围较小，水下 GPS 定位技术则需要提前部署大量的附属设备，如差分基准站和定位浮标等。考虑到海底钻机频繁变动的作业地点和以母船为唯一依托的作业条件，将水下声学定位作为海底钻机实现精准水下定位的优先选择。

水下声学定位技术是利用水声设备获取目标（如载体或设备）在水下空间相对位置的一项技术。该定位系统的组成部分包括声发射接收装置以及相应的应答器。按照声发射接收装置的声呐基阵尺度或应答器基阵基线长度的不同，可进一步对系统进行分类，包括长基线定位（long baseline positioning，LBL）、短基线定位（short baseline positioning，SBL）和超短基线定位（ultra-short baseline positioning，USBL）。长基线定位系统需要提前布设海底基阵，不适合用于海底钻机；短基线定位系统和超短基线定位系统均可作为海底钻机的水下定位方案，但仍需根据具体情况进行选用。

7.1.3　收放系统技术要求

不同类型的收放系统可能有各自不同的技术要求，在此着重以我国"海牛号"海底钻机系统为例进行讲解。为了保证在复杂海况条件下实现深海钻机布放的安全性与高效性，"海牛号"海底钻机系统中设计布置了专门的收放系统于母船上。海底钻机收放系统属于母船甲板设备，受恶劣海洋环境和母船升沉运动的影响较大，因此在设计过程中，必须着重考虑以下对设备收放能力和可靠性影响较大的技术要求。

（1）考虑作业环境的影响。安全收放海底钻机的难度与作业海况有着直接关系。受波浪、海风和海流的影响，母船将发生复杂的摇荡运动；同时，母船的摇荡又通过脐带缆传递到海底钻机上，引起海底钻机的摇荡，这将导致海底钻机存在在入水前与母船后甲板发生碰撞、入水后与母船尾部发生碰撞的风险。因此在海底钻机收放系统设计中，除安全工作负荷外，作业海浪是极为关键的设计输入。

（2）考虑安装布局空间尺寸的影响。所设计的收放系统要求操作简单、结构合理、拆装维护方便，同时保证其在收放过程中较强的抗变形能力。收放系统外形尺寸应控制在母船甲板所能提供其安装布局的空间范围内，如图 7-8 所示。由于海底钻机的尺寸和质量较大，直接利用母船 A 形架直立布放与移动比较困难，因此必须将海底钻机倒放在收放系统上，以横躺的姿势通过 A 形架实现收放作业。

（3）考虑收放系统的承载能力。目前海底钻机质量接近 8.3 t，一般来说要求收放系统的承载能力为 20 t 左右。

（4）考虑收放系统的运输问题。目前常用的收放系统采用组装式设计，需注意组装后的精度问题，且应能被一般的集装箱所容纳。

（5）考虑收放过程中的摩擦问题。为保护机架在海底钻机移动过程中不受损伤，在收放系统与机架接触面需设计滑轮或尼龙板等，以减小两者之间的摩擦。

（6）考虑海底钻机的收放驱动问题。由于海底钻机是以横躺的方式通过 A 形架，因此需要设计相应的卷扬机构，以便海底钻机依靠收放系统中的导轨进行往复滑行。当海底钻机滑行至收放系统尾部时，需将海底钻机从水平状态翻转至垂直状态，因此要求收放系统必须具有翻转功能，且翻转过程中保持翻转机构与海底钻机的固定关系。海底钻机收放过程所需驱动力较大，需采用液压缸驱动的方式进行收放。

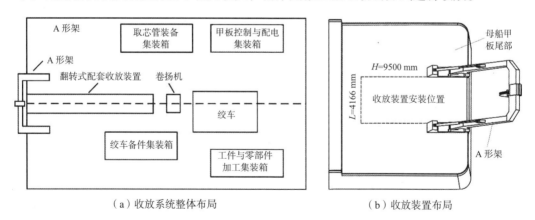

（a）收放系统整体布局　　　　　　　　　　（b）收放装置布局

图 7-8　母船收放系统布局示意图

7.1.4　收放系统作业流程

海底钻机收放系统用于在复杂海洋环境下实现海底钻机的下放与回收，"海牛号"

海底钻机的收放系统组成如图 7-9 所示，主要包括海底钻机作业母船电力系统、液压系统、控制系统、海洋绞车、作业母船 A 形架、收放装置、铠装脐带缆等。

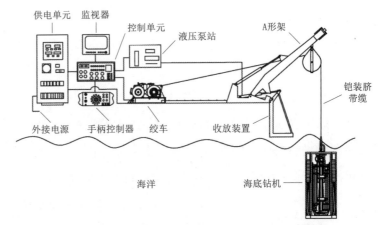

图 7-9 "海牛号"海底钻机收放系统的组成

7.1.4.1 海底钻机下水作业

在下水作业前，海底钻机横躺于母船后甲板的支撑导轨上，海底钻机的下水作业需要通过以下步骤实现。

（1）启动收放油缸，使其缩回，进而驱动海底钻机托架旋转至水平位置。在此过程中，支撑机构上的两根支撑导轨与海底钻机托架上的两根导轨完成精确对接。

（2）通过卷扬机的牵引作用，将海底钻机沿支撑导轨移动至海底钻机托架上。当海底钻机完全移至托架上时，即可利用托架上的导梁钩机构将海底钻机固定，同时合上翻板机构，确保海底钻机紧固于钻机托架上。收放液压缸伸出，使海底钻机与托架整体翻转 90°，随后稍微收缆，使海底钻机的质量逐步转移至铠装脐带缆上。

（3）解除托架对海底钻机的固定，并驱动 A 形架的摆臂油缸使 A 形架向外摆动，从而使海底钻机脱离钻机托架，同时释放铠装脐带缆。

（4）继续释放铠装脐带缆至钻机入水深度 30 m 左右时，按 1 m 间隔连续安装 15 个浮力球，继续下放海底钻机至离海底 20~30 m，减缓铠装脐带缆释放速度。

（5）离底间隙小于 10 m 时，打开寻址摄像头和寻址灯开始寻址，待将海底钻机平移至指定钻探点上方后，操控海底钻机进行着底。

（6）海底钻机着底后继续释放 20~30 m 铠装脐带缆使之呈 S 形，随后利用海底钻机的三条液压支腿进行机身调平，调平后锁定液压支腿，完成海底钻机的布放。

7.1.4.2 海底钻机回收作业

在海底钻机完成钻探作业后，需要将其回收至母船甲板，如图 7-10 所示，海底钻机的回收作业主要包括以下步骤。

（1）通过绞车将海底钻机部分提出水面，通过启动海底钻机机载螺旋桨推进器调整钻机姿态，使海底钻机上的两根导轨与钻机托架上的两根导轨对正，并保持海底钻机处于钻机托架的 V 形口中部位置。

（2）通过控制母船 A 形架缓慢向甲板内侧摆动，从而带动海底钻机进入钻机托架内，随后通过绞车将海底钻机全部提出水面，并使海底钻机底部提升至略高于钻机托架底部的位置。

（3）通过驱动翻板油缸带动翻板机构回收，然后将卡紧块推出以卡紧翻板机构，通过绞车缓慢下放海底钻机，使其在翻板机构上坐稳。

（4）驱动导梁钩油缸使导梁钩组件摆动，从而将海底钻机稳定地固定在钻机托架内。

（5）驱动收放油缸缩回，使海底钻机与钻机托架所构成的整体从竖直位置收回至水平位置，此时钻机托架上的两根导轨分别与支撑机构上的两根支撑导轨对接。然后通过驱动导梁钩油缸使导梁钩组件与海底钻机的机架分离，并通过卷扬机将海底钻机拉回到支撑导轨上，从而实现海底钻机的安全回收。

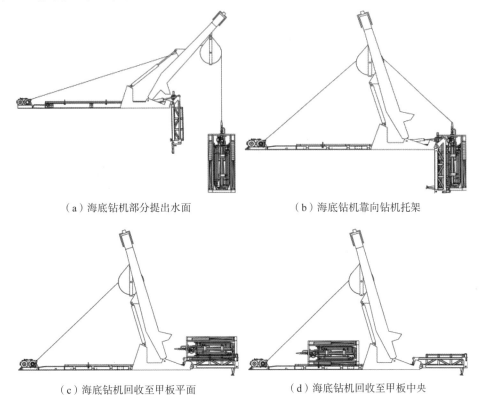

（a）海底钻机部分提出水面　　　　　　　　　（b）海底钻机靠向钻机托架

（c）海底钻机回收至甲板平面　　　　　　　　（d）海底钻机回收至甲板中央

图 7–10　"海牛号"海底钻机回收过程

7.2　收放系统动力学分析

海底钻机通过脐带缆进行下放和回收，海洋环境中的波浪和洋流对海底钻机布放的安全性和准确性有着重要影响，开展海底钻机收放系统动力学建模与响应分析研究工作具有重要的理论价值，并可为实际工程应用提供指导。

7.2.1　坐标系变换

开展基于母船的海洋装备收放系统动力学研究，需要建立空间固定坐标系和随船坐标系，如图 7-11 所示。空间固定坐标系 $O_0\xi\eta\zeta$ 固定在陆地面上，其中 $O_0\xi\eta$ 面与水平面重合，$O_0\xi\eta$ 面与水平面垂直；随船坐标系 O_{xyz} 跟随母船运动而变化，其是以母船重心 G 点为原点，x 轴正指向船艏，y 轴正指向左舷，z 轴正指向龙骨，A 点在收放架底部中间，B 点处在滑轮吊点中心，γ、δ 为海底钻机相对于 yOz 平面和 xOz 平面的摆动角度，F_{ij} 和 F_{iw} 为洋流力和流体动阻力，α 为收放架与甲板之间的角度，L_{AB} 为 A 点至 B 点的距离，L_{OA} 为坐标系 O_{xyz} 原点至 A 点的距离，l 为缆绳长度。

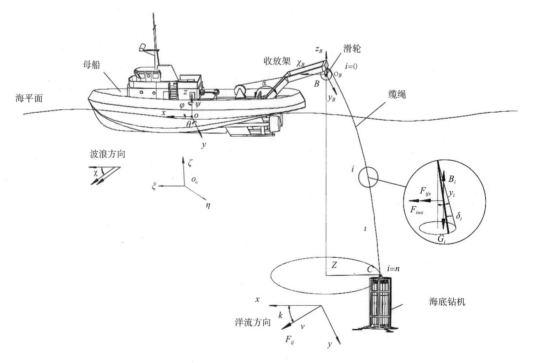

图 7-11　海底钻机收放系统坐标系定义

　　由于母船的运动方程是建立在空间固定坐标系上的，而收放架滑轮吊点 B 点的运动状态是建立在随船坐标系上的，因此需要将随船坐标系转换成空间固定坐标系，才能通过母船的运动获得收放架滑轮吊点 B 点处的位置和速度信息。将随船坐标系旋转两次即可完成对上述两个坐标系的转换，其转换关系如下。

　　（1）沿随船坐标系 $Oxyz$ 的 x 轴旋转 $-\varphi$ 角度。

　　（2）沿随船坐标系 $Oxyz$ 的 y 轴旋转 θ 角度。

得到的转换矩阵 $\boldsymbol{T}_n$ 为：

$$\boldsymbol{T}_n = \boldsymbol{T}(x,y,z)\boldsymbol{R}(y,\theta)\boldsymbol{R}(x,\varphi) = \begin{bmatrix} \cos\theta & \sin\theta\sin\varphi & \sin\theta\cos\varphi \\ 0 & \cos\varphi & -\sin\varphi \\ -\sin\theta & \cos\theta\sin\varphi & \cos\theta\cos\varphi \end{bmatrix} \quad （7\text{-}1）$$

由此可得随船坐标系与全局坐标系的转换关系为：

$$[x,\ y,\ z]^{\mathrm{T}} = \boldsymbol{T}_n[\xi,\eta,\zeta] \quad （7\text{-}2）$$

则收放架滑轮吊点 B 点的位置可表示为：

$$\begin{aligned}
[x_B,\ y_B,\ z_B,\ 1]^{\mathrm{T}} &= [\boldsymbol{T}_n]\begin{bmatrix} -L_{OA} + L_{AB}\cos\alpha \\ 0 \\ L_{AB}\sin\alpha \end{bmatrix} \\
&= \begin{bmatrix} -L_{OA}\cos\theta + L_{AB}\cos\alpha\cos\theta + L_{AB}\sin\alpha\sin\theta\cos\varphi \\ -L_{AB}\sin\alpha\sin\varphi \\ L_{OA}\sin\theta - L_{AB}\cos\alpha\sin\theta + L_{AB}\sin\alpha\cos\theta\cos\varphi \end{bmatrix}
\end{aligned} \quad （7\text{-}3）$$

$$\begin{cases}
\dot{x}_B = \dot{\theta}L_{OA}\sin\theta - \dot{\theta}L_{AB}\cos\alpha\sin\theta - \dot{\varphi}L_{AB}\sin\alpha\sin\theta\sin\varphi + \\
\qquad \dot{\theta}L_{AB}\sin\alpha\cos\theta\cos\varphi \\
\dot{y}_B = -\dot{\varphi}L_{AB}\sin\alpha\cos\varphi \\
\dot{z}_B = \dot{\theta}L_{OA}\cos\theta - \dot{\theta}L_{AB}\cos\alpha\cos\theta - \dot{\theta}L_{AB}\sin\alpha\sin\theta\cos\varphi - \\
\qquad \dot{\varphi}L_{AB}\sin\alpha\cos\theta\sin\varphi
\end{cases} \quad （7\text{-}4）$$

　　式（7-3）和式（7-4）中，α 为收放架变幅角度，属于定值；横摇弧度 φ 和纵摇弧度 θ 随时间变化的关系可根据母船方程求得。

7.2.2　收放系统动力学建模

7.2.2.1　海洋环境载荷

1）波浪载荷

在构建规则波浪模型过程中，为简化波浪载荷的影响，可作如下假设：流体为理想流体，不可压缩；波浪在传播过程中方向不变；满足微幅波假说。波浪在坐标系 $O_0\xi\eta\zeta$ 中沿 ξ 方向传播时，单个规则波浪的波形图如图 7–12 所示，其中 λ 为波长，h_B 为波高。

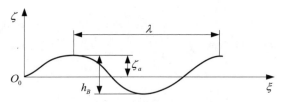

图 7–12　沿 ξ 方向传播的规则波浪波形图

对于理想流体，速度势可表示为：

$$\Phi\left(\xi,\zeta,t\right)=\frac{w\zeta_a}{k}\mathrm{e}^{k\zeta}\sin\left(k\xi-wt\right) \tag{7-5}$$

式（7–5）中，ζ_a 为规则波浪的波幅；k 为规则波浪的波数，其中 $k=\dfrac{w^2}{g}$，g 为重力加速度；w 为规则波浪的角频率；ξ 为波浪在坐标系 $O_0\xi\eta\zeta$ 传播的方向。

波浪在传播过程中满足边界条件：

$$\zeta\left(t\right)=-\frac{1}{g}\frac{\partial\Phi}{\partial t}\bigg|_{\zeta=0} \tag{7-6}$$

由此得到波浪的波形方程为：

$$\zeta\left(t\right)=\zeta_a\cos\left(k\xi-wt\right) \tag{7-7}$$

假设波浪沿空间固定坐标系上的 $O_0\xi$ 轴运动，其中随船坐标系被视为固定不动，将两个坐标轴的原点重合时，转换坐标关系为：

$$\begin{cases} \xi=x\cos\chi-y\sin\chi \\ \eta=x\sin\chi+y\cos\chi \\ \zeta=z \end{cases} \tag{7-8}$$

式（7–8）中，χ 为波浪的浪向角。

规则波浪的波面方程可通过将式（7-8）代入式（7-7）求得：

$$\zeta(t) = \zeta_a \cos\left[k(x\cos\chi - y\sin\chi) - wt\right] \tag{7-9}$$

波浪产生的空间流场速度 u_w 和加速度 a_w 可表示为：

$$\begin{cases} u_w = \operatorname{grad}\varPhi \\ a_w = \dfrac{\partial u_w}{\partial t} + (u_w \cdot \nabla)u_w \end{cases} \tag{7-10}$$

通过式（7-10）可得到：

$$\begin{cases} u_{wx} = w\zeta_a \mathrm{e}^{k\zeta} \cos\left[k(x\cos\chi - y\sin\chi) - wt\right] \cdot \cos\chi \\ u_{wy} = -w\zeta_a \mathrm{e}^{k\zeta} \cos\left[k(x\cos\chi - y\sin\chi) - wt\right] \cdot \sin\chi \\ u_{wz} = w\zeta_a \mathrm{e}^{k\zeta} \sin\left[k(x\cos\chi - y\sin\chi) - wt\right] \end{cases} \tag{7-11}$$

以及：

$$\begin{cases} \begin{aligned} a_{wx} = & \, w^2\zeta_a \mathrm{e}^{k\zeta} \sin\psi \cdot \cos\chi + \\ & \left(w\zeta_a \mathrm{e}^{k\zeta} \cos\psi \cdot \cos\chi\right) \cdot \left(-kw\zeta_a \mathrm{e}^{k\zeta} \sin\psi \cdot \cos^2\chi\right) + \\ & \left(-w\zeta_a \mathrm{e}^{k\zeta} \cos\psi \cdot \sin\chi\right) \cdot \left(kw\zeta_a \mathrm{e}^{k\zeta} \sin\psi \cdot \sin\chi \cdot \cos\chi\right) + \\ & \left(w\zeta_a \mathrm{e}^{k\zeta} \sin\psi\right) \cdot \left(kw\zeta_a \mathrm{e}^{k\zeta} \cos\psi \cdot \cos\chi\right) \end{aligned} \\ \begin{aligned} a_{wy} = & \, -w^2\zeta_a \mathrm{e}^{k\zeta} \sin\psi \cdot \sin\chi + \\ & \left(w\zeta_a \mathrm{e}^{k\zeta} \cos\psi \cdot \cos\chi\right) \cdot \left(w\zeta_a \mathrm{e}^{k\zeta} \cos\psi \cdot \cos\chi \cdot \sin\chi\right) + \\ & \left(-w\zeta_a \mathrm{e}^{k\zeta} \cos\psi \cdot \sin\chi\right) \cdot \left(-w\zeta_a \mathrm{e}^{k\zeta} \cos\psi \cdot \sin^2\chi\right) + \\ & \left(-w\zeta_a \mathrm{e}^{k\zeta} \cos\psi\right) \cdot \left(-kw\zeta_a \mathrm{e}^{k\zeta} \cos\psi \cdot \sin\chi\right) \end{aligned} \\ \begin{aligned} a_{wz} = & \, -w^2\zeta_a \mathrm{e}^{k\zeta} \sin\psi + \\ & \left(w\zeta_a \mathrm{e}^{k\zeta} \cos\psi \cdot \cos\chi\right) \cdot \left(kw\zeta_a \mathrm{e}^{k\zeta} \cos\psi \cdot \cos\chi\right) + \\ & \left(-w\zeta_a \mathrm{e}^{k\zeta} \cos\psi \cdot \sin\chi\right) \cdot \left(-kw\zeta_a \mathrm{e}^{k\zeta} \cos\psi \cdot \sin\chi\right) + \\ & \left(w\zeta_a \mathrm{e}^{k\zeta} \sin\psi\right) \cdot \left(kw\zeta_a \mathrm{e}^{k\zeta} \sin\psi\right) \end{aligned} \end{cases} \tag{7-12}$$

式（7-12）中，$\psi = k(x\cos\chi - y\sin\chi) - wt$。

2）洋流载荷

在实际海况中，洋流的方向与流速随着时间和空间不断变化，其中洋流的流速随深度的增加而降低，而且在不同的海区还受到季风和地球自转等因素的影响，很难达到实测的条件要求，一般认为洋流流速与水深的关系可表示为：

$$v = u_1 \left(\frac{H-h}{H} \right)^{\frac{1}{7}} + u_2 \left(\frac{H-h}{H} \right) \tag{7-13}$$

式（7-13）中，u_1 为海面处潮流速度，u_2 为海面处海流速度，H 为海底深度，h 为距工作水平深度。

对于细长收放缆绳而言，根据 Morison 公式计算其受到的洋流力。由于洋流力主要作用在水平面上，z 轴方向的洋流力较小，因此忽略不计。

7.2.2.2　母船运动模型

为了使母船固定在海面位置，采用动力定位系统对母船在波浪、洋流等作用下的复杂运动进行控制。在下放海底钻机时，由于母船在横摇、纵摇和升沉运动时阻尼和补偿较小，因此需要重点考虑母船的横摇运动、纵摇运动和升沉运动。

为了简化母船的运动模型，对母船做出假设：母船作为刚体，即忽略母船在波流作用下的变形情况；满足 Froude-Krylov 假设，即流体运动不受母船运动的影响。

由于海洋绞车、收放架均固定在母船上，随着母船会产生横摇、纵摇和升沉运动，从而引起缆绳和海底钻机动态响应。将母船视为一个刚体，母船在波浪中的横摇、纵摇和升沉运动，主要受海洋环境中波浪干扰力和力矩作用的影响。母船受到的力与力矩中，F_z 表示升沉力，m_θ 表示纵摇力矩，m_φ 表示横摇力矩，则母船的动力学控制方程可表示为：

$$\begin{cases} (m + \Delta m)\ddot{z} + A_1\dot{z} + A_2 z + A_3\ddot{\theta} + A_4\dot{\theta} + A_5\theta = F_z \\ (J_\varphi + \Delta J_\varphi)\ddot{\varphi} + B_1|\dot{\varphi}|\dot{\varphi} + B_2\varphi + B_3\varphi^3 = M_\varphi \\ (J_\theta + \Delta J_\theta)\ddot{\theta} + C_1\dot{\theta} + C_2\theta + C_3\ddot{z} + C_4\dot{z} + C_5 z = M_\theta \end{cases} \tag{7-14}$$

式（7-14）中，m 为船舶的质量，Δm 表示船舶在升沉运动时所产生的附加质量，$A_1 \sim A_5$ 表示船舶在升沉运动时的流体动力系数，z、φ、θ 分别为升沉位移、横摇度和纵摇度，J_φ、J_θ 分别为横摇和纵摇惯性矩，ΔJ_φ、ΔJ_θ 分别为横摇和纵摇附加惯性矩，B_1 表示船舶横摇阻尼力矩系数，B_2、B_3 表示船舶横摇恢复力矩系数，$C_1 \sim C_5$ 表示船舶纵摇流体动力系数。

在随船坐标系 $Oxyz$ 下，规则波的波浪引起的动压可表示为：

$$\Delta P = -\rho_1 g \zeta_a \mathrm{e}^{-kz} \cos(kx\cos\chi - ky\sin\chi - \omega t) \tag{7-15}$$

式（7-15）中，ρ_1 为海水密度。

母船受到的力与力矩为：

$$
\begin{cases}
\vec{F} = -\iint\limits_{S} \Delta P \vec{n} \mathrm{d}S \\
\vec{M} = -\iint\limits_{S} \Delta P (\vec{r} \times \vec{n}) \mathrm{d}S
\end{cases}
\tag{7-16}
$$

式（7-16）中，S 为母船的甲板可工作面；$\vec{n}$ 为 S 的单位法向量，方向指向母船外部；$\vec{r}$ 为动压力作用点在随船坐标系下的位置向量。

应用高斯定理积分并分解在空间固定坐标系上，则母船受到的力与力矩可表达为：

$$
\begin{cases}
F_z = \iiint\limits_{V} \dfrac{\partial(\Delta P)}{\partial z} \mathrm{d}V \\
M_\varphi = \iiint\limits_{V} \left[\dfrac{\partial(\Delta P)}{\partial y} z - \dfrac{\partial(\Delta P)}{\partial z} y \right] \mathrm{d}V \\
M_\theta = \iiint\limits_{V} \left[\dfrac{\partial(\Delta P)}{\partial z} x - \dfrac{\partial(\Delta P)}{\partial x} z \right] \mathrm{d}V
\end{cases}
\tag{7-17}
$$

式（7-17）中，V 为入水体积。

将式（7-15）代入式（7-17）中，母船受到的力与力矩可表达为：

$$
\begin{cases}
F_z = -\dfrac{\rho_1 g \zeta_a (1 - \mathrm{e}^{-kT})}{ab} \sin(aL) \sin(bB) \cos(\omega t + \varepsilon) \\
M_\varphi = -\dfrac{2\rho_1 g \zeta_a (1 - \mathrm{e}^{-kT})}{ka} \sin(aL) \sin(bB) \sin(\omega t + \varepsilon) \cdot z_b \\
\qquad + \dfrac{\rho_1 g \zeta_a (1 - \mathrm{e}^{-kT})}{2ab^2} \left[\sin(bB) - bB \cos(bB) \right] \sin(aL) \sin(\omega t + \varepsilon) \\
M_\theta = \dfrac{\rho_1 g \zeta_a (1 - \mathrm{e}^{-kT})}{2a^2 b} \left[\sin(aL) - aL \cos(aL) \right] \sin(bB) \sin(\omega t + \varepsilon)
\end{cases}
\tag{7-18}
$$

式（7-18）中，$a = k\cos\dfrac{\chi}{2}$；$b = k\sin\dfrac{\chi}{2}$；L 为母船长度；B 为母船宽度；T 为母船吃水深度；z_b 为母船浮心垂向坐标。

7.2.2.3 收放系统动力学模型

对于海底钻机收放系统而言，采用集中质量法既可以减少整个缆绳的自由度，又能帮助研究人员更清晰地理解缆绳在收放过程中的动力学行为。特别是在将缆绳下放至深海的情况下，极大地提高了计算效率。

考虑缆绳的运动通常为非线性，且作用在缆绳上的流体力也随时间变化，所建动力学方程即为非线性方程组。因此可使用集中质量法建立海底钻机收放系统动力学模型，重点考虑作用在缆绳上的重力、浮力、张力、流体动阻力和洋流力等的影响，运用牛顿运动定律即可得到整个缆绳的控制方程，通过首端和尾端连接对象确定边界条件和初始条件，最终得出海底钻机收放系统动力学方程组。

1）缆绳控制方程

将整个铠装脐带缆从 A 形架滑轮吊点 B 点至海底钻机连接点 C 处进行离散等分为 n 段，并假设缆绳首段第一个节点的运动即为母船收放架端处的运动，海底钻机运动即缆绳末端最后一个节点（$i=n$）的运动，如图 7-13 所示，每段缆绳应满足以下关系：

$$0 = l_0 > l_1 > \cdots l_i > l_{i+1} \cdots > l_n = -l \tag{7-19}$$

式（7-19）中，l 为缆绳的总长，各个节点可等距均匀分布，也可非均匀分布。

通过空间离散，忽略缆绳运动过程中的弯矩和扭矩，对于缆绳上任意第 i 个节点，根据牛顿运动定律可得出缆绳的控制方程如下：

$$m_i a_i = F_i \tag{7-20}$$

式（7-20）中，m_i 为缆绳质量，a_i 为第 i 个节点的加速度，F_i 表示作用于节点 i 上的所有外力。

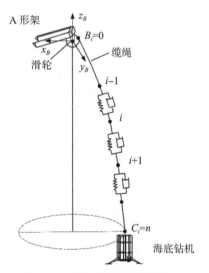

图 7-13　缆绳的弹簧质量模型

第 i 个节点处缆绳质量和加速度可表示为：

$$\begin{cases} m_i = m_{ai} + m_i \\ m_{ai} = k_{a1}\rho_1 V_i \end{cases} \tag{7-21}$$

式（7-21）中，m_{ai} 为缆绳在水中产生的附加质量；k_{a1} 为缆绳在水中产生的附加质量系数；V_i 为缆绳节点 i 的体积。

如图 7-14 所示，F_i 表示作用于节点 i 上的所有外力，可表示为：

$$F_i = G_i + B_i + T_i + F_{iw} + F_{ij} \tag{7-22}$$

式（7-22）中，G_i 为作用在缆绳节点 i 上的重力；B_i 为作用在缆绳节点 i 上的浮力；T_i 为作用在缆绳节点 i 上的张力；F_{iw} 为作用在缆绳节点 i 上的流体动阻力；F_{ij} 为作用在缆绳节点 i 上的洋流力。

若缆绳上还存在其他类型的外力，也应一并囊括至 F_i 内，缆绳节点 i 处受力分析如图 7-14 所示。

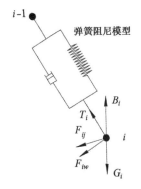

图 7-14 缆绳 i 点处受力分析

缆绳的重力与浮力可以表示为：

$$\begin{cases} G_i = -m_i g = -\rho_2 g \left(\dfrac{d}{2}\right)^2 \pi l_{i-1,i} \\ B_i = \rho_1 g V_i = \rho_1 g \left(\dfrac{d}{2}\right)^2 \pi l_{i-1,i} \end{cases} \tag{7-23}$$

式（7-23）中，ρ_2 为缆绳密度，$l_{i-1,i}$ 为缆绳从节点 $i-1$ 到节点 i 的初始长度，d 为缆绳直径。

第 i 个节点位置的缆绳张力可表示为：

$$\begin{cases} x_i = x_{i-1} - l'_{i-1,i} \cdot \sin\gamma_i \cos\delta_i \\ y_i = y_{i-1} + l'_{i-1,i} \cdot \sin\delta_i \\ z_i = z_{i-1} - l'_{i-1,i} \cdot \cos\gamma_i \cos\delta_i \end{cases} \tag{7-24}$$

式（7-24）中，$l'_{i-1,i}$ 表示缆绳从节点 $i-1$ 到节点 i 的变形后的长度，可表示为 $l'_{i-1,i} = \sqrt{(x_i - x_{i-1})^2 + (y_i - y_{i-1})^2 + (z_i - z_{i-1})^2}$；$\gamma_i$ 和 δ_i 分别表示节点 i 相对于节点 $i-1$ 在空间固定坐标系 $O_0\xi\eta\zeta$ 中 $\eta O_0\zeta$ 平面和 $\xi O_0\zeta$ 平面的摆动角度。

一般情况下应变 $\varepsilon \ll 1$，可直接应用胡克定律，作用于节点 i 上的张力可表示为：

$$
\begin{cases}
\Delta T_i = T_{i-\frac{1}{2}} - T_{i+\frac{1}{2}} \\
T_{i-\frac{1}{2}} = EA \dfrac{\left(l'_{i-1,i} - l_{i-1,i}\right)}{l_{i-1,i}} \cdot \begin{bmatrix} \sin\gamma_i \cos\delta_i \\ \sin\delta_i \\ \cos\gamma_i \cos\delta_i \end{bmatrix}
\end{cases}
\tag{7-25}
$$

式（7-25）中，A 为缆绳的横截面积；E 为缆绳的弹性模量；$i+\frac{1}{2}$ 为节点 i 和节点 $i+1$ 间的物理量；$i-\frac{1}{2}$ 为节点 i 和节点 $i-1$ 间的物理量。

缆绳在水下工作时，不仅要考虑受到波流速度引起的流体动阻力，还要考虑由波流加速度所引起的惯性力。缆绳受到的流体动阻力可表示为：

$$
\begin{cases}
F_{iwx} = \left(\dfrac{l_{i-1,i} \cdot A + l_{i,i+1} \cdot A}{2} \rho_1 + m_{ai} \right) \cdot a_{iwx} - \dfrac{\rho_1}{2} C_n l_{i-1,i} d \left| \dot{x}_i \right| \dot{x}_i \\
F_{iwy} = \left(\dfrac{l_{i-1,i} \cdot A + l_{i,i+1} \cdot A}{2} \rho_1 + m_{ai} \right) \cdot a_{iwy} - \dfrac{\rho_1}{2} C_n l_{i-1,i} d \left| \dot{y}_i \right| \dot{y}_i \\
F_{iwz} = \left(\dfrac{l_{i-1,i} \cdot A + l_{i,i+1} \cdot A}{2} \rho_1 + m_{ai} \right) \cdot a_{iwz} - \dfrac{\rho_1}{2} C_t l_{i-1,i} d \left| \dot{z}_i \right| \dot{z}_i
\end{cases}
\tag{7-26}
$$

式（7-26）中，C_t 为缆绳切向系数；C_n 为缆绳法向系数。

缆绳受到的洋流力可表示为：

$$
\begin{cases}
F_{ijx} = -\dfrac{1}{2} \rho_1 d l_{i-1,i} U_x \left| v\cos\kappa \right| \cdot v\cos\kappa \\
F_{ijy} = -\dfrac{1}{2} \rho_1 d l_{i-1,i} U_y \left| v\sin\kappa \right| \cdot v\sin\kappa \\
F_{ijz} = 0
\end{cases}
\tag{7-27}
$$

式（7-27）中，v 是洋流速度，U_x 为缆绳在 x 方向的运动阻力系数；U_y 为缆绳在 y 方向的运动阻力系数，κ 是洋流角，且 κ 为洋流方向与 x 轴之间的夹角。

将得到的缆绳动力学方程转化为矩阵形式，可表示为：

$$\begin{bmatrix} m_{ai} + m_i & 0 & 0 \\ 0 & m_{ai} + m_i & 0 \\ 0 & 0 & m_{ai} + m_i \end{bmatrix} \begin{bmatrix} \ddot{x}_i \\ \ddot{y}_i \\ \ddot{z}_i \end{bmatrix} = \begin{bmatrix} T_{ix} + F_{iwx} + F_{ijx} \\ T_{iy} + F_{iwy} + F_{ijy} \\ G_i + B_i + T_{iz} + F_{iwz} + F_{ijz} \end{bmatrix} \qquad (7-28)$$

2）海底钻机控制方程

海底钻机在第 $i=n$ 个节点处，三个方向上的动力学方程为：

$$\begin{cases} (m_{an} + m_{drill})\ddot{x}_G = T_{nx} + F_{nwx} + F_{njx} \\ (m_{an} + m_{drill})\ddot{y}_G = T_{ny} + F_{nwy} + F_{njy} \\ (m_{an} + m_{drill})\ddot{z}_n = T_{nz} + F_{nwz} + G_n + B_n \end{cases} \qquad (7-29)$$

式（7-29）中，G_n 为作用在缆绳节点 i 上的重力；B_n 为作用在缆绳节点 i 上的浮力；T_n 为作用在缆绳节点 i 上的张力；F_{nw} 为作用在缆绳节点 i 上的流体动阻力；F_{nj} 为作用在缆绳节点 i 上的洋流力；m_{an} 为海底钻机在水中产生的附加质量，$m_{an}=k_{an}\rho V_{drill}$，其中 k_{an} 为附加质量系数。

海底钻机重力与浮力可以表示为：

$$\begin{cases} G_n = -m_{drill} g \\ B_n = \rho_1 V_{drill} g \end{cases} \qquad (7-30)$$

式（7-30）中，m_{drill} 为海底钻机质量；V_{drill} 为海底钻机体积。

海底钻机张力可以表示为：

$$\begin{cases} T_{nx} = \dfrac{EA\left(l'_{n-1,n} - l_{i-1,i}\right)}{l_{i-1,i}} \cdot \begin{bmatrix} \sin\gamma_n \cos\delta_n \\ \sin\delta_n \\ \cos\gamma_n \cos\delta_n \end{bmatrix} \\ l'_{n-1,n} = \sqrt{\left(x_n - x_{n-1}\right)^2 + \left(y_n - y_{n-1}\right)^2 + \left(z_n - z_{n-1}\right)^2} \end{cases} \qquad (7-31)$$

海底钻机受到的流体动阻力可表示为：

$$\begin{cases} F_{nwx} = k_{nx}\rho_1 V_{dirll} a_{wx} - \dfrac{\rho_1}{2} C_x S_x |\dot{x}_n|\dot{x}_n \\ F_{nwy} = k_{ny}\rho_1 V_{dirll} a_{wy} - \dfrac{\rho_1}{2} C_y S_y |\dot{y}_n|\dot{z}_n \\ F_{nwz} = k_{nz}\rho_1 V_{dirll} a_{wz} - \dfrac{\rho_1}{2} C_z S_z |\dot{z}_n|\dot{z}_n \end{cases} \qquad (7-32)$$

式（7-32）中，C_x、C_y、C_z 分别为海底钻机在 x、y、z 方向上的阻力系数；S_x、

S_y、S_z 分别为海底钻机在 x、y、z 方向上的阻力面积；k_{nx}、k_{ny}、k_{nz} 分别为海底钻机在 x、y、z 方向上的阻力系数。

海底钻机受到的洋流力可表示为：

$$\begin{cases} F_{njx} = -\dfrac{1}{2}\rho_1 S_x N_x |v\cos\varphi|\cdot v\cos\varphi \\ F_{njy} = -\dfrac{1}{2}\rho_1 S_y N_y |v\sin\varphi|\cdot v\sin\varphi \\ F_{njz} = 0 \end{cases} \tag{7-33}$$

式（7-33）中，N_x 为海底钻机在 x 方向的洋流阻力系数；N_y 为海底钻机在 y 方向的洋流阻力系数。

将得到的海底钻机动力学方程转化为矩阵形式，可表示为：

$$\begin{bmatrix} m_{an}+m_n & 0 & 0 \\ 0 & m_{an}+m_n & 0 \\ 0 & 0 & m_{an}+m_n \end{bmatrix}\begin{bmatrix} \ddot{x}_n \\ \ddot{y}_n \\ \ddot{z}_n \end{bmatrix} = \begin{bmatrix} T_{nx}+F_{nwx}+F_{njx} \\ T_{ny}+F_{nwy}+F_{njy} \\ G_n+B_n+T_{nz}+F_{nwz}+F_{njz} \end{bmatrix} \tag{7-34}$$

3）边界条件和初始条件

（1）首端边界条件。

为求解运动控制方程组，必须对缆绳的首尾两端添加边界条件。忽略海洋绞车在收放海底钻机过程的影响，海底钻机通过缆绳进行下放与回收时，缆绳首端连接的是母船收放架滑轮 B 点，且缆绳首端固定在滑轮上，在收放过程中，不会产生相对运动，因此缆绳首端节点处的运动状态与母船收放架滑轮 B 点一致，即可得到首端边界条件为：

$$\begin{cases} x_0 = x_B(t) \\ y_0 = y_B(t) \\ z_0 = z_B(t) \end{cases}, \begin{cases} \dot{x}_0 = \dot{x}_B(t) \\ \dot{y}_0 = \dot{y}_B(t) \\ \dot{z}_0 = \dot{z}_B(t) \end{cases} \tag{7-35}$$

（2）末端边界条件。

将海底钻机考虑为缆绳末端节点，末端边界条件可通过建立的海底钻机动力学方程求解出末端节点处的位移和速度，可表示为：

$$\begin{cases} T_n\sin\gamma_n\cos\delta_n = F_{nwx}+F_{njx} \\ T_n\sin\delta_n = F_{nwy}+F_{njy} \\ T_n\cos\gamma_n\cos\delta_n = B_n+G_n+F_{nwz}+F_{njz} \end{cases} \tag{7-36}$$

初始条件表示缆绳起始时刻时，所在空间位置和速度等状态量，对于离散后的缆绳而言，每一个节点的位置与速度可表示为：

$$\begin{cases} x_i(0) = x_{0i} \\ y_i(0) = y_{0i} \\ z_i(0) = z_{0i} \end{cases}, \quad \begin{cases} \dot{x}_i(0) = \dot{x}_{0i} \\ \dot{y}_i(0) = \dot{y}_{0i} \\ \dot{z}_i(0) = \dot{z}_{0i} \end{cases} \quad (i = 1, 2, 3, \cdots, n) \tag{7-37}$$

勘探作业时，母船通常保持静止，即缆绳和海底钻机初始状态时位移和速度均为零。

7.2.3　收放系统动态响应分析

7.2.3.1　收放系统动力学仿真方法

1）收放系统仿真参数

海底钻机搭载母船主要计算参数如表 7-1 所示。

实际上，海洋波浪是由大量的随机波浪叠加而来，这些随机波包含不同波高、波长和相位角，所谓有义波高和有效周期只是随机波的统计特征值。不同海况等级对应的有义波高、有效周期如表 7-2 所示。为了方便研究，将复杂的随机波浪简化为幅值为波高、周期为有效周期的谐波作为输入，以便定量分析不同海况条件下波浪角、洋流角和水深等对系统动态响应的影响。

表 7-1　母船计算参数

参数	数值	参数	数值
船长 L/m	73.3	浮心垂向坐标 z_b/m	0.62
型宽 B/m	10.2	排水量 m/t	1200
吃水深度 T/m	3.4	浸水体积 V/m³	2537
菱形系数 C_p	0.85	方形系数 C_b	0.71
系数 C_W	11.9	面积 A_w/m²	532.892
角度 Φ_V/（°）	1.45	面积 $A_{\Phi V}$/m²	0.35
型深 /m	7.6	频率 T_φ/Hz	10
收放架变幅角度 α/（°）	135	A 形架最大安全载荷 /kg	20 000
收放架底座尺寸 L_{AB}、L_{OA}/m	34、6	甲板可工作面积 S/m²	520

表 7-2　不同海况下参数值

海况等级	有义波高 / m	有效周期 /s
3	0.88	5.1

续表

海况等级	有义波高 / m	有效周期 /s
4	2.1	7.3
5	4	8.7
6	6	10.8
7	8	12
8	9	13.2

海底钻机与缆绳计算参数如表 7-3 所示。

表 7-3　海底钻机与缆绳计算参数

参数	数值	参数	数值
阻力系数 N_x、N_y	1.3	阻力系数 C_t、C_n	0.02、1.53
海底钻机质量 m_{drill} /t	11.9	阻力系数 C_x、C_y、C_z	1.67
海底钻机体积 V_{drill} /m³	1.85	缆绳弹性模量 E/（N·m⁻²）	2.04×10^{11}
海水密度 ρ_1/（kg·m⁻³）	1025	缆绳密度 ρ_2/（kg·m⁻³）	4227
缆绳安全载荷 /kN	195	缆绳直径 d/mm	32
缆绳最大破断力 /kN	630	x 方向的阻力面积 S_x/m²	8.52
y 方向的阻力面积 S_y/m²	8.7	z 方向的阻力面积 S_z /m²	4.84
缆绳质量 /（kg·km⁻¹）	3800	缆绳水重 /（kg·km⁻¹）	3000
安全工作载荷 /kN	195		

2）收放系统动力学方程数值求解

联立母船动力学方程、缆绳动力学方程和海底钻机动力学方程，采用四阶龙格 – 库塔法进行求解，其求解流程如图 7-15 所示。四阶龙格–库塔法可通过复合函数解决高阶函数的问题，具有较优的稳定性和高效性，是解决复杂动力学方程问题的强大工具。该算法的基本逻辑为：

$$\begin{cases} y_{n+1} = y_n + \dfrac{h \cdot (k_1 + 2k_2 + 2k_3 + k_4)}{6} \\ k_1 = h \cdot f\left(t_n, y_n\right) \\ k_2 = h \cdot f\left(t_n + \dfrac{h}{2}, y_n + k_1\right) \\ k_3 = h \cdot f\left(t_n + \dfrac{h}{2}, y_n + \dfrac{k_2}{2}\right) \\ k_4 = h \cdot f\left(t_n + h, y_n + k_3\right) \end{cases} \quad (7\text{-}38)$$

式（7-38）中，$t_{n+1}=t_n+h$，其中 h 为时间步长。

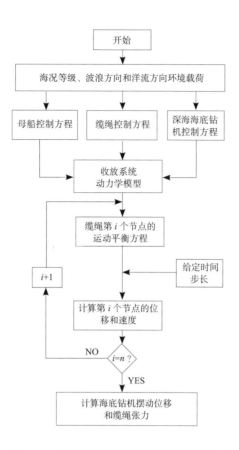

图 7–15　收放系统动力学方程数值求解流程图

收放系统动力学方程数值求解主要分为两个部分：首先以规则波浪为输入，通过给定的海况等级、波浪方向和洋流方向环境载荷，确定各控制方程的相关参数；然后运用四阶龙格 – 库塔法，计算缆绳从母船收放架端到海底钻机端各个节点的位移、速度和张力，得到海底钻机的摆动位移和缆绳张力等动态响应。

基于集中质量法建立的系统动力学方程组，采用四阶龙格 – 库塔法求解时，需要满足如下条件：

$$\frac{EA}{m}\left(\frac{h}{l_{i-1,i}}\right)^2 \leqslant 1 \tag{7-39}$$

当不满足式（7–39）时，其求解结果会产生发散，从而无法获得稳定解。

7.2.3.2　收放系统动态响应仿真

4 级海况下母船纵摇、横摇和升沉运动的数值仿真结果如图 7–16 所示。由图 7–16（a）可知，母船纵摇角变化范围约为 –1.9°~2.1°，变化幅值约为 4°；由图 7–16（b）

可知，母船横摇角变化范围约为 –6°~6°，变化幅值约为 12°。对比纵摇、横摇两种响应可知，母船纵摇响应周期小于母船横摇响应周期，并且在一个周期内母船横摇角的波动次数和浮动值均大于母船纵摇角的波动次数和浮动值。这是因为母船长度大于其宽度，导致母船的横摇变化明显大于纵摇变化，进而母船的纵摇稳定性优于横摇稳定性。由图 7-16（c）可见，母船升沉运动从开始时刻小幅振荡迅速达到最大值，交替变化后逐渐稳定，并呈现周期性的变化趋势；变化范围为 –0.3~0.3 m，变化幅值约为 0.6 m，远小于波高值，响应周期小于波浪周期，约为波浪周期的 90%。

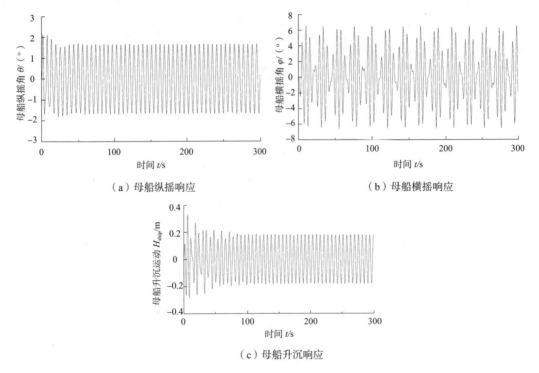

（a）母船纵摇响应   （b）母船横摇响应

（c）母船升沉响应

图 7-16　规则波浪下母船摇荡响应曲线

在 4 级海况下，波浪方向和洋流方向为 30° 时，海底钻机在水深 3000 m 处，收放系统动态响应如图 7-17 所示。随着母船横摇、纵摇和升沉运动，且在波浪和洋流的作用下，海底钻机在 Oxy 平面的摆动轨迹呈椭圆形，与母船横摇、纵摇幅度一致。如图 7-17（a）所示，摆动轨迹长轴方向约为 30°，与波浪方向和洋流方向一致，并用 r 表示海底钻机位置偏移量，即轨迹点距离原点的距离，$r = \sqrt{x^2 + y^2}$，可得到在 300 s 内最大位移点为（4.95，3.34）。

图 7-17（b）表示海底钻机偏移量的响应曲线，从图中可观察到海底钻机的最大偏移量，用 r_{max} 表示，在 300 s 内最大偏移量为 5.97 m。

图 7-17（c）表示母船收放架端缆绳张力的响应曲线。缆绳张力变化呈现出双周

期现象：一个是约为规则波、母船运动周期一半的周期振荡；另一个是振荡幅值由小变大、由大变小的周期性变化，其周期接近于规则波、母船运动周期的 3 倍。用 F_{max} 表示最大张力，在 300 s 内最大张力为 249 815 N，并且可看出缆绳 B 点张力在 $2.40 \times 10^5 \sim 2.50 \times 10^5$ N 范围内变化，变化范围为 1.0×10^4 N，约为稳定张力的 7%。由此可见，在母船横摇、纵摇、升沉运动和波浪、洋流联合作用下，缆绳张力呈现出复杂的周期性变化特点。

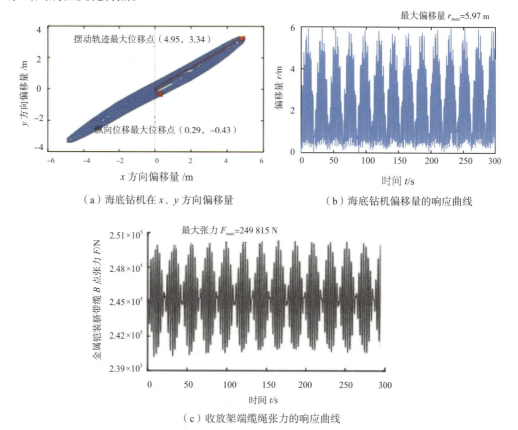

（a）海底钻机在 x、y 方向偏移量　　　　（b）海底钻机偏移量的响应曲线

（c）收放架端缆绳张力的响应曲线

图 7-17　缆绳收放系统动态响应

图 7-18 所示为在第 100 s 时，长度为 3000 m 的缆绳各节点处的动态响应。由图 7-18 可知，缆绳从母船收放架端至海底钻机端张力逐渐变小，这就意味着缆绳在收放架端承受着最大张力，最为危险；而偏移量逐渐变大，并与母船收放架端距离（缆绳缆长）

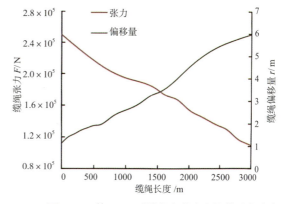

图 7-18　第 100 s 时缆绳各节点上处的动态响应

近似成线性关系，说明工作水深越深、缆绳越长，可能产生的偏移量就越大。通过计算缆绳和海底钻机受到的力的矢量和，可发现缆绳受的张力与该矢量和的数值几乎相同，进而得出缆绳受到的张力可近似为下放缆绳的重力加上海底钻机的重力。

7.2.3.3　动态响应影响因素分析

1）波浪方向的影响

应用海底钻机收放系统动力学数值仿真软件，在水深 3000 m、4 级海况，海底钻机在洋流方向为 30° 时，对不同波浪方向对海底钻机收放系统动态响应的影响开展仿真分析，结果如图 7-19 所示。从图 7-19（a）中可以看出，随着波浪方向变化，海底钻机摆动轨迹椭圆形长轴方向即发生最大偏移量的方向也产生变化，并始终保持与波浪方向大体一致。

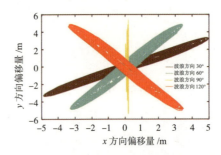

（a）不同波浪方向对海底钻机摆动轨迹的影响

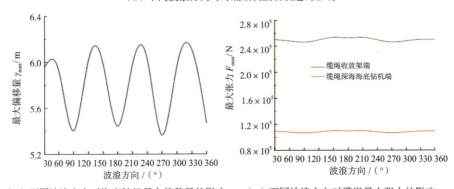

（b）不同波浪方向对海底钻机最大偏移量的影响　　（c）不同波浪方向对缆绳最大张力的影响

图 7-19　不同波浪方向对收放系统动态响应的影响

当波浪方向沿坐标轴方向时，海底钻机最大偏移量产生周期性变化，约在 0°、90°、180°、270° 为最小值，相应地，约在 45°、135°、225°、315° 为最大值，变化幅值约为 0.8 m，约为最大摆动值的 13%，如图 7-19（b）所示。当波浪方向沿坐标轴方向时，母船收放架端张力最大值略有变化，变化幅值约为 0.8×10^4 N，约为最大张力值的 3%，而海底钻机端张力变化更小，如图 7-19（c）所示。

2）洋流方向的影响

应用海底钻机收放系统动力学数值仿真软件，在水深 1000 m、4 级海况，海底钻机在波浪方向为 30° 时，对不同洋流方向对海底钻机收放系统动态响应的影响开展仿真分析，如图 7-20（a）所示，结果表明随着洋流方向变化，海底钻机摆动轨迹略有变化，椭圆形轨迹在长、短轴方向最大偏移量有所变大，但椭圆形轨迹长轴方向没有变化，与波浪方向保持大体一致。如图 7-20（b）所示，洋流方向为 150° 和 330° 时海底钻机最大偏移量处于最小值。随着洋流方向的变化，变化幅值约为 0.2 m，约为最大摆动值的 8%。如图 7-20（c）所示，可看出洋流方向的变化对缆绳的张力几乎没有影响。

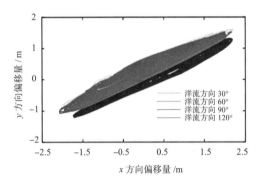

（a）不同洋流方向对海底钻机摆动轨迹的影响

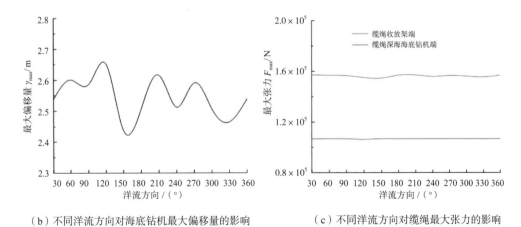

（b）不同洋流方向对海底钻机最大偏移量的影响　　（c）不同洋流方向对缆绳最大张力的影响

图 7-20　不同洋流方向对缆绳收放系统动态响应的影响

3）工作水深和海况的影响

应用海底钻机收放系统动力学数值仿真软件，选定波浪方向与洋流方向为 30°，开展不同水深、海况对海底钻机收放系统动态响应的影响的数值仿真，结果如图 7-21

所示。由图 7–21 可知，随着工作水深增加，海底钻机最大偏移量增加，缆绳最大张力增大，这是因为随着母船横摇、纵摇和升沉运动，一方面缆绳长度增加导致其末端的海底钻机偏移量增大；另一方面缆绳长度增加（缆绳长度每增加 1000 m，其质量增加约 3800 kg）导致其首端惯性力、母船收放架端张力增加，如图 7–21（a）所示。随着海况升级，海底钻机最大偏移量增加，缆绳最大张力增大，这是因为随着海况升级、波浪幅值增加，海底钻机位移量增大，进而使得加速度和惯性力也增加，如图 7–21（b）所示。从量的角度而言，对于 4 级海况，工作水深每增加 1000 m，海底钻机偏移量就增加约 2.4 m；对于 3000 m 缆绳，相对于 3 级海况，4 级和 5 级海况下海底钻机最大偏移量分别增大 150%、220%。对于 4 级海况，工作水深每增加 1000 m，母船收放架端张力最大值就增加约 5×10^4 N；对于 3000 m 缆绳，相对于 3 级海况，4 级和 5 级海况下其母船收放架端最大张力值分别增大 122% 和 199%。

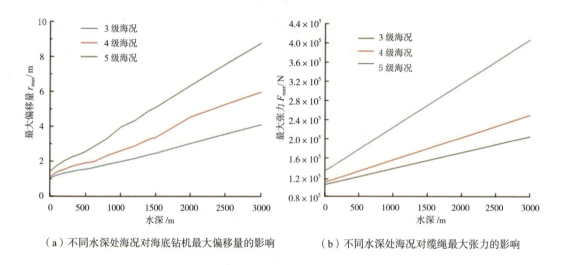

（a）不同水深处海况对海底钻机最大偏移量的影响　　（b）不同水深处海况对缆绳最大张力的影响

图 7–21　不同水深、海况下收放系统动态响应的影响

由图 7–22（a）可知，不同波浪方向下随着水深的增加，海底钻机产生的偏移量始终保持约 0.5 m 的偏差，这对于 3000 m 以上水深而言，其变化幅值较小，最大偏移量约为水深的 10%；由图 7–22（b）可知，不同波浪方向下缆绳最大张力变化幅值约为 1 kN，同样对于 3000 m 水深而言，其变化幅值也较小，最大变化幅值约为该水深缆绳最大张力的 5%。

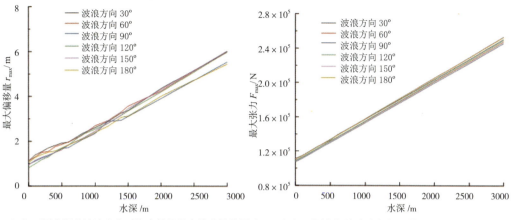

（a）不同水深处波浪方向对海底钻机最大偏移量的影响　　（b）不同水深处波浪方向对缆绳最大张力的影响

图 7-22　不同水深处波浪方向对收放系统动态响应的分析

由图 7-23 可知，当工作水深小于 1500 m 时，洋流方向对海底钻机最大偏移量和缆绳最大张力有一定影响，随着水深的增加，海底钻机在不同洋流方向下造成的最大偏移量和最大张力将分别逐渐接近，这是由于水深的增加，洋流的流速逐渐减小，从而对海底钻机收放系统产生的影响会越来越小。必须特别指出，波浪方向对海底钻机摆动轨迹的影响不容忽视，这是因为波浪方向是海底钻机发生最大偏移量的方向，这对预估海底钻机着底位置极为重要。

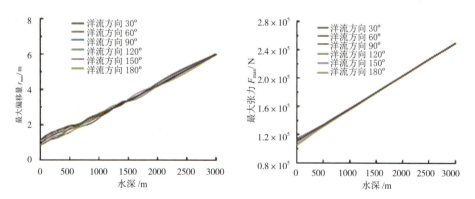

（a）不同水深处洋流方向对海底钻机最大偏移量的影响　（b）不同水深处洋流方向对缆绳最大张力的影响

图 7-23　不同水深处洋流方向对收放系统动态响应的影响

在不同洋流方向下，海底钻机会表现出不同的动态响应，当洋流方向与缆绳切线方向角度越小时，钻机偏移量会越大。在水深 1000 m 时，若只考虑洋流的影响，海底钻机偏移量为 1.59 m；对比水深 1000 m 时，若同时考虑洋流和波浪的影响，海底钻机偏移量为 1.92 m,两者相差约 20%。在水深 1000 m 时,当波浪方向为纵向对浪时,缆绳最大张力变化幅度最大;当波浪方向为横浪时,缆绳最大张力变化幅度最小;而波浪方向为首斜浪和尾斜浪时,最大张力变化幅度处于两者之间。并且不同波浪方向对缆绳张力变化的影响较为明显,缆绳收放端受到的最大张力约为 1.36×10^5 N;对比在 1000 m 水深时,缆绳受到的最大张力为 1.45×10^5 N,两者相差 6.6%。这是由于考虑洋流的影响,且在流体动阻力推导过程中,加入了流场加速度所产生的阻力。

综上所述,水深、海况对海底钻机收放系统动态响应的影响较大;波浪和洋流方向对海底钻机收放系统动态响应的影响较小,随着工作水深的增加,其影响将逐渐减弱。

7.3　翻转式配套收放装置

7.3.1　翻转式配套收放装置的组成

国外早期的翻转式配套收放装置存在以下不足。

(1)因缺乏导向措施,控制海底钻机向收放装置对齐和靠拢较为困难。

(2)控制海底钻机向收放装置对齐和靠拢时,需要先将海底钻机提出水面,这使得海底钻机更容易受母船的影响而产生晃动。

(3)翻转过程中的收放装置未能有效固定海底钻机,从而导致钻机可能与收放装置两侧的收放油缸发生碰撞,进而造成油缸损坏,影响收放作业的正常进行。

在研制"海牛号"海底钻机时,专门配套研制了一套具有安全性能好、收放效率高等优点的翻转式收放装置,如图 7-24 所示。该套收放装置的主要组成部分包括卷扬机、支撑机构、收放油缸、钻机托架与翻板机构等。

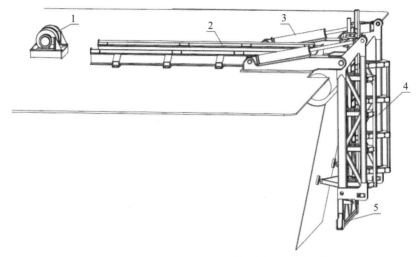

1- 卷扬机　2- 支撑机构　3- 收放油缸　4- 钻机托架　5- 翻板机构

图 7-24　"海牛号"海底钻机收放装置的组成

7.3.1.1　卷扬机

　　海底钻机由港口布放至母船上后，以卧倒的形式摆放在支撑架上，在海底钻机下放时需将海底钻机移动到钻机托架上。由于海底钻机质量较大，不可能由人力进行海底钻机的移动，因此在固定支撑架一端设置卷扬机。卷扬机的主要作用是在收放前后使海底钻机在支撑滑道和托架之间进行移动。卷扬机安装在收放装置的尾部，将支架与支撑滑道相连。在下放海底钻机时，卷扬机与支撑架末端安装的导向滑轮组配合，将海底钻机由支撑滑道移动到钻机托架内。在回收海底钻机时，卷扬机缆绳直接与钻机托架上端的吊环连接，通过控制卷扬机将海底钻机从托架拉回到支撑架尾部（母船中央）。

7.3.1.2　支撑机构

　　支撑机构包括支撑架、导轨、支撑底座、滑轮组等，作为一个支撑整体固定在母船甲板尾部，如图 7-25 所示。支撑架在海底钻机不工作时起到固定支撑的作用，在海底钻机收放移动过程中起到导向和减小摩擦的作用。支撑架固定在母船甲板上，与钻机机架契合的滑道固定在支撑架上面，滑道内安装有尼龙板，以减小海底钻机与滑道之间的摩擦力。支撑架与钻机托架衔接端安装有导向滑轮组，与卷扬机配合使用为海底钻机移动提供拉力。

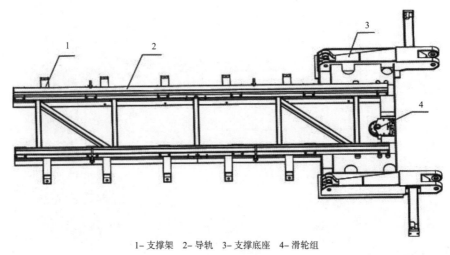

1– 支撑架　2– 导轨　3– 支撑底座　4– 滑轮组

图 7–25　支撑机构

支撑底座是收放液压缸和钻机托架的固定支点，起到对液压缸和托架的固定以及对钻机的支撑作用。支撑底座对称分布在支撑架尾端两侧，并与支撑架相连，两铰接点分别与收放液压缸的油缸筒和钻机托架铰接点相连。

7.3.1.3　收放油缸

收放油缸是收放装置的驱动部件，对称布置在托架两侧，两油缸分别与钻机托架和支撑底座铰接。收放油缸由液压泵供油，通过液压缸的移动转变为海底钻机与钻机托架整体的转动，从而实现海底钻机的下放与回收。下放海底钻机时，驱动液压缸活塞杆伸出，使钻机托架带动海底钻机顺时针旋转 90°，海底钻机直立在托架底板上，驱动 A 形架使海底钻机下放。回收海底钻机时，驱动液压缸活塞杆缩回，带动托架和海底钻机整体逆时针旋转 90°，海底钻机在钻机托架的导轨上与支撑机构的导轨进行对接，驱动卷扬机即可将海底钻机回收至支撑机构上。

7.3.1.4　钻机托架与翻板机构

在下放海底钻机时必须以直立状态将其下放至海底，因此，所设计的钻机托架需能够将海底钻机从横置状态翻转为直立状态。钻机托架包括导梁钩、铰接组件、横梁防冲击机构和翻板机构。横梁防冲击机构及导梁钩机构的两端固定在两个平行的铰接组件上。横梁防冲击机构上设有 V 形口，V 形口朝向母船后方。两导轨平行设置，固定安装在横梁防冲击机构及导梁钩机构上，可与支撑机构的两支撑导轨对接。导梁钩机构包括 U 形导梁、导梁安装板、导梁钩组件及导梁钩油缸。导梁钩组件铰接在

U 形导梁的两侧壁上，导梁钩油缸安装在 U 形导梁内，导梁钩油缸的一端与 U 形导梁内的导梁钩油缸底座铰接，另一端与导梁钩组件铰接。钻机托架的铰接组件上靠近翻板机构端分别设有卡槽板，卡槽板朝向翻板机构的面上设有卡槽；翻板机构对应于卡槽板上的卡槽设有翻板卡板。卡槽板的卡槽内设有翻板油缸，翻板油缸的一端与钻机托架铰接，另一端与卡紧块铰接。卡槽板上设有滑槽，卡紧块置于滑槽中，卡紧块可卡紧翻板卡板。钻机托架及翻板机构如图 7-26 所示。

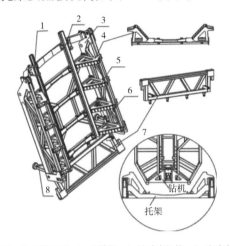

1- 导梁钩　2-U 形导梁　3- 支撑架　4- 防冲击机构　5- 防冲击橡胶块
6- 翻板油缸　7- 翻板机构　8- 缓冲支撑架

图 7-26　钻机托架与翻板机构

横梁防冲击机构上所开设的 V 形口结构与海底钻机机架结构一致。当海底钻机放置在钻机托架上时，横梁防冲击机构可对海底钻机进行抱合，使海底钻机不会左右摆动，并且在防冲击机构上安装了防冲击橡胶块，可实现对钻机机架的保护。托架中央布置平行 U 形导梁，与固定滑道的滑轨对接一致，既能使海底钻机在靠拢托架时作为靠拢定位点，又能使海底钻机顺利地在托架和固定滑道之间滑动。托架上端滑轨两侧安装导梁钩，当海底钻机与托架贴合时，导梁钩钩住钻机机架，使海底钻机与托架固定，在下放和回收过程中不会随船舶的摇晃而产生摆动。托架底板设置成可开启式结构，由翻板油缸驱动翻板机构与钻机托架的闭合，海底钻机下放时，翻板机构与钻机托架闭合，当海底钻机与托架旋转至垂直位置时，驱动翻板机构打开。通过绞车对铠装脐带缆的控制便可实现海底钻机的下放；当海底钻机吊回至水面时，打开的翻板机构能更好地让海底钻机与托架贴合，通过控制铠装脐带缆的回收便可使海底钻机进入托架底部以上，然后关闭翻板机构可让海底钻机直立在翻板机构上，同时驱动导梁钩机构实现对钻机机架的抱紧，此时可驱动收放油缸以实现海底钻机从竖直状态旋转至水平状态。

7.3.2 关键零部件设计

收放装置外形尺寸比较大，由于收放过程和环境比较复杂，极易受到海浪的影响，因此零部件的设计直接影响着收放装置的工作性能。导梁钩机构、V形防冲击机构、卡紧机构和铰接点等部件在收放装置的正常工作中起到关键作用。

7.3.2.1 导梁钩机构

母船的摇荡可能诱发海底钻机与钻机托架产生碰撞，进而对海底钻机本体和母船造成冲击。为此，专门设计一种导梁钩机构，该导梁钩机构主要由导梁钩和支耳组成。导梁钩机构对称安装在钻机托架支撑梁上面，支耳与液压缸活塞杆铰接耳铰接，通过液压缸的驱动控制导梁钩的闭合。其结构和工作示意图如图7-27所示。

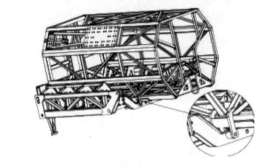

（a）导梁钩工作示意图

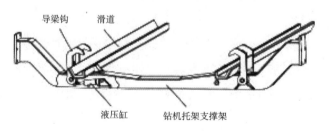

（b）导梁钩结构示意图

图 7-27 导梁钩机构

当海底钻机置于托架上时，导梁钩机构紧紧扣住钻机机架，使海底钻机固定在钻机托架上。当海底钻机回收至甲板平面时，导梁钩打开，此时海底钻机和托架分离，利用卷扬机将海底钻机拖回固定在支撑架上。

7.3.2.2 V形防冲击机构

将水下的海底钻机回收至托架内时，由于母船受到海浪扰动产生摇晃，导致在海底钻机靠拢时比较困难，且容易在靠拢过程中对托架和母船产生撞击。为此设计V

形防冲击机构。如图 7-28 所示，V 形防冲击机构主要由托架支撑横梁、防冲击架、缓冲橡胶块组成。防冲击架呈三角形状，防冲击架底端设有螺纹孔，通过螺钉固定安装在支撑横梁两端。防冲击架斜面构成 V 形口，与海底钻机外形保持一致，且在防冲击架斜面上安装有缓冲橡胶块。V 形防冲击机构使海底钻机在回收时更容易向其靠拢，斜面上安装的缓冲橡胶块能够较好地吸收海底钻机靠拢过程中产生的冲击力。

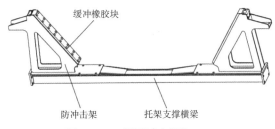

图 7-28　V 形防冲击机构

7.3.2.3　卡紧机构

海底钻机在回收过程中，通过翻板机构使其无须全部提出海面即可向托架靠拢进行回收，从而减少母船摇晃对海底钻机的影响。海底钻机由缆绳提放至翻板机构后，驱动卡紧机构将翻板机构卡紧，海底钻机便可直立在翻板机构上。

卡紧机构主要由卡紧块、滑槽板、卡紧油缸和滑槽组成，如图 7-29（b）所示。滑槽板固定在钻机托架底部，卡紧块置于滑槽内并可沿滑槽前后移动，卡紧油缸活塞杆与卡紧块相连，通过驱动卡紧油缸的伸缩可以控制卡紧块前后移动。翻板机构合上后，驱动卡紧油缸使卡紧块向前移动，进而将翻板机构锁紧。进行海底钻机的布放操作时，卡紧块退回即解除对翻板机构的卡紧，然后由驱动翻板油缸开启翻板机构。

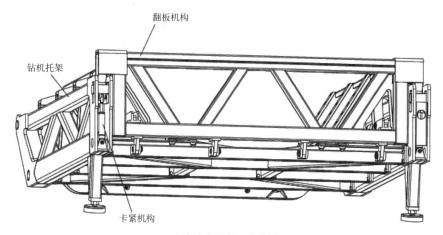

（a）卡紧机构工作位置

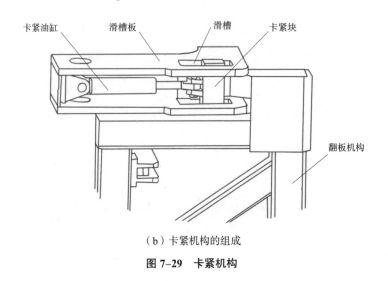

（b）卡紧机构的组成

图 7-29　卡紧机构

7.3.2.4　铰接点

海底钻机收放系统的主要受力部位为收放液压缸与支撑底座、托架铰接处和支撑底座与托架铰接处，在海底钻机收放过程中不同的收放位置导致上述铰接处受力情况各不相同，同时由于母船运动的影响使得该处受力情况变得更加复杂。

支撑底座主要由高强度焊接板焊接而成，左端铰接处为螺纹销轴与液压缸筒铰接，铰接处安装有轴套，并通过加强筋固定以增加该部位的强度。右端铰接处为螺纹销轴与托架铰接，同样在铰接处安装有轴套以增加该处的强度。支撑底座铰接点结构如图7-30所示。

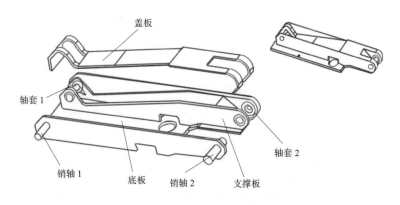

图 7-30　支撑底座铰接点结构示意图

钻机托架铰接点主要由铰接内板、铰接外板、连接板、轴套等焊接而成，其材料均为高强度焊接钢板 HG70，铰接外板的厚度为 25 mm，铰接内板的厚度为 20 mm，轴套的厚度为 30 mm。钻机托架铰接结构上铰接孔通过直径为 70 mm 的螺纹销轴与收放液压缸活塞杆连接，下铰接孔通过直径为 90 mm 的螺纹连接销轴与支撑底座连接。由于下铰接点的受力较大，因此在轴套内安装 304 不锈钢自润滑轴承，以减小其与连接销轴的摩擦，从而提高连接销轴的使用寿命。钻机托架铰接点结构如图 7-31 所示。

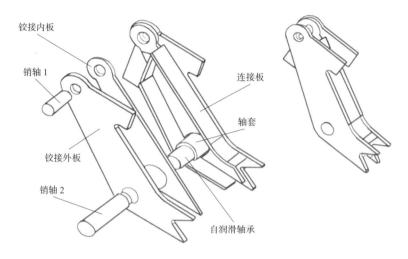

图 7-31　钻机托架铰接点结构示意图

7.4　着底过程与调平

　　因受海面母船升沉运动的影响，往往难以通过缆绳缓慢、平稳地将海底钻机直接布放至海底。通常采取的办法是在海底钻机离海底还有一段距离时快速放缆，使海底钻机以近似自由落体的方式进行硬着底。硬着底产生的碰撞冲击不仅可能会导致海底钻机结构零部件承受的载荷过大而造成强度破坏，还可能导致瞬态载荷过大造成海底钻机内部电子仪器设备的冲击破坏，甚至海底钻机碰撞反弹时还可能发生机体偏转乃至倾覆，所以对海底钻机硬着底过程进行动力学分析显得非常有必要。此外，为保证海底钻机能够竖直钻进，获取预定地层的岩芯，避免海底钻机机体发生倾斜而导致钻进取芯作业不成功，要求海底钻机应具备支撑调平系统，为海底钻机的钻进作业提供稳定支撑。

7.4.1　着底过程建模

我国某型海底钻机支撑系统的组成如图 7-32 所示，支撑系统包含三组结构一致的支腿，每组支腿主要由液压油缸、连杆以及脚板三部分组成。油缸的一端与机体支腿座铰接于 M 点，连杆的一端与机体支腿座通过同轴铰接点相铰接，取连杆与支腿座两铰接点连线的中点 N 作为等效铰接点，油缸、连杆的另一端与脚板通过万向节共同铰接于 J 点。

将支腿连杆与机体底面的夹角定义为"支腿展角"，记作 ϕ。在海底钻机下放前，通过控制液压油缸的伸缩完成对支腿展角的设定，并在设定完成后锁定液压油缸。将 M、N、J 三点构成的平面定义为支腿平面，将垂直于支腿平面的方向定义为支腿横向，垂直于支腿平面的力定义为横向力。

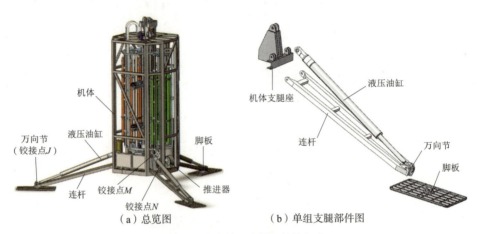

（a）总览图　　　　　　　　　　（b）单组支腿部件图

图 7-32　海底钻机支撑系统的组成

由海底钻机支腿结构及其与海底钻机机体的连接方式可知，支腿液压油缸在海底钻机的着底碰撞过程中发挥缓冲吸能作用，其仅承受轴向力；而支腿连杆因与机体支腿座间存在两处同轴铰接点，故连杆除承受轴向力外，还承载脚板与海底底质间作用力在支腿横向的分量，并将其传递至海底钻机机体。

7.4.1.1　模型假设

对于三支腿支撑式海底钻机而言，非共线的三点可确定一个平面，当忽略着底点局部较小程度凹凸不平的地形特征时，可视为在一个理想的平面上进行着底。根据着底碰撞过程中海底钻机的运动是否与其支撑系统的结构对称，可将海底钻机的着底模式分为对称式着底与非对称式着底。考虑到对称式着底相对非对称式着底更加稳定，因此在实际工程应用中，通常会通过海底钻机配备的螺旋桨在海底钻机释放前对其姿态进行相应的调整，并配合对释放时机的把控，使海底钻机的着底过程尽量贴近如图7-33 所示的 2-1 对称式着底。2-1 对称式着底是指两条支腿先同时触底，然后第三条支腿触底，当倾角 $\alpha=0$ 时，还包含三条支腿同时触底的情况，因此，可将海底钻机的硬着底过程简化为如图 7-33 所示的在理想地形上的 2-1 对称式着底。

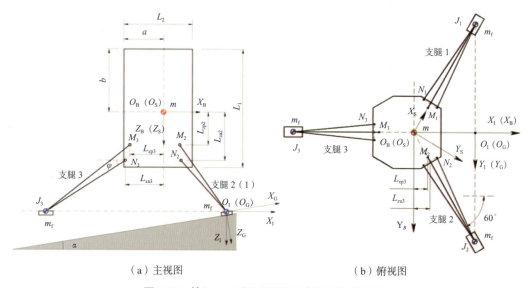

（a）主视图　　　　　　　　　　（b）俯视图

图 7-33　钻机 2-1 对称式着底示意图（触底时刻）

结合海底钻机的结构特点并考海底环境的特殊性，对海底钻机着底过程动力学分析作如下基本假设。

（1）海底为静水环境，海底钻机着底点的局部海底地形为平整斜坡面，倾角为 α，且着底点周围的海底底质具有相同的物理力学性质。

（2）针对海底钻机自释放后至初次触底前的下落阶段，将海底钻机视为一个整体，并假设海底钻机释放瞬时处于静止状态，不考虑脐带缆的影响，则海底钻机的下落过程可简化为一个近似自由落体的单自由度运动。

（3）针对海底钻机触底后的碰撞阶段的假设如下。

①将海底钻机简化成一个弹性支撑子系统和三个非弹性支撑子系统。其中，弹性支撑子系统的质量由液压油缸所支撑的上部质量组成，具体包括海底钻机机体、液压油缸缸筒、其他附属物件等的全部质量，以及连杆质量的一半；非弹性支撑子系统则包括液压油缸活塞、活塞杆、脚板、万向节等零部件的全部质量，以及连杆质量的一半，与图 7-33 中的支腿编号相对应，依次记为非弹性支撑子系统Ⅰ、Ⅱ、Ⅲ。

②弹性支撑子系统的全部质量 m 集中于海底钻机机体质心处，而机体质心位于三个支腿平面的共同交线（以下简称"机体轴心线"）上，同时假设弹性支撑子系统的重心与浮心重合；各非弹性支撑子系统的质量 m_f 集中于万向节铰接点处。

③将支腿连杆等效为轴向具有刚度和阻尼、横向可传递横向力但不可弯曲的杆件；将支腿液压油缸等效为仅受轴向力的弹簧－阻尼元件；弹性支撑子系统与非弹性支撑子系统间通过支腿结构的几何约束关系进行位置约束和力的传递，且除海底钻机支腿液压油缸和连杆外，不考虑海底钻机其余部分的结构弹性变形。

7.4.1.2　着底动力学模型

1）坐标系定义

为方便描述海底钻机的空间位置、运动状态和地形倾角，模型中引入四个坐标系，分别为惯性坐标系、坡面坐标系、机体坐标系和支腿坐标系，如图 7-34 所示。各坐标系的具体定义如下：

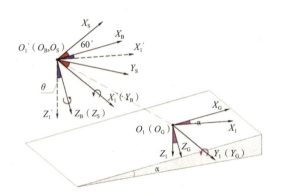

图 7-34　坐标系间变换关系

惯性坐标系 O_1-$X_1Y_1Z_1$：以海底钻机初次触底时刻，铰接点 J_1（或 J_2）在支腿平面 3 上的投影点为坐标原点 O_1，$O_1X_1Y_1$ 面与支腿平面 3 重合，O_1X_1 轴水平向右为正，O_1Z_1 轴竖直向下为正，O_1Y_1 轴正向由右手螺旋定则确定。

坡面坐标系 O_G-$X_GY_GZ_G$：坡面坐标系的原点 O_G 与惯性坐标系原点 O_1 重合，O_GX_G 轴沿斜坡向上为正，O_GZ_G 轴垂直于坡面向下为正，O_GY_G 轴正向由右手螺旋定则确定。

机体坐标系 O_B-$X_BY_BZ_B$：原点 O_B 与海底钻机机体质心重合，O_BZ_B 轴的正方向沿机体轴心线指向下，O_BX_B 轴位于支腿平面 3 上与 O_BZ_B 轴垂直并指向右为正，O_BY_B

轴正向由右手螺旋定则确定。

支腿坐标系 $O_S\text{-}X_SY_SZ_S$：原点 O_S 与机体坐标系原点 O_B 重合，O_SZ_S 轴的正方向沿机体轴心线指向下，O_SX_S 轴位于支腿平面 1 上与 O_SZ_S 轴垂直并以指向支腿 1 的脚板一侧为正，O_SY_S 轴正向由右手螺旋定则确定。

上述惯性坐标系和坡面坐标系为固定坐标系，机体坐标系和支腿坐标系则为固结在机体上的动坐标系。各坐标系间的变换关系如图 7-34 所示。坡面坐标系 $O_G\text{-}$ $X_GY_GZ_G$ 由惯性坐标系 $O_1\text{-}X_1Y_1Z_1$ 绕 Y_1 轴旋转角度 α 得到；将惯性坐标系 $O_1\text{-}X_1Y_1Z_1$ 由原点 O_1 平移至海底钻机机体质心处，平移后得到的新坐标系记为 $O_1'-X_1'Y_1'Z_1'$；坐标系 $O_1'-X_1'Y_1'Z_1'$ 绕 Y_1' 轴旋转角度 θ 后得到机体坐标系 $O_B\text{-}X_BY_BZ_B$，θ 为海底钻机碰撞后的机身偏转角；机体坐标系 $O_B\text{-}X_BY_BZ_B$ 绕 Z_B 轴旋转 $-60°$ 后得到支腿坐标系。

2）下落阶段动力学模型

根据前述假设，在自释放后至初次触底前的下落阶段，海底钻机在自身重力和水作用力的共同影响下做近似自由落体运动，该过程的动力学方程为：

$$\begin{cases} m_e\dot{w}_e = m_eg - Z_{\dot{w}_e}\dot{w}_e + Z_{w_e}w_e + Z_{w_e|w_e|}w_e|w_e| - F_{be} \\ \dot{z}_e = w_e \end{cases} \tag{7-40}$$

式（7-40）中，m_e 为海底钻机的整体质量；g 为重力加速度；F_{be} 为海底钻机所受浮力，通过分别测量海底钻机在空气中和在水下的质量，再计算二者的差值即为所求浮力；z_e 为竖直方向的位移，w_e 为竖直方向的速度，分别用算子 $(\dot{\ })$、$(\ddot{\ })$ 表示对时间的一阶和二阶导数，如 $\dot{w}_e$ 即为 w_e 对时间的一阶导数；$Z_{\dot{w}_e}$、Z_{w_e}、$Z_{w_e|w_e|}$ 分别为相关附加质量系数和水动力系数。

3）碰撞阶段动力学模型

根据前述假设，在碰撞阶段，将海底钻机简化为由一个弹性支撑子系统和三个非弹性支撑子系统组成的多体系统。在 2-1 对称式着底模式下，弹性支撑子系统具有在支腿平面 3 上的两个平动自由度和一个绕 Y_B 轴的转动自由度，分别对应机体质心的平移和机体的偏转；非弹性支撑子系统仅关注其平动自由度，对应支腿脚板铰接点 J 的平移运动，其中非弹性支撑子系统Ⅲ具有支腿平面 3 内的两个平动自由度，非弹性支撑子系统Ⅰ和Ⅱ具有空间中的三个平动自由度，且非弹性支撑子系统Ⅰ和Ⅱ的运动关于支腿平面 3 对称。海底钻机着底碰撞过程各子系统的受力（不包含海水作用力）分析如图 7-35 所示。

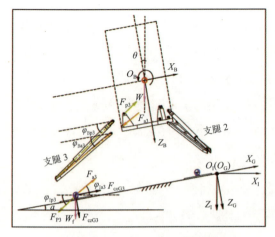
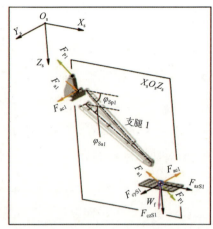

（a）弹性支撑子系统与非弹性支撑子系统Ⅲ　　　（b）弹性支撑子系统与非弹性支撑子系统Ⅰ

图 7-35　碰撞过程各子系统受力分析图（未包含海水作用力）

（1）弹性支撑子系统动力学模型。

　　弹性支撑子系统所受的外力包括自身重力、支腿作用力以及海水作用力，在机体坐标系 O_B–$X_BY_BZ_B$ 下，弹性支撑子系统的动力学方程为：

$$\begin{cases} \boldsymbol{M}_{RB}\dot{\boldsymbol{v}} + \boldsymbol{C}_{RB}(\boldsymbol{v})\boldsymbol{v} = \boldsymbol{\tau}_H + \boldsymbol{\tau}_L \\ \dot{\boldsymbol{\eta}} = \boldsymbol{J}(\boldsymbol{\eta})\boldsymbol{v} \end{cases} \tag{7-41}$$

　　式（7-41）中，$\boldsymbol{v} = [u,\ w,\ q]^T$，$u$、$w$ 和 q 分别为弹性支撑子系统在机体坐标系 O_B–$X_BY_BZ_B$ 下沿 X_B 轴、Z_B 轴的线速度和绕 Y_B 轴的转动角速度，$\boldsymbol{\eta} = [x_m, z_m, \theta]^T$，$x_m$、$z_m$ 和 θ 分别表示弹性支撑子系统在惯性坐标系 $O_1 - X_1Y_1Z_1$ 下沿 X_1 轴、Z_1 轴的平动位移和俯仰角度，$\boldsymbol{J}(\boldsymbol{\eta})$ 为机体坐标系向惯性坐标系的转换矩阵，可表示为：

$$\boldsymbol{J}(\boldsymbol{\eta}) = \begin{bmatrix} \cos\theta & \sin\theta & 0 \\ -\sin\theta & \cos\theta & 0 \\ 0 & 0 & 1 \end{bmatrix} \tag{7-42}$$

　　式（7-41）中，$\boldsymbol{M}_{RB}$ 为基于机体坐标系的质量惯性矩阵，由弹性支撑子系统的质量分布决定，可表示为：

$$\boldsymbol{M}_{RB} = \begin{bmatrix} m & 0 & 0 \\ 0 & m & 0 \\ 0 & 0 & I_y \end{bmatrix} \tag{7-43}$$

　　式（7-43）中，m 为弹性支撑子系统的质量，I_y 为弹性支撑子系统对 Y_B 轴的转动惯量。

$C_{RB}(v)$ 为科里奥利力和向心力矩阵，由弹性支撑子系统的质量分布和当前运动速度决定，可表示为：

$$C_{RB}(v) = \begin{bmatrix} 0 & 0 & mw \\ 0 & 0 & -mu \\ -mw & mu & 0 \end{bmatrix}$$ （7-44）

τ_H 为弹性支撑子系统受到的水动力及力矩，可表示为：

$$\tau_H = -M_A\dot{v} - C_A(v)v - D(v)v - g(\eta)$$ （7-45）

式（7-45）中，$\left[-M_A\dot{v} - C_A(v)v\right]$ 为附加质量项，是由弹性支撑子系统的运动带动周围一定质量的海水一同运动而表现出的海水对弹性支撑子系统的反作用力和力矩。其中 M_A 为附加质量的惯性矩阵；C_A 为附加质量的科里奥利力和向心力矩阵。

对于完全浸没的水下物体，附加质量的惯性矩阵 M_A 的非对角元素远小于其对角元素，且在实际应用中对角近似具有很好的效果，因此忽略 M_A 的非对角元素，其表达式为：

$$M_A = \text{diag}\left\{X_{\dot{u}}, Z_{\dot{w}}, M_{\dot{q}}\right\}$$ （7-46）

$$C_A(v) = \begin{bmatrix} 0 & 0 & Z_{\dot{w}}w \\ 0 & 0 & -X_{\dot{u}}u \\ -Z_{\dot{w}}w & X_{\dot{u}}u & 0 \end{bmatrix}$$ （7-47）

式（7-46）中，$X_{\dot{u}}$、$Z_{\dot{w}}$、$M_{\dot{q}}$ 为附加质量系数，取正值。

$\left[-D(v)v\right]$ 为水阻尼项，用来表征弹性支撑子系统受水阻尼的影响，主要考虑影响较大的层流边界层的线性摩擦项、湍流边界层和湍流产生的二次阻力项，故水阻尼矩阵 $D(v)$ 可表示为：

$$D(v) = -\text{diag}\left(X_u, Z_w, M_q\right) - \text{diag}\left(X_{u|u|}|u|, Z_{w|w|}|w|, M_{q|q|}|q|\right)$$ （7-48）

式（7-48）中，X_u、Z_w、M_q 为线性黏性水动力系数；$X_{u|u|}$、$Z_{w|w|}$、$M_{q|q|}$ 为二阶非线性黏性水动力系数。

$[-g(\eta)]$ 为重力和浮力共同作用下的恢复力及力矩，因弹性支撑子系统完全浸没在水中，弹性支撑子系统所受重力 $W=mg$ 和浮力 F_b 在运动过程中并不会发生变化，且其方向始终平行于惯性坐标系的 Z_I 轴。因前文已假设弹性支撑子系统的重心与浮心重合，且海底钻机机体坐标系原点与弹性支撑子系统重心一致，因此机体坐标系下的恢复力及力矩可表示为：

$$g(\eta) = \begin{bmatrix} (W - F_{\mathrm{b}})\sin\theta \\ (F_{\mathrm{b}} - W)\cos\theta \\ 0 \end{bmatrix} \tag{7-49}$$

τ_{L} 为弹性支撑子系统受到的支腿支撑力及力矩，其在机体坐标系 O_{B}-$X_{\mathrm{B}}Y_{\mathrm{B}}Z_{\mathrm{B}}$ 中的表达式为：

$$\tau_{\mathrm{L}} = \begin{bmatrix} -2F_{\mathrm{p1}}\cos\varphi_{\mathrm{Bp1}}\cos\beta_{\mathrm{Bp1}} + 2F_{\mathrm{a1}}\cos\varphi_{\mathrm{Ba1}}\cos\beta_{\mathrm{Ba1}} + F_{\mathrm{p3}}\cos\varphi_{\mathrm{Bp3}} - F_{\mathrm{a3}}\cos\varphi_{\mathrm{Ba3}} + 2F_{\mathrm{ac1}}\sin\beta_{\mathrm{Ba1}} \\ -2F_{\mathrm{p1}}\sin\varphi_{\mathrm{Bp1}} + 2F_{\mathrm{a1}}\sin\varphi_{\mathrm{Ba1}} - F_{\mathrm{p3}}\sin\varphi_{\mathrm{Bp3}} + F_{\mathrm{a3}}\sin\varphi_{\mathrm{Ba3}} \\ \begin{array}{l} -2F_{\mathrm{p1}}\cos\varphi_{\mathrm{Bp1}}\cos\beta_{\mathrm{Bp1}}L_{\mathrm{zp1}} + 2F_{\mathrm{a1}}\cos\varphi_{\mathrm{Ba1}}\cos\beta_{\mathrm{Ba1}}L_{\mathrm{za1}} + F_{\mathrm{p3}}\cos\varphi_{\mathrm{Bp3}}L_{\mathrm{zp3}} - F_{\mathrm{a3}}\cos\varphi_{\mathrm{Ba3}}L_{\mathrm{za3}} \\ +2F_{\mathrm{ac1}}\sin\beta_{\mathrm{Ba1}}L_{\mathrm{za1}} + 2F_{\mathrm{p1}}\sin\varphi_{\mathrm{Bp1}}L_{\mathrm{xp1}} - 2F_{\mathrm{a1}}\sin\varphi_{\mathrm{Ba1}}L_{\mathrm{xa1}} - F_{\mathrm{p3}}\sin\varphi_{\mathrm{Bp3}}L_{\mathrm{xp3}} + F_{\mathrm{a3}}\sin\varphi_{\mathrm{Ba3}}L_{\mathrm{xa3}} \end{array} \end{bmatrix} \tag{7-50}$$

式（7-50）中，F_{ac1} 表示通过支腿 1 的连杆传递至海底钻机机体的横向力（除特殊说明外，符号下标中的数字用来表示支腿编号），假定其在 X_{B} 轴上的分量指向该坐标轴的正方向，在对称式着底模式下，支腿 3 上无横向力；F_{p} 为支腿油缸轴向力，其以挤压力为正值，F_{a} 为支腿连杆轴向力，其以拉伸力为正值；L_{xp}、L_{xa} 分别表示油缸、连杆与机体的铰接点 M、N 到 $O_{\mathrm{B}}Y_{\mathrm{B}}Z_{\mathrm{B}}$ 平面的距离，L_{zp}、L_{za} 分别表示点 M、N 到 $O_{\mathrm{B}}X_{\mathrm{B}}Y_{\mathrm{B}}$ 平面的距离，其均是由海底钻机机体结构决定的常量；φ_{Bp}、φ_{Ba} 分别表示支腿油缸、连杆与 $O_{\mathrm{B}}X_{\mathrm{B}}Y_{\mathrm{B}}$ 平面的夹角，β_{Bp}、β_{Ba} 分别表示支腿油缸、连杆在 $O_{\mathrm{B}}X_{\mathrm{B}}Y_{\mathrm{B}}$ 平面上的投影与 $O_{\mathrm{B}}X_{\mathrm{B}}Z_{\mathrm{B}}$ 平面的夹角，由图 7-33 海底钻机 2-1 对称式着底示意图（触底时刻）可知 $\beta_{\mathrm{Bp1}}= \beta_{\mathrm{Ba1}}=60°$。

（2）非弹性支撑子系统Ⅰ、Ⅱ动力学模型。

海水作用力对非弹性支撑子系统的影响相对较小，为简化模型而予以忽略，因此非弹性支撑子系统所受的外力主要为自身重力、支腿作用力以及与底质间的相互作用力。

非弹性支撑子系统Ⅰ和Ⅱ的运动具有对称关系，以非弹性支撑子系统Ⅰ为例对建模过程进行说明。根据前述"支腿连杆横向不可弯曲"的假设，非弹性支撑子系统的运动均限于各自所处支腿平面内，基于支腿坐标系 O_{S}-$X_{\mathrm{S}}Y_{\mathrm{S}}Z_{\mathrm{S}}$，对非弹性支撑子系统Ⅰ的动力学方程进行表示。将动坐标系旋转产生的科氏加速度与向心加速度等计算在内，非弹性支撑子系统 I 的平动动力学方程可表示为：

$$m_\mathrm{f}\,\ddot{\boldsymbol{r}}_\mathrm{I} = \boldsymbol{F}_\mathrm{sum} - m_\mathrm{f}\,\dot{\boldsymbol{\omega}}_\mathrm{s} \times \boldsymbol{r}_\mathrm{I} - m_\mathrm{f}\,\boldsymbol{\omega}_\mathrm{s} \times \left(\boldsymbol{\omega}_\mathrm{s} \times \boldsymbol{r}_\mathrm{I} \right) - m_\mathrm{f}\,\ddot{\boldsymbol{r}}_\mathrm{s} - 2m_\mathrm{f}\,\boldsymbol{\omega}_\mathrm{s} \times \dot{\boldsymbol{r}}_\mathrm{I} \tag{7-51}$$

式（7-51）中，$\boldsymbol{r}_\mathrm{I} = [x_\mathrm{sI}, y_\mathrm{sI}, z_\mathrm{sI}]^\mathrm{T}$ 为非弹性支撑子系统 I 在支腿坐标系中的坐标；$\boldsymbol{\omega}_\mathrm{s}$ 为支腿坐标系相对于惯性坐标系的旋转角速度，其在支腿坐标系中可以表示为：

$$\boldsymbol{\omega}_\mathrm{s} = \left[-\dot{\theta}\sin\frac{\pi}{3} \quad \dot{\theta}\cos\frac{\pi}{3} \quad 0 \right]^\mathrm{T} \tag{7-52}$$

式（7-52）中，$\boldsymbol{\omega}_\mathrm{s}$ 为支腿坐标系的原点相对于惯性坐标系的原点的位置矢量（即 $\overrightarrow{O_\mathrm{I}O_\mathrm{S}}$），$\ddot{\boldsymbol{r}}_\mathrm{s}$ 在支腿坐标系中可表示为：

$$\ddot{\boldsymbol{r}}_\mathrm{s} = \boldsymbol{J}_\mathrm{sI}\,\ddot{\boldsymbol{\eta}}_\mathrm{I} \tag{7-53}$$

式（7-53）中，$\boldsymbol{\eta}_\mathrm{I} = [x_\mathrm{m}, y_\mathrm{m}, z_\mathrm{m}]$ 为支腿坐标系原点 O_S（亦即弹性支撑子系统）在惯性坐标系中的坐标值，其中 $y_\mathrm{m}=0$；$\boldsymbol{J}_\mathrm{sI}$ 为惯性坐标系向支腿坐标系的向量旋转变换矩阵，可表示为：

$$\boldsymbol{J}_\mathrm{sI} = \begin{bmatrix} \cos\theta\cos\dfrac{\pi}{3} & -\sin\dfrac{\pi}{3} & -\sin\theta\cos\dfrac{\pi}{3} \\ \cos\theta\sin\dfrac{\pi}{3} & \cos\dfrac{\pi}{3} & -\sin\theta\sin\dfrac{\pi}{3} \\ \sin\theta & 0 & \cos\theta \end{bmatrix} \tag{7-54}$$

$\boldsymbol{F}_\mathrm{sum}$ 为非弹性支撑子系统 I 所受外力，其在支腿坐标系中的表达式为：

$$\boldsymbol{F}_\mathrm{sum} = \boldsymbol{J}_\mathrm{sI} \begin{bmatrix} 0 \\ 0 \\ W_\mathrm{f} \end{bmatrix} + \begin{bmatrix} F_\mathrm{cxS1} + F_\mathrm{p1}\cos\varphi_\mathrm{Sp1} - F_\mathrm{a1}\cos\varphi_\mathrm{Sa1} \\ F_\mathrm{cyS1} - F_\mathrm{ac1} \\ F_\mathrm{czS1} + F_\mathrm{p1}\sin\varphi_\mathrm{Sp1} - F_\mathrm{a1}\sin\varphi_\mathrm{Sa1} \end{bmatrix} \tag{7-55}$$

式（7-55）中，φ_Sp1、φ_Sa1 分别表示支腿 1 的液压油缸、连杆与 $O_\mathrm{S}X_\mathrm{S}Y_\mathrm{S}$ 平面的夹角，易知 $\varphi_\mathrm{Sp1}=\varphi_\mathrm{Bp1}$，$\varphi_\mathrm{Sa1}=\varphi_\mathrm{Ba1}$；$W_\mathrm{f}=m_\mathrm{f}g$ 为非弹性支撑子系统 I 的重力；F_cxS1、F_cyS1、F_czS1 分别为脚板 1 所受底质作用力在 X_s 轴、Y_s 轴和 Z_s 轴上的分量；F_ac1 为通过支腿 1 的连杆传递至脚板的横向力，假定指向 Y_s 轴负方向。

由式（7-52）～式（7-55）可得非弹性支撑子系统 I 在支腿坐标系中各平动自由度的动力学方程为：

$$\begin{cases} m_f \ddot{x}_{s1} = -W_f \sin\theta \cos\dfrac{\pi}{3} + F_{cxS1} + F_{p1}\cos\varphi_{Sp1} - F_{a1}\cos\varphi_{Sa1} - m_f\, z_{s1}\ddot{\theta}\cos\dfrac{\pi}{3} \\ \qquad + m_f\, y_{s1}\dot{\theta}^2 \sin\dfrac{\pi}{3}\cos\dfrac{\pi}{3} + m_f\, x_{s1}\dot{\theta}^2 \cos^2\dfrac{\pi}{3} - m_f\, \ddot{x}_m\cos\theta\cos\dfrac{\pi}{3} \\ \qquad + m_f\, \ddot{z}_m\sin\theta\cos\dfrac{\pi}{3} - 2m_f\dot{z}_{s1}\dot{\theta}\cos\dfrac{\pi}{3} \\[4pt] m_f \ddot{y}_{s1} = -W_f \sin\theta \sin\dfrac{\pi}{3} + F_{cyS1} - F_{ac1} - m_f z_{s1}\ddot{\theta}\sin\dfrac{\pi}{3} + m_f\, y_{s1}\dot{\theta}^2 \sin^2\dfrac{\pi}{3} \\ \qquad + m_f\, x_{s1}\dot{\theta}^2 \sin\dfrac{\pi}{3}\cos\dfrac{\pi}{3} - m_f\ddot{x}_m\cos\theta\sin\dfrac{\pi}{3} \\ \qquad + m_f\ddot{z}_m\sin\theta\sin\dfrac{\pi}{3} - 2m_f\dot{z}_{s1}\dot{\theta}\sin\dfrac{\pi}{3} \\[4pt] m_f \ddot{z}_{s1} = W_f\cos\theta - F_{czS1} + F_{p1}\sin\varphi_{Sp1} - F_{a1}\sin\varphi_{Sa1} + m_f\, y_{s1}\ddot{\theta}\sin\dfrac{\pi}{3} + m_f\, x_{s1}\ddot{\theta}\cos\dfrac{\pi}{3} \\ \qquad + m_f\, z_{s1}\dot{\theta}^2 - m_f\ddot{x}_m\sin\theta - m_f\ddot{z}_m\cos\theta + 2m_f\dot{x}_{s1}\dot{\theta}\cos\dfrac{\pi}{3} + 2m_f\dot{y}_{s1}\dot{\theta}\sin\dfrac{\pi}{3} \end{cases} \quad (7\text{-}56)$$

（3）非弹性支撑子系统 III 动力学模型。

在惯性坐标系 $O_1\text{-}X_1Y_1Z_1$ 下，非弹性支撑子系统 III 的平动动力学方程可写为：

$$m_f \begin{bmatrix} \ddot{x}_{I3} \\ \ddot{y}_{I3} \\ \ddot{z}_{I3} \end{bmatrix} = \begin{bmatrix} -F_{p3}\cos\varphi_{Ip3} + F_{a3}\cos\varphi_{Ia3} \\ 0 \\ F_{p3}\sin\varphi_{Ip3} - F_{a3}\sin\varphi_{Ia3} \end{bmatrix} + \begin{bmatrix} F_{cx13} \\ 0 \\ F_{cz13} \end{bmatrix} + \begin{bmatrix} 0 \\ 0 \\ W_f \end{bmatrix} \quad (7\text{-}57)$$

式（7-57）中，$[x_{I3},\ y_{I3},\ z_{I3}]^{\mathrm{T}}$ 为非弹性支撑子系统 III 在惯性坐标系中的坐标，显然 $y_{I3}=0$，F_{cxI3}、F_{czI3} 分别为脚板 3 所受底质作用力在 X_1 轴和 Z_1 轴上的分量，φ_{Ip3}、φ_{Ia3} 分别为支腿 3 的油缸、连杆与 $O_1X_1Y_1$ 平面的夹角。

7.4.1.3　支腿 - 脚板 - 底质受力模型

1）支腿支撑力模型

（1）支腿几何尺寸及位置关系。

支腿 1 和 3 的液压油缸轴向长度的变化可分别表示为：

$$S_{p1} = L_{p1} - \sqrt{\left(x_{s1} - x_{SM1}\right)^2 + \left(y_{s1} - y_{SM1}\right)^2 + \left(z_{s1} - z_{SM1}\right)^2} \quad (7\text{-}58)$$

$$S_{p3} = L_{p3} - \sqrt{\left(x_{I3} - x_{IM3}\right)^2 + \left(y_{I3} - y_{IM3}\right)^2 + \left(z_{I3} - z_{IM3}\right)^2} \quad (7\text{-}59)$$

式（7-58）和式（7-59）中，L_{pi}（$i=1,3$）为支腿油缸的初始长度。$[x_{SM1}, y_{SM1}, z_{SM1}]^{\mathrm{T}}$

为点 M_1 在支腿坐标系中的坐标；$[x_{\mathrm{IM3}},\ y_{\mathrm{IM3}},\ z_{\mathrm{IM3}}]^{\mathrm{T}}$ 为点 M_3 在惯性坐标系中的坐标。

$$
\begin{bmatrix} x_{\mathrm{IM3}} \\ y_{\mathrm{IM3}} \\ z_{\mathrm{IM3}} \\ 1 \end{bmatrix} = \boldsymbol{R}_{\mathrm{IB}} \begin{bmatrix} x_{\mathrm{BM3}} \\ y_{\mathrm{BM3}} \\ z_{\mathrm{BM3}} \\ 1 \end{bmatrix} = \begin{bmatrix} \cos\theta & 0 & \sin\theta & x_{\mathrm{m}} \\ 0 & 1 & 0 & y_{\mathrm{m}} \\ -\sin\theta & 0 & \cos\theta & z_{\mathrm{m}} \\ 0 & 0 & 0 & 1 \end{bmatrix} \begin{bmatrix} x_{\mathrm{BM3}} \\ y_{\mathrm{BM3}} \\ z_{\mathrm{BM3}} \\ 1 \end{bmatrix} \tag{7-60}
$$

式（7-60）中，$[x_{\mathrm{BM3}},\ y_{\mathrm{BM3}},\ z_{\mathrm{BM3}}]^{\mathrm{T}}$ 为点 M_3 在机体坐标系中的坐标，$\boldsymbol{R}_{\mathrm{IB}}$ 为机体坐标系向惯性坐标系的点坐标变换矩阵。M 点在机体坐标系和支腿坐标系中的坐标值是由海底钻机机体结构决定的常量。

支腿连杆轴向长度变化 S_{a} 的计算流程与支腿液压油缸类似，用点 N 的坐标替换点 M 的坐标即可。支腿油缸与 $O_{\mathrm{B}}X_{\mathrm{B}}Y_{\mathrm{B}}$ 平面的夹角可表示为：

$$
\varphi_{\mathrm{Bp1}} = \varphi_{\mathrm{Sp1}} = \arctan \frac{z_{\mathrm{S1}} - z_{\mathrm{SM1}}}{x_{\mathrm{S1}} - x_{\mathrm{SM1}}} \tag{7-61}
$$

$$
\varphi_{\mathrm{Bp3}} = \arcsin \frac{z_{\mathrm{B3}} - z_{\mathrm{BM3}}}{\sqrt{\left(x_{\mathrm{B3}} - x_{\mathrm{BM3}}\right)^2 + \left(y_{\mathrm{B3}} - y_{\mathrm{BM3}}\right)^2 + \left(z_{\mathrm{B3}} - z_{\mathrm{BM3}}\right)^2}} \tag{7-62}
$$

$[x_{\mathrm{B3}},\ y_{\mathrm{B3}},\ z_{\mathrm{B3}}]^{\mathrm{T}}$ 为点 J_3 在机体坐标系中的坐标，可表示为：

$$
\begin{bmatrix} x_{\mathrm{B3}} \\ y_{\mathrm{B3}} \\ z_{\mathrm{B3}} \\ 1 \end{bmatrix} = \boldsymbol{R}_{\mathrm{BI}} \begin{bmatrix} x_{\mathrm{I3}} \\ y_{\mathrm{I3}} \\ z_{\mathrm{I3}} \\ 1 \end{bmatrix} = \begin{bmatrix} \cos\theta & 0 & -\sin\theta & -x_{\mathrm{m}}\cos\theta + z_{\mathrm{m}}\sin\theta \\ 0 & 1 & 0 & -y_{\mathrm{m}} \\ \sin\theta & 0 & \cos\theta & -x_{\mathrm{m}}\sin\theta - z_{\mathrm{m}}\cos\theta \\ 0 & 0 & 0 & 1 \end{bmatrix} \begin{bmatrix} x_{\mathrm{I3}} \\ y_{\mathrm{I3}} \\ z_{\mathrm{I3}} \\ 1 \end{bmatrix} \tag{7-63}
$$

式（7-63）中，$\boldsymbol{R}_{\mathrm{BI}}$ 为惯性坐标系向机体坐标系的点坐标变换矩阵。

将式（7-62）、式（7-63）中铰接点 M_i 的坐标替换为点 N_i 的坐标，即可得到支腿连杆与 $O_{\mathrm{B}}X_{\mathrm{B}}Y_{\mathrm{B}}$ 平面的夹角 $\varphi_{\mathrm{Bai}}(i=1,3)$。

支腿 3 的液压油缸与 $O_{\mathrm{I}}X_{\mathrm{I}}Y_{\mathrm{I}}$ 平面的夹角可表示为：

$$
\varphi_{\mathrm{Ip3}} = \arccos \frac{x_{\mathrm{IM3}} - x_{\mathrm{I3}}}{\sqrt{\left(x_{\mathrm{I3}} - x_{\mathrm{IM3}}\right)^2 + \left(z_{\mathrm{I3}} - z_{\mathrm{IM3}}\right)^2}} \tag{7-64}
$$

将式（7-64）中铰接点 M_3 的坐标值替换为 N_3 的坐标值即可得到支腿 3 的连杆与 $O_{\mathrm{I}}X_{\mathrm{I}}Y_{\mathrm{I}}$ 平面的夹角 φ_{Ia3}。

（2）支腿轴向力。

根据前述假设，支腿油缸和连杆的轴向传力特性可等效为弹簧 - 阻尼元件，等效模型如图 7-36 所示。

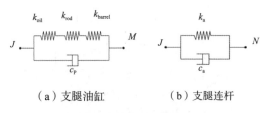

（a）支腿油缸　　　　　　（b）支腿连杆

图 7-36 支腿轴向力模型

在影响支腿液压缸刚度特性的所有因素当中，油的可压缩性对液压缸刚度特性的影响约占 80%，缸筒的体积膨胀约占 10%，活塞杆的轴向变形约占 6%，其余因素对液压缸刚度特性的影响较小，因此支腿液压油缸的等效刚度可近似表示为：

$$\frac{1}{k_{\mathrm{p}}} = \frac{1}{k_{\mathrm{oil}}} + \frac{1}{k_{\mathrm{rod}}} + \frac{1}{k_{\mathrm{barrel}}} \tag{7-65}$$

式（7-65）中，k_{oil} 为液压油等效刚度系数，k_{rod} 为活塞杆刚度系数，k_{barrel} 为缸筒刚度系数，液压缸的黏性阻尼系数按经验近似取 $c_{\mathrm{p}} = 1.5 \times 10^5 \ \mathrm{N \cdot s/m}$。

针对支腿连杆，其为钢架结构件，形状虽不十分规则，但结构相对简单，故采用等效截面尺寸与长度计算其等效刚度 k_{a}，其等效阻尼系数计算式为：

$$c_{\mathrm{a}} = 2\xi \sqrt{m_{\mathrm{a}} k_{\mathrm{a}}} \tag{7-66}$$

式（7-66）中，ξ 为阻尼比，钢结构在弹性阶段一般为 0.02~0.05，取 $\xi = 0.02$；m_{a} 为连杆质量。

支腿油缸轴向力 F_{p} 和连杆轴向力 F_{a} 可分别表示为：

$$F_{\mathrm{p}} = k_{\mathrm{p}} S_{\mathrm{p}} + c_{\mathrm{p}} \dot{S}_{\mathrm{p}} \tag{7-67}$$

$$F_{\mathrm{a}} = -\left(k_{\mathrm{a}} S_{\mathrm{a}} + c_{\mathrm{a}} \dot{S}_{\mathrm{a}} \right) \tag{7-68}$$

式（7-67）和式（7-68）中，$\dot{S}_{\mathrm{p}}$、$\dot{S}_{\mathrm{a}}$ 分别为油缸和连杆的轴向运动速度，可分别由 S_{p}、S_{a} 对时间求导获得。

（3）支腿横向力。

因在前述假设中，支腿连杆横向可传递横向力但不可弯曲，即非弹性支撑子系统 I 在 $O_{\mathrm{S}} Y_{\mathrm{S}}$ 轴上的位移始终为 0，故 $y_{\mathrm{s1}} = 0$。根据式（7-56）中的第二个方程可得关于横向力 F_{ac1} 的表达式为：

$$F_{\mathrm{ac1}} = -W_{\mathrm{f}} \sin\theta \sin\frac{\pi}{3} + F_{\mathrm{cys1}} - m_{\mathrm{f}} z_{\mathrm{s1}} \ddot{\theta} \sin\frac{\pi}{3}$$

$$+ m_{\mathrm{f}} x_{\mathrm{s1}} \dot{\theta}^2 \sin\frac{\pi}{3}\cos\frac{\pi}{3} - m_{\mathrm{f}} \ddot{x}_{m} \cos\theta \sin\frac{\pi}{3} \qquad (7\text{-}69)$$

$$+ m_{\mathrm{f}} \ddot{z}_{\mathrm{m}} \sin\theta \sin\frac{\pi}{3} - 2m_{\mathrm{f}} \dot{z}_{\mathrm{s1}} \dot{\theta} \sin\frac{\pi}{3}$$

2）脚板–底质接触力模型

海底钻机通过支腿脚板与底质进行接触，碰撞阶段海底钻机脚板与海底底质间具有复杂的相对运动关系，且海底底质具备独特的物理力学性质，因此脚板与底质间的相互作用力较为复杂。为便于分析，根据底质的承载特性将脚板与底质间的作用力分解为两部分，分别为垂直于坡面的法向接触力和平行于坡面的切向摩擦力。在坡面坐标系 $O_{\mathrm{G}}\text{-}X_{\mathrm{G}}Y_{\mathrm{G}}Z_{\mathrm{G}}$ 下建立脚板–底质作用力模型，并将作用力记为 $[F_{\mathrm{cxG}}, F_{\mathrm{cyG}}, F_{\mathrm{czG}}]^{\mathrm{T}}$，其中 $(F_{\mathrm{cxG}}, F_{\mathrm{cyG}})$ 为切向摩擦力，F_{czG} 为法向接触力。非弹性支撑子系统 I、III 在坡面坐标系中的坐标值可经如下变换得到：

$$\begin{bmatrix} x_{\mathrm{G1}} & y_{\mathrm{G1}} & z_{\mathrm{G1}} & 1 \end{bmatrix}^{\mathrm{T}} = \boldsymbol{R}_{\mathrm{GS}} \begin{bmatrix} x_{\mathrm{s1}} & y_{\mathrm{s1}} & z_{\mathrm{s1}} & 1 \end{bmatrix}^{\mathrm{T}} \qquad (7\text{-}70)$$

$$\boldsymbol{R}_{\mathrm{GS}} = \begin{bmatrix} \cos\dfrac{\pi}{3}\cos(\alpha-\theta) & \sin\dfrac{\pi}{3}\cos(\alpha-\theta) & \sin(\theta-\alpha) & x_{\mathrm{m}}\cos\alpha - z_{\mathrm{m}}\sin\alpha \\[2mm] -\sin\dfrac{\pi}{3} & \cos\dfrac{\pi}{3} & 0 & 0 \\[2mm] \cos\dfrac{\pi}{3}\sin(\alpha-\theta) & \sin\dfrac{\pi}{3}\sin(\alpha-\theta) & \cos(\alpha-\theta) & x_{\mathrm{m}}\sin\alpha + z_{\mathrm{m}}\cos\alpha \\[2mm] 0 & 0 & 0 & 0 \end{bmatrix} \qquad (7\text{-}71)$$

$$\begin{bmatrix} x_{\mathrm{G3}} & y_{\mathrm{G3}} & z_{\mathrm{G3}} \end{bmatrix}^{\mathrm{T}} = \boldsymbol{J}_{\mathrm{GI}} \begin{bmatrix} x_{\mathrm{I3}} & y_{\mathrm{I3}} & z_{\mathrm{I3}} \end{bmatrix}^{\mathrm{T}} \qquad (7\text{-}72)$$

$$\boldsymbol{J}_{\mathrm{GI}} = \begin{bmatrix} \cos\alpha & 0 & -\sin\alpha \\ 0 & 1 & 0 \\ \sin\alpha & 0 & \cos\alpha \end{bmatrix} \qquad (7\text{-}73)$$

其中，$\boldsymbol{R}_{\mathrm{GS}}$ 为支腿坐标系到坡面坐标系的点坐标变换矩阵，$\boldsymbol{J}_{\mathrm{GI}}$ 为惯性坐标系到坡面坐标系的点坐标变换矩阵。

（1）法向接触力。

脚板相对于底质沿法向方向的运动形式主要表现为沉陷与反弹，因此，对于脚板与底质间法向接触力 F_{czG}，应综合考虑底质的弹性支撑作用和耗能作用，其等效模型如图 7-37 所示。

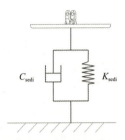

图 7-37　脚板 - 底质间法向接触力等效模型

故脚板与底质间法向接触力的表达式可表示为：

$$F_{czG} = -F_{ela} - F_{dam} \qquad (7-74)$$

式（7-74）中，F_{dam} 为底质阻尼力；F_{ela} 为底质弹性力。

$$F_{dam} = \begin{cases} 0, & \delta < 0 \\ C_{sedi}\dot{\delta}, & \delta \geqslant 0 \end{cases} \qquad (7-75)$$

式（7-75）中，C_{sedi} 为底质阻尼系数；δ 和 $\dot{\delta}$ 分别为脚板的沉陷深度与沉陷速度，可表示为：

$$\begin{bmatrix} \delta \\ \dot{\delta} \end{bmatrix} = \begin{bmatrix} z_G \\ \dot{z}_G \end{bmatrix} \qquad (7-76)$$

式（7-76）中，z_G、$\dot{z}_G$ 分别为非弹性支撑子系统在 Z_G 轴方向上的位移与速度。

对于底质弹性力 F_{ela}，同时考虑底质动承载问题和脚板重复加载和卸载问题，底质弹性力与脚板沉陷深度之间的关系如图 7-38 所示。

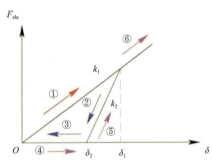

图 7-38　底质法向弹性力力学特性曲线

图 7-38 中，k_1 和 k_2 分别为底质动态压缩等效弹性系数和反弹恢复等效弹性系数；δ_1 为 $\dot{\delta}$ 首次变号时的 δ 值，即脚板初次下陷的最大深度；δ_2 为脚板初次下陷产生的底质不可恢复的塑性变形所对应的 δ 值。

海底钻机脚板与底质发生触碰后在法线方向上的相对运动过程可描述如下：脚板首先沿路径①下沉加载，达到最大值之后开始反弹上升，即沿路径②→③卸载；第二次下沉时沿路径④→⑤加载，由于海水阻力和底质阻尼特性的存在，所以脚板第二次及后续下沉深度均不会超过 δ_1，即进入沿路径④→⑤→②→③→④的加载、卸载循环，且运动幅度逐渐减小，最终在路径⑤上某点处达到静力平衡。相应的底质弹性力表达式如下：

第一次加载、卸载时：

$$F_{\text{ela}} = \begin{cases} 0, & \delta \leqslant 0 \\ k_1 \delta, & \delta > 0, \dot{\delta} > 0 \\ k_2 (\delta - \delta_2), & \delta_2 < \delta \leqslant \delta_1, \dot{\delta} \leqslant 0 \\ 0, & \delta \leqslant \delta_2, \dot{\delta} \leqslant 0 \end{cases} \qquad （7-77）$$

第 n（$n \geqslant 2$）次加载、卸载时：

$$F_{\text{ela}} = \begin{cases} 0, & \delta \leqslant \delta_2 \\ k_2 (\delta - \delta_2), & \delta_2 < \delta \leqslant \delta_1 \end{cases} \qquad （7-78）$$

由式（7-77）、式（7-78）可知，在脚板从底质中抽离的末尾时段，脚板可能受到底质的拉力，这与常见的金属物体之间的接触碰撞模型存在显著差异。出现这种差异的原因：其一，海底底质通常较为稀软，具有一定的流动性，脚板下陷的过程中，周围被挤开的底质又会自动回填覆盖在脚板的上表面，故脚板反弹上升从底质中脱出的过程同样会遭遇底质的阻挡；其二，底质的黏附作用也会对脚板产生拉力，因此脚板 – 底质接触力模型中出现拉力是符合实际情况的。

（2）切向摩擦力。

脚板沿底质切向主要表现为滑移运动，故着重考虑脚板与底质间的摩擦力。因碰撞过程中脚板的运动较为复杂，其滑移速度可能处于不断的变化之中，且脚板沿切向滑动的同时还伴随着法向沉陷深度的变化，因此为使模型更加贴合实际，需综合考虑相对滑移速度和沉陷深度对摩擦系数的影响。经沉陷深度和相对滑移速度共同修正后的脚板与底质间的摩擦系数可表示为：

$$\mu_{\text{f}} = \mu_{\delta} + \mu_{\text{k}} + (\mu_{\text{s}} - \mu_{\text{k}}) e^{-\varepsilon v_{\text{r}}} \qquad （7-79）$$

式（7-79）中，μ_{s}、μ_{k} 分别为不考虑沉陷深度时的底质静摩擦系数和动摩擦系数；ε 为指数衰减系数，取 0.5；$v = \sqrt{\dot{x}_{\text{G}}^2 + \dot{y}_{\text{G}}^2}$ 为脚板与底质间切向相对滑动速度，其中

$\dot{x}_G$ 和 $\dot{y}_G$ 分别为非弹性支撑子系统在 X_G 轴和 Y_G 轴方向上的速度分量；μ_δ 为由沉陷深度引起的摩擦增益，可表示为：

$$\mu_\delta = \frac{1}{2\left(\dfrac{r}{\delta}\right)-1} \tag{7-80}$$

式（7-80）中，r 为脚板等效半径。

脚板与底质间的切向摩擦力可表示为：

$$\begin{cases} F_{cxG} = \mu_f \cdot |F_{czG}| \cdot \dfrac{-\dot{x}_G}{v_r} \\ F_{cyG} = \mu_f \cdot |F_{czG}| \cdot \dfrac{-\dot{y}_G}{v_r} \end{cases} \tag{7-81}$$

通过对坡面坐标系下的脚板－底质间作用力表达式作相应变换，即可得到惯性坐标系以及支腿坐标系下的脚板－底质间作用力表达式，变换过程如下。

$$\begin{bmatrix} F_{cxs1} \\ F_{cys1} \\ F_{czs1} \end{bmatrix} = \boldsymbol{J}_{SG} \begin{bmatrix} F_{cxG1} \\ F_{cyG1} \\ F_{czG1} \end{bmatrix}$$

$$= \begin{bmatrix} \cos(\theta-\alpha)\cos\dfrac{\pi}{3} & -\sin\dfrac{\pi}{3} & \sin(\alpha-\theta)\cos\dfrac{\pi}{3} \\ \cos(\theta-\alpha)\sin\dfrac{\pi}{3} & \cos\dfrac{\pi}{3} & \sin(\alpha-\theta)\sin\dfrac{\pi}{3} \\ \sin(\theta-\alpha) & 0 & \cos(\theta-\alpha) \end{bmatrix} \begin{bmatrix} F_{cxG1} \\ F_{cyG1} \\ F_{czG1} \end{bmatrix} \tag{7-82}$$

$$\begin{bmatrix} F_{cx13} \\ F_{cy13} \\ F_{cz13} \end{bmatrix} = \boldsymbol{J}_{1G} \begin{bmatrix} F_{cxG3} \\ F_{cyG3} \\ F_{czG3} \end{bmatrix} = \begin{bmatrix} \cos\alpha & 0 & \sin\alpha \\ 0 & 1 & 0 \\ -\sin\alpha & 0 & \cos\alpha \end{bmatrix} \begin{bmatrix} F_{cxG3} \\ F_{cyG3} \\ F_{czG3} \end{bmatrix} \tag{7-83}$$

式（7-82）中，$\boldsymbol{J}_{SG}$ 为坡面坐标系向支腿坐标系的向量旋转变换矩阵；式（7-83）中，$\boldsymbol{J}_{1G}$ 为坡面坐标系向惯性坐标系的向量旋转变换矩阵。

7.4.2　着底过程动态仿真

7.4.2.1　模型求解方法

为了对海底钻机在不同着底条件下的硬着底进行仿真分析,编制了包含参数设定、模型求解、结果展示等功能模块的完整分析程序, 如图 7–39 所示。其中, 可设定的参数具体包括：海底钻机结构尺寸及其质量参数；附加质量系数与水动力系数；着底条件参数（输入的条件参数既可以是一组条件, 也可以是多组条件）。

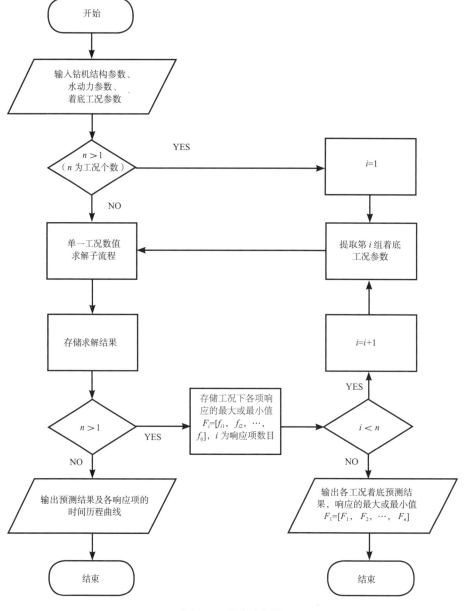

图 7–39　程序流程图

在结果展示模块中，当程序的输入端为一组条件参数时，可输出海底钻机着底过程的运动轨迹图和各项动力学响应的时间历程曲线图；当程序的输入端为多组条件参数时，可输出不同条件下各项响应的最大或最小值，用于后续进一步分析相关因素对海底钻机硬着底响应的影响规律。

动力学模型包含多个变量构成的二阶常微分方程组，其精确的解析解往往难以求得。借助编程和计算平台，完成对模型的数值求解。

第一阶段求解海底钻机自由下落的单自由度运动微分方程。因假设海底钻机释放瞬时处于静止竖直状态，所以求解初始条件为：

$$\begin{cases} z_e \mid_{t=0} = -H \\ w_e \mid_{t=0} = 0 \end{cases} \tag{7-84}$$

式（7-84）中，H 为海底钻机释放时其脚板到下方海底底质的竖直距离（下文简称"释放高度"）。将 $z_e=0$ 设为终止求解条件，并使设定的求解时长 T_1 远大于海底钻机实际下落所需时间，使海底钻机在初次触底时终止第一阶段的求解。

第二阶段求解海底钻机与底质碰撞过程的动力学方程。首先，将弹性支撑子系统动力学方程在机体坐标系下的表达式转换为惯性坐标系下的表达式；然后，将由弹性及非弹性支撑子系统的动力学方程所构成的七自由度（x_m，z_m，θ，x_{s1}，z_{s1}，x_{l3}，z_{l3}）二阶常微分方程组，通过变量代换转化为一阶状态方程，并将此状态方程连同水动力、支腿支撑力、脚板与底质间作用力等的表达式共同编制成待求解的 ODE 文件；最后利用 ODE45 求解器进行数值求解。对于第二阶段求解的初始条件，其中初始位移 $\theta \mid_{t=0}=0$，而 $t=0$ 时刻 x_m，z_m，θ，x_{s_1}，z_{s_1}，x_{l_3}，z_{l_3} 的值可由海底钻机的结构尺寸和支腿展角 ϕ 确定；初始速度则有 $\dot{x}_m \mid_{t=0}=\dot{\theta} \mid_{t=0}=\dot{x}_{s1} \mid_{t=0}=\dot{z}_{s1} \mid_{t=0}=\dot{x}_{l3} \mid_{t=0}=0$，$\dot{z}_m \mid_{t=0}=\dot{z}_{l3} \mid_{t=0}=w_e \mid_{z_e=0}$，其中 $w_e \mid_{z_e=0}$ 为第一阶段求解终止时海底钻机沿竖直方向的速度。在达到设定的求解时长 T_2 之前，当检测到脚板 1 或 3 的沉陷速度 δ 首次变号时终止求解器的该次求解。δ_1 和 δ_2 的新值作为新的求解参数，同时将该次求解终止时刻的结果作为初始条件开始求解器的下一次求解。另外，为节省求解时间，当海底钻机达到将要发生倾覆的边界条件时就提前结束整个求解流程。

7.4.2.2　参数设置

海底钻机结构尺寸及其质量参数，如表 7-4 所示。

表 7-4　海底钻机结构尺寸及质量参数

参数	取值
机体外形尺寸 L_2，L_1/m	2.56，6.8
海底钻机空气、水中质量 /t	12.1、8.8
弹性支撑子系统转动惯量 I_y/（kg·m²）	34 589
弹性支撑子系统质量 m/kg	11 716.7
非弹性支撑子系统质量 m_f/kg	127.77
支腿连杆初始长度 L_a/m	2.313
铰接点 M_1、N_1 到 $O_B Y_B Z_B$ 平面的距离 L_{xp1}，L_{xa1}/m	0.532，0.59
铰接点 M_1、N_1 到 $O_B X_B Y_B$ 平面的距离 L_{zp1}，L_{za1}/m	1.383，1.93
铰接点 M_3、N_3 到 $O_B Y_B Z_B$ 平面的距离 L_{xp3}，L_{xa3}/m	1.41，1.52
机体质心位置 a，b/m	1.561，4.671
支腿脚板等效半径 r/m	0.4

实际上，虽然研究对象模型参数的精确值难以获知，但其所在区间往往是确定的。对碰撞阶段弹性支撑子系统的附加质量系数与水动力系数进行如下无因次化处理：

$$X'_{\dot{u}} = \frac{X_{\dot{u}}}{m}, Z'_{\dot{w}} = \frac{Z_{\dot{w}}}{m}, M'_{\dot{q}} = \frac{M_{\dot{q}}}{I_y}$$

$$X'_u = \frac{2X_u}{\rho L^2 U}, Z'_w = \frac{2Z_w}{\rho L^2 U}, M'_q = \frac{2M_q}{\rho L^4 U} \qquad (7\text{-}85)$$

$$X'_{u|u|} = \frac{2X_{u|u|}}{\rho L^2}, Z'_{w|w|} = \frac{2Z_{w|w|}}{\rho L^2}, M'_{q|q|} = \frac{2M_{q|q|}}{\rho L^5}$$

式（7-85）中，$U = \sqrt{u^2 + w^2}$ 为弹性支撑子系统在机体坐标系下的移动速度；ρ 为海水密度，取 $\rho = 1.05\ \text{g/cm}^3$；$L$ 为弹性支撑子系统的特征长度（取 $L=L_1$，L_1 为机体长度）。同时对下落阶段海底钻机整体的附加质量系数与水动力系数也进行相应的无因次化处理：

$$Z'_{\dot{w}e} = \frac{Z_{\dot{w}e}}{m_e}, Z'_{we} = \frac{2Z_{we}}{\rho L^2 w_e}, Z'_{we|we|} = \frac{2Z_{we|we|}}{\rho L^2} \qquad (7\text{-}86)$$

根据相关研究及实践经验，最终确定海底钻机的附加质量系数与水动力系数，具体取值如表 7-5 所示。

表 7-5　附加质量系数与水动力系数

附加质量系数	取值	线性黏性水动力系数	取值	二阶非线性黏性水动力系数	取值
$X_{\dot{u}}^{'}$	1.0	$X_{\dot{u}}^{'}$	−0.5	$X_{u|u|}^{'}$	−0.04
$Z_{\dot{w}}^{'}$	0.02	$Z_{\dot{w}}^{'}$	−0.8	$Z_{w|w|}^{'}$	−0.3
$M_{\dot{q}}^{'}$	1.0	$M_{\dot{q}}^{'}$	−0.03	$M_{q|q|}^{'}$	−0.01
$Z_{\dot{we}}^{'}$	0.02	$Z_{\dot{we}}^{'}$	−0.8	$Z_{we|we|}^{'}$	−0.3

为方便与海底钻机以往的海试及工程应用经验进行对比，着底条件参数根据常规着底条件进行设定，具体取值如表 7-6 所示。

表 7-6　着底条件参数

参数		取值
操控参数	释放高度 H/m	3
	支腿展角 β/(°)	20
环境参数	底质动态压缩等效弹性系数 k_1/（$\times 10^6$ N/m）	1
	底质动态反弹恢复等效弹性系数 k_2/（$\times 10^6$ N/m）	$k_2=3k_1$
	底质阻尼系数 C_{sedi}/（$\times 10^4$ N·s/m）	1
	底质–脚板间静摩擦系数 μ_s	0.25
	底质–脚板间动摩擦系数 μ_k	$\mu_k=0.8\mu_s$
	斜坡倾角 α/(°)	10

7.4.2.3　动态响应分析

海底钻机硬着底动力学响应包括运动响应和力的响应，分别对应海底钻机的运动情况和受载情况。据此既能对海底钻机能否平稳安全着底做出定性判断，还可进一步分析海底钻机硬着底过程中的运动情况和所受载荷的特征及变化规律。

1）海底钻机的运动情况

图 7-40 所示为海底钻机触底后 3 s 内的运动轨迹，从图 7-40 中可看出海底钻机在上述设定着底工况下能成功稳定着底。着底过程中海底钻机没有出现大幅反弹，且海底钻机机体与底质间始终保持着相对安全的距离。

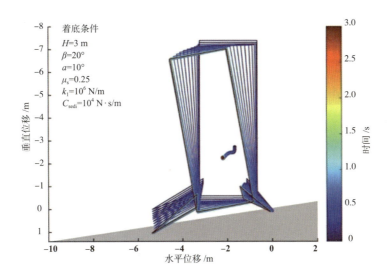

图 7-40　海底钻机着底运动轨迹图

从图 7-41（a）可以看出，脚板 1（2）在底质中的最大沉陷深度为 0.122 m，最大反弹幅度为 0.077 m；脚板 3 在底质中的最大沉陷深度为 0.127 m，最大反弹幅度为 0.058 m。脚板与底质发生触碰后始终保持接触状态，各脚板最终沉陷深度大约为 0.091 m。从图 7-41（b）海底钻机脚板 1（2）在平行于坡面方向的滑移情况（即 x_{G1}，以下简称"滑移量"）中可看出，脚板 1（2）与底质发生触碰后其平行于斜坡 O_GX_G 轴的运动分量先沿斜坡向上移动，达到最大值 0.041 m 后快速下滑，最后缓慢趋于稳定，其大小约为 –0.089 m；从图 7-41（c）可以看出，海底钻机触底后其机身快速偏转直至达到最大偏转角 11°，随后在 10° 上下微小波动。综合以上各项具体数值可知，海底钻机着底碰撞过程中，其脚板无论是垂直还是平行于坡面方向的运动幅度相对于海底钻机尺寸而言均很小，机身也未出现过大的偏转，最终机身偏转角的大小大致与地形坡度保持一致。

2）海底钻机的受载情况

由上述与运动相关的仿真结果可知，海底钻机着底过程非常平稳，但在硬着底的碰撞冲击作用下海底钻机内部是否发生损伤仍需进一步探查，重点关注指标为海底钻机内部电子元器件所受加速度载荷和支腿所受力载荷。

可采用弹性支撑子系统的加速度（以下称为"机体质心加速度"）来反映海底钻机内部电子元器件所受加速度载荷，如图 7- 42（a）所示，机体质心合加速度最大值为 21.87 m/s²（约为 2.23 g），远低于常规电子仪器设备的 10 g 加速度承载能力。由图 7-42（b）和（c）可知，着底过程中海底钻机支腿油缸 1 所受最大轴向载荷为

411.3 kN；油缸 3 所受最大轴向载荷为 483.4 kN；连杆 1 所受最大轴向载荷为 362.2 kN；连杆 3 所受最大轴向载荷为 371.6 kN；此外，连杆 1 所受最大横向载荷为 100.9 kN，以上数值均小于海底钻机支腿的设计允许载荷，且安全裕度充足。

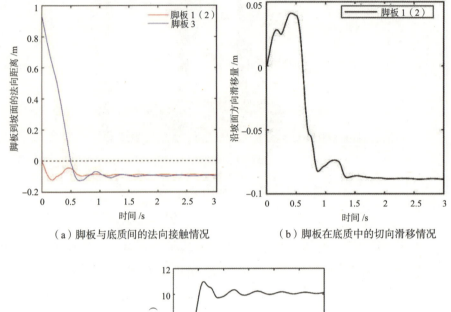

（a）脚板与底质间的法向接触情况　　　　（b）脚板在底质中的切向滑移情况

（c）机身偏转情况

图 7-41　海底钻机触底后的运动

综合以上海底钻机着底动力学响应的仿真结果可知，海底钻机在上述设定工况下能安全平稳地着底，其着底过程的动力学响应具有如下规律。

（1）由图 7-42（b）和（c）可观察到，与海底钻机着底的运动过程相对应，尽管液压油缸与连杆的轴向力或者不同支腿横向力在出现时间上存在细微的差异，支腿受力的时间历程曲线整体表现出多次冲击、逐渐衰减、最后趋于稳定的趋势特征。

（2）海底钻机在斜坡上采用 2-1 对称式着底模式时，支腿所受最大轴向力载荷出现在后触底的支腿 3 上；机体质心最大加速度载荷出现在脚板 1（2）与底质发生触碰之后，但在脚板 3 与底质发生触碰之前，其水平方向分量的最大值大于竖直方向分量的最大值（分别为 19.94 m/s² 和 9.95 m/s²）。

（3）通过图 7-42（a）机体质心水平方向加速度分量与图 7-42（c）支腿横向力时变曲线图的对比可知，机体质心水平方向加速度分量主要受支腿横向力的影响。由此可看出，尽管支腿所受横向力载荷相对轴向力较小，但其对机体质心加速度的影响却很大。支腿所受横向力载荷来源于脚板与底质间作用力在垂直支腿平面方向的分量，而脚板与底质间作用力又包括切向摩擦力和法向接触力。结合前文动力学模型中切向摩擦力和法向接触力的表达式可知，图 7-42（c）中支腿横向力的高频变化是由于脚板在移动的同时还伴有高频振动，其运动方向的频繁改变导致切向摩擦力的高频变化，而出现这种现象的根源在于模型假设支腿横向具有不可弯曲的特性。

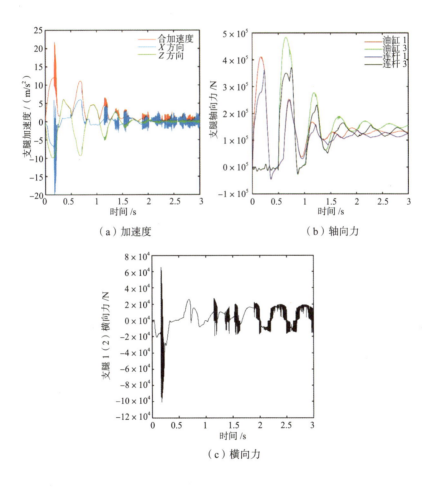

图 7-42　海底钻机触底后的支腿载荷

7.4.3　支撑调平系统

7.4.3.1　设计要求

我国某型海底钻机支撑系统包括整机机架以及支腿部分，整机机架形式为方形机架，支腿包括一条主支腿与两条副支腿，安装在机架的底座上，支腿由支撑板、支腿油缸和支腿连杆组成。支撑系统调平支腿的形式主要包括油缸驱动直接伸缩式支腿形式、液压马达驱动丝杆螺母机构向外伸展式支腿形式、油缸驱动向外展开式支腿形式。该型海底钻机采用的是油缸驱动向外展开式支腿形式，其具有调节幅度大，且能够大幅度扩展接地区域以增加海底钻机稳定性的优势。

为了使海底钻机支撑系统能够正常工作，以保障海底钻机能够安全稳定地完成钻探取芯任务，并且考虑到海底钻机整体的运输、安装等方面的工作效率，海底钻机支撑系统的设计方案应遵循以下设计需求。

（1）在能够达到稳定支撑效果的前提下，应尽量减轻支撑系统质量。

（2）在保证正常安装的情况下，钻机整体尺寸应尽量紧凑，以方便运输与收放。

（3）在任何着底过程中，支撑系统能在海底倾斜角度为 0°~20° 之间正常完成支撑调平工作。

（4）支撑系统的结构应尽量简单，便于支撑系统进行支撑调平的操作。

（5）支撑系统拥有较高的稳定性，能在多种工况下保证钻机不发生倾覆。

（6）支撑系统材料满足支撑调平时的强度及刚度要求，保证支撑系统能够反复使用。

7.4.3.2　工作原理

海底钻机的三条调平支撑支腿呈 120° 分布安装在八边形底盘的位于前方的两个角边上及底盘正后方长边的中央，如图 7-43 所示，通过油缸驱动向外展开支腿。当着底地面倾斜时，油缸调节支腿的伸出长度，使海底钻机机架底面处于水平状态，确保钻具垂直钻进海底地层。

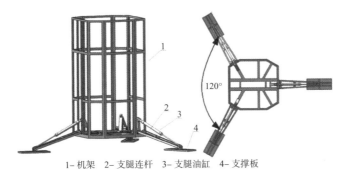

1- 机架　2- 支腿连杆　3- 支腿油缸　4- 支撑板

图 7-43　海底钻机支撑系统

完成支撑调平后，支腿支撑住整个海底钻机，使海底钻机与海平面平行钻进。当海底钻机在海底工作平面着底后，通过控制支腿运动来完成调平。在控制支腿时，由支腿油缸的行程来控制支腿的运动，进而带动支腿连杆与支撑板联合运动，使与底面接触的支撑板向海底钻机方向移动，为海底钻机提供支撑力，以此达到支撑效果，如图 7-44 所示。

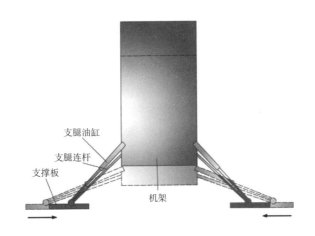

图 7-44　支撑系统工作原理

通常来说，海底钻机伸出一条或两条支腿即可达到调平效果，但是为增加海底钻机的稳定性，未用到的支腿也将放下至接触地面，此时需使用触地位置传感器。当触地位置传感器给出支腿已触地的信号后，控制系统将控制支腿即时停止伸出，以达到既能稳定支撑又能保证海底钻机调平状态不被破坏的目的。支撑调平工作原理如图 7-45 所示。

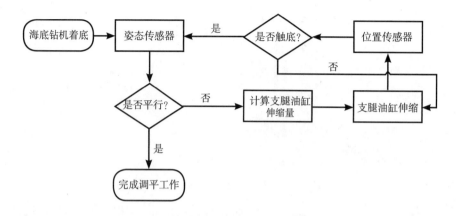

图 7-45 海底钻机支撑调平工作原理

在海底钻机进行支撑调平时，系统控制舱内置的海底钻机姿态传感器作为海底钻机倾斜度的检测和反馈元件，可实时精确测量海底钻机底盘在两个相互垂直的方向上（一般为海底钻机底盘的两条相互垂直的底边）与水平面的夹角。海底钻机着底及作业过程中，首先由姿态传感器测量海底钻机的倾斜夹角，再由控制系统经过计算并分别向各条支腿的驱动油缸控制阀发出指令控制三条支腿的伸缩量，以实现海底钻机调平的目的。

7.4.3.3 主体结构设计

1）整机机架设计

整机机架是海底钻机的关键部件，一方面需要满足海底钻机功能要求和运输、收放条件的约束，另一方面需要考虑海底钻机的稳定性。海底钻机采用的是结构紧凑、便于自动控制的全液压动力头形式。在总体结构上，地层取芯钻机均包括一根为钻进动力头提供行程滑轨的桅杆架。普通陆地全液压动力头式钻机为操作和维护的方便，一般将桅杆架垂直竖立于整机的侧边，再用斜支撑柱对桅杆架进行支撑，构成一个简单、开放式的机架。但海底钻机的桅杆架一般竖立于整机的中心位置，这是由于海底钻机难以采用地脚螺栓等方式与地基固定，仅可通过使桅杆架处于整机的中心，充分利用海底钻机有限的自重维持其在海底作业时的稳定。海底钻机通过铠装脐带缆布放到海底，如未安装辅助推动装置（如螺旋桨），则其着底时面朝何方将存在较大的随机性，从而难以控制。若桅杆架处于整机的中心，则能够显著消除海底钻机着底方向对钻机着底及作业稳定的影响。

（1）钻机外框架封闭形式。

海底钻机一般有着比陆地钻机更复杂的外框架结构，陆地钻机外框架的主要作用是支撑桅杆架，而海底钻机的外框架首先要使海底钻机内部的所有部件能够正常安装，并且还要在下放、回收及着底时为内部所有部件提供防碰撞保护。因此，海底钻机外框架多为封闭笼形，并且要求有足够的强度和刚度，如英国的 RockDrill 钻机、我国的"海牛号"海底钻机等，均采用封闭式机架。对于使用专用下放回收设备的海底钻机，由于专用下放回收设备本身会对海底钻机提供保护，因此对海底钻机侧面防碰撞保护的要求较低，为了减轻质量，其外框架也可以不完全封闭甚至开放，如日本 BMS 钻机、澳大利亚 PROD 钻机、德国 MeBo 钻机等。海底钻机的质量一般在 10 t 以上，需要在科考船上配置专用的收放装置，因此，机架采用半封闭形式结构能够减轻质量，且能有效达到防碰撞要求。

（2）机架形状。

关于机架的外形设计要求，不仅要求海底钻机在着底过程中有良好的稳定性，与甲板下放回收装置良好配合以便于下放回收，还要能够整体安放于一个 20GP 标准集装箱内，以便于运输。因此，海底钻机机架设计是以四方形底盘和四方柱形外框架为基础，一方面，四方形底盘和四方柱形外框架的形状较为规整，拐角较少，便于在机架内部布置、安装其他部件，机内空间可以得到较充分的利用；另一方面，由于海底钻机带滑板的背面与其下放回收装置的滑道能够以 60° V 形楔面配合，海底钻机在船艉以背面靠入滑道和离开滑道会更加顺畅、方便，便于海底钻机的下放和回收。同时，将四方形底盘和四方柱形外框架前部两个相邻角截除，使正方形变成正八边形，截除的角边也便于支撑系统支腿的安装，如图 7-46 所示。

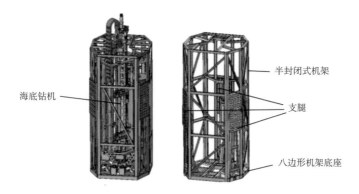

图 7-46　海底钻机及其机架示意图

海底钻机底盘和机架均为低合金高强度折板型钢板 HG80 焊接而成的框架结构，

能够为海底钻机内部各部件提供良好的防碰撞保护。为减轻海底钻机质量，仅在底盘和机架背面进行加强。铠装脐带缆承重头连接机构设于中心桅杆顶部而不是机架顶部，底盘和机架通过螺栓连接，八边形机架底盘前主梁和后主梁之间连接有两根承重主梁，承重主梁通过支撑梁与其他主梁连接，承重主梁用于支撑海底钻机特别是中心桅杆的质量。海底钻机的大部分主要部件直接安装在底盘上，能够更好地保证海底钻机的座底稳定，同时可降低海底钻机的重心。机架八边形柱体外框架与八边形底盘相对应配合；八边形柱体外框架采用桁架结构，使得海底钻机整体受力情况较好。外框架的背面安装有两个平行的滑板，在下放回收装置上能够与其上的滑道相配合，并在牵引力或重力的作用下进行滑动。顶架与外框架的背面交接处安装牵引板，用于牵引海底钻机。

2）钻机底座设计

钻机底座作为海底钻机的主要承重部件，对海底钻机的着底稳定性具有重大影响。钻机底座由主/副支腿安装座、底座外梁以及加强横梁焊接而成。钻机底座示意图如图 7-47 所示。加工时采用钣金折弯打孔工艺减轻钻机底座的质量，各钣金材料相互焊接。为方便其他部件的安装，钻机底座上焊接有三对直角支架连接座耳。支撑系统的三条支腿（由直角支架、支腿缓冲油缸、脚掌组成）通过主、副支腿安装座连接于海底钻机本体。其中，主支腿安装座主要由直角支架安装座耳、四根承重纵梁和四根加强横梁组成，其上设有螺栓孔用于连接海底钻机本体；两组副支腿安装座由直角支架安装座耳、四根承重纵梁和两根加强横梁组成，其侧面设有 D 形卸扣用于配合 A 形架进行海底钻机的布放与回收。底座外梁与主、副支腿安装座共同组成八边形钻机底座外框架，用于辅助承重。四根加强内梁以两两对称的方式布置，旨在增强钻机底座的承载能力和结构强度。

3）支腿与脚板设计

相对于直撑方式来说，海底钻机所采用的三点斜撑支撑方式的支腿连杆与支腿油缸所受支撑力较大，结构简单，质量较轻，传递载荷直接，支腿张开角度较大，且具有较强的稳定性。但当垂直冲击载荷过大时缓冲可靠性低，支架及支腿缓冲油缸容易受弯矩影响发生卡滞或变形，适用于地形复杂但底质松软的海底环境。支腿连杆采用低合金高强度焊接钢板 HG80 制成，采用两根长梁组成的三角形结构。在两根长梁中间安装横梁以提升强度。支腿连杆在海底钻机机架上有两个铰接点，两个铰接点分布于支腿油缸支座的两侧，各个铰接点由销轴铰接。三角形的结构能够使支腿连杆更加稳定，同时这样的结构设计还能使整个支撑系统的外观更加和谐、美观。支腿连杆结构模型图如图 7-48 所示。

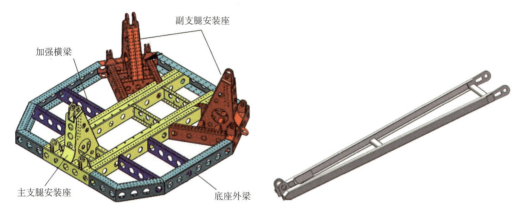

图 7-47 钻机底座示意图　　　　图 7-48 支腿连杆结构模型图

海底沉积物的表层为含水量极高、空隙比大且承载力低的流塑状土层，支撑板作为支撑系统的"脚掌"，为整个海底钻机提供稳定的支撑。若海底钻机在海底沉积物中的沉陷量过小，海底底质给支撑板的约束力小，支撑板与底质之间的摩擦力也小，则海底钻机在重力的作用下可能会发生侧滑而导致海底钻机倾覆；若海底钻机在沉积物中的沉陷量过大，海底底质完全没入海底钻机钻杆的动力头，则可能影响海底钻机的钻进取芯作业，甚至导致动力头失效，进而造成作业失败。因此支撑板的形状以及尺寸大小的设计极为关键。

设计支撑板形状为长方形盒状结构，支撑板材料为低合金高强度 HG80 钢板，板式脚掌通常由底板、侧板、内梁以及铰接座等结构焊接而成，通过万向节与液压油缸推杆以及支架相连，其主要优点为质量轻、与海底底质接触面较大。脚掌底板上均布有大量孔洞以增大脚掌与海底之间的接触面积，减少与海底底质之间的相对滑动。板式脚掌主要适用于流塑性强、含水量高、承载能力低的软质海底底质（如海底软泥、沙土等）。在支撑板内部用加强筋来增加支撑板的整体强度，支撑板上分布均匀的孔可以减轻支撑系统质量，进而缓解应力集中的现象。海底钻机在海底有沉陷量，在完成钻进取芯作业后，支撑板会没入海底沉积物中，支撑板上的孔洞可在海底钻机支腿收回时减小海底沉积物带来的阻力与海水的吸附力，从而提高海底钻机的工作效率。支撑板上有一个与支腿油缸以及支腿连杆铰接的铰接点，铰接点在支撑板的形心位置，支撑板的结构模型图如图 7-49（a）所示。如图 7-49（b）所示为在支腿连杆与支撑板的铰接点上安装的万向节，为支撑板提供转动自由度，让支撑板能沿各轴转动，从而能够让海底钻机更好地适应海底各种未知的底面情况。

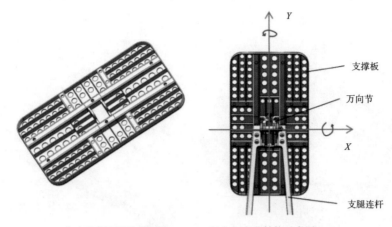

（a）支撑板结构模型图　　（b）万向节结构示意图

图 7-49　支撑板结构及万向节结构示意图

参考文献

[1] JIN Y P, XIE K, LIU G P, et al. Influence of wave direction on the dynamic response of a sub marine equip ment launch and recovery system[J]. China Ocean Engineering, 2022, 36(01):144-154.

[2] LIU P, JIN Y P, LIU D S, et al. Dynamics modeling of a three-legged sea floor drill rig hard-landing and analysis of influence of landing conditions on its responses[J]. Ocean Engineering, 2024, 310:118702.

[3] TASAI F. On the damping force and added mass of ships heaving and pitching [R]. 1960.

[4] MASOUD Z N, NAYFEH A H, MOOK D T. Cargo pendulation reduction of ship-mounted cranes[J]. Nonlinear Dynamics, 2004, 35(3):299-311.

[5] FOSSEN T I, SMOGELI O N. Nonlinear time-domain strip theory formulation for low-speed manoeuvring and station-keeping[J]. Modeling, Identification and Control, 2004, 25(4):201-221.

[6] XIE K, JIN Y P, PENG Y, et al. Research on high quality mesh method of armored umbilical cable for deep sea equipment[J]. Ocean Engineering, 2021, 221:108550.

[7] 李积德 . 船舶耐波性 [M]. 哈尔滨 : 哈尔滨工程大学出版社 , 1981.

[8] 吴秀恒 . 船舶操纵性与耐波性 [M]. 大连 : 大连海事大学出版社 , 1988.

[9] 王飞 . 海洋勘探拖曳系统运动仿真与控制技术研究 [D]. 上海 : 上海交通大学 , 2007.

[10] 梁海青 . 水下采油树下水安装过程动力学分析 [D]. 青岛 : 中国石油大学 (华东), 2016.

[11] 金永平 , 万步炎 , 刘德顺 , 等 . 深海海底钻机收放系统动力学随机数值仿真方法研究 [J]. 机械工程学报 , 2018, 54(23):112-120.

[12] 饶翔 , 路宽 , 伊扬 . 不同海况对潮流能水轮机性能的影响分析 [J]. 哈尔滨工程大学学报 , 2022, 43(04):465-471.

[13] 李兰香 , 金永平 , 刘德顺 , 等 . 洋流对海底钻机着底偏移影响分析 [J]. 海洋工程装备与技术 , 2021, 8(01):11-16.

[14] 李兰香 , 金永平 , 刘德顺 , 等 . 海洋环境作用下深海海底钻机收放系统建模与运动响应分析 [J]. 矿业工程研究 , 2024, 39(02):55-62.

[15] 曾钦 . 海底 60 米多用途钻机收放机构设计研究 [D]. 湘潭 : 湖南科技大学 , 2015.

[16] 邓斌 . 海底多金属硫化物取样钻机支撑系统设计及着底动力学分析 [D]. 湘潭 :

湖南科技大学 , 2021.

[17] 周怀瑾 . 深海海底超深孔钻机支撑系统分析与试验研究 [D]. 湘潭 : 湖南科技大学 , 2020.

[18] 刘鹏 , 金永平 , 刘德顺 , 等. 深海海底钻机硬着底动力学建模与分析 [J]. 机械工程学报 , 2023, 59(23):146-157.

[19] 李兰香. 复杂海洋环境下深海海底钻机收放系统动力学建模与仿真分析 [D]. 湘潭 : 湖南科技大学 , 2022.

[20] 方玉宝. 数字化海洋中的船舶定位技术的研究与发展 [J]. 珠江水运 , 2024 (16):17-19.

[21] 陈志坚 , 万芃 , 李斌 , 等. 以深拖作业为例对比超短基线定位与惯性组合导航定位 [J]. 珠江水运 , 2024 (14):42-45.

[22] 吕文红 , 苑娇娇 , 侯佳辰 , 等 . 水声定位方法研究进展 [J]. 舰船科学技术 , 2021, 43(01):11-16.

[23] 孟庆波 . 水下声学定位随机模型研究 [D]. 青岛 : 中国石油大学 (华东), 2020.

[24] 包仁智 . 多径条件下基于 TDOA 的水下目标定位问题研究 [D]. 广州 : 华南理工大学 , 2018.

第 8 章

试验与工程应用

本章将全面介绍海底钻机的试验与工程应用。首先详细阐述实验室联调试验，包括设备设施、关键部件耐压测试以及系统联调试验过程，并在实验室进行钻进取芯模拟试验。在此基础上进行海上联调试验，重点介绍码头浅水试验、海上强电供电系统试验及深海实钻取芯试验。最后介绍海底钻机在海底矿产资源勘探、海底工程地质勘察和海洋科学钻探等领域的应用情况。

8.1　实验室联调试验

8.1.1　设备设施

海底钻机的实验室联调试验需要在专用的海洋工程装备实验室进行。以湖南科技大学海洋工程装备实验室为例，实验室内配备有海洋绞车、试验水池、各型号深水压力试验舱和深水压力舱、海底钻机专用钻进试验平台、行车、甲板收放装置以及其他试验设备，如图 8-1 所示。

图 8-1　湖南科技大学海洋工程装备实验室

8.1.1.1　大型深水压力试验舱

大型深水压力试验舱是测量大型且具有高压环境作业需求的装置，以湖南科技大学海洋工程装备实验室的大型深水压力试验舱为例，如图 8-2 所示，其主体为内径 750 mm、深度 3 m 的大型圆柱体超高压容器。试验舱两端为卡箍式端盖，用于模拟全海深 12 000 m 海水压力，模拟压力范围为 0~120 MPa。上端盖配置了多个水密电缆插座，以实现向舱内输入动力电和控制信号，并能实时将舱内的检测信号传输至舱外。

图 8-2　湖南科技大学的深水压力试验舱

此外，以加拿大 CR（Cellula Robotics）公司的深海压力模拟测试实验室为例，该实验室装备了两款压力容器，如图 8-3 所示。第一款压力容器如图 8-3（a）所示，其最大测试压力可达 29 000 psi（约 200 MPa），开孔直径为 610 mm，内部长度为 5.58 m。第二款压力容器如图 8-3（b）所示，其最大测试压力为 10 000 psi（约 69 MPa），开孔直径为 406 mm，内部长度为 1.27 m。两款压力容器内部均配备了摄像头、照明灯、数字温度传感器、压力传感器以及数据采集系统，以确保测试的精准性和可靠性。

（a）第一款压力容器　　　　　　　　　　　（b）第二款压力容器

图 8-3　加拿大 CR 公司的压力容器

8.1.1.2　小型水介质加压及保压试验舱

小型水介质加压及保压试验舱安全性高、操作便捷，在海底钻机的研制中也发挥着重要作用。以湖南科技大学小型水介质加压及保压试验舱为例，其结构主要由以下三大核心部分构成。

（1）耐压筒体：整体呈圆筒状，配备可分离筒盖，筒盖上设有三个通信/电源线接口（16芯）和一个显示筒内压力的压力表，筒体内径为 400 mm，高为 600 mm。

（2）外围金属框架：用于辅助布放筒盖，兼具防护功能，尺寸为 720 mm × 720 mm × 2000 mm。

（3）加压泵：负责将外部水体通过高压水管压入耐压筒体内，使筒内压力达到指定值，其配有调压旋钮，可准确控制加压压力，并对加压速率进行粗略的控制。测试过程和方法与深水压力试验舱类似。

8.1.1.3　液压泵综合试验台和液压控制试验台

海底钻机的液压装置测试需要在液压泵综合试验台和液压控制试验台上进行。以湖南科技大学海洋工程装备实验室为例，液压泵综合试验台主要由主液压源电机组（三联泵组）、三组油路控制阀组、冷却控制系统、温度压力显示仪、故障检测与预警仪等组成，其最大功率为 75 kW，最高压力可达 32 MPa，最大流量为 200 L/min。如图 8-4 所示为湖南科技大学液压泵综合试验台。液压控制试验台（图 8-5）配备了 160 kW 主泵电机，其最高压力为 32 MPa，最大流量为 380 L/min，蓄能器最大瞬时流量为 3000 L/min，能完成大流量比例液压泵、大流量比例节流阀、大流量插装阀、高速液压缸等的性能测试，且可实时采集与处理主泵与电机转速、回油口流量、多点位压力等数据。

图 8-4　湖南科技大学液压泵综合试验台　　　图 8-5　湖南科技大学 YST-5 大流量液压控制试验台

8.1.2　关键部件耐压测试

所有对外部海水压力敏感的关键部件都必须进行耐压试验，以检验其在高压环境下的密封性能及工作性能。耐压试验压力应略高于实际作业环境的压力，通常设定为额定最高环境压力的 1.05~1.20 倍。

以我国海底中深孔钻机的关键部件耐压测试为例，耐压测试在深水压力试验舱中进行，该试验舱具备模拟高压试验环境，提供传输动力电、控制信号以及传感器信号的功能。测试的对象包括液压元器件，暴露于海水中的传感器、密封件、机载水密电缆及插头插座，以及机载耐压舱（包括机载控制系统封装筒和部分传感器的封装筒等）。耐压标准压力值为 45 MPa（相当于 4500 m 水深的压力，是系统额定最高耐压值的 1.125 倍），测试过程旨在尽可能复现深海实际作业条件。下面以我国海底中深孔钻机为例进行详细介绍。

8.1.2.1　电子舱耐压筒测试

针对 6000 m 工作水深的海底钻机电子舱耐压筒进行承压试验，用以检测其使用过程中的安全性和可靠性，测试依据主要参考我国颁布的《超高压容器安全监察规程（试行）》。试验采用手动调节逐步增大压力，根据试验流程设定多段压力值，并规定每个压力点的保压时间为 5 min，压力值从 0 开始，依次递增至 70 MPa，每次递增10 MPa。完成保压阶段后，开启高压舱，取出电子舱耐压筒，首先对外观进行检查，以确认是否存在压溃或变形现象，随后卸下电子舱耐压筒的密封端盖，检查筒内是否出现进水情况。

8.1.2.2　保压钻具极限承压能力测试

保压钻具极限承压能力测试流程如下。

（1）将芯管与打压泵进行连接。

（2）在芯管的上、中、下三个区域各取一点并进行标记。

（3）对芯管标记位置的原始直径尺寸进行测量。

（4）使用试压泵对芯管进行逐级打压，每级压力保压 10 min，并对芯管标记点的直径进行测量。

（5）继续加压直至芯管发生破坏或出现泄漏。

（6）重复测试三根芯管，并取平均值作为试验最终结论的依据。

8.1.2.3　钻具保压测试

钻具保压测试流程如下。

（1）钻具组装检测与注水。

（2）将钻具置于压力试验舱内并加压至 20 MPa。

（3）保压 15 min 后对压力舱进行卸压操作；将钻具从压力舱中取出，连接压力表，测试钻具内部的压力值。

（4）共重复测试 12 次，若回收后的压力值不大于 8 MPa 则认定为保压失败。

8.1.3　系统联调

在系统组装完成后，为了验证各模块间接口的正确性、数据流和控制流的顺畅性以及集成后整体功能的实现，进行系统联调是至关重要的。该过程涉及将多个子系统或模块进行集成测试，以验证它们之间的接口和数据流是否能够实现有效协同，以我国海底中深孔钻机为例，其主要试验步骤如下。

（1）强电供电系统及控制系统集成。将 380 V 三相交流电源接入低压配电控制柜。随后，从该控制柜引出电源至 AC 380 V/AC 3300 V（40 kVA）升压变压器的初级端子。在此过程中，升压变压器的三相次级端子通过三个 45 Ω/5 kW 的电阻器（用以模拟线路损耗）分别连接至钻机的机载高压转接盒。最后，控制系统需分别与甲板低压配电控制柜及钻机控制筒实现电气连接。

（2）液压系统加注液压油。对系统电机油泵箱、控制筒、各传感器、转接盒及机载水密接插件等电路设备的绝缘安全性进行全面检测和确认。

（3）深海高压电机输入断开，系统上电。控制系统工作后，首先需对控制系统的可靠性进行测试，该过程涉及对所有传感器数据的准确性进行验证，并评估操作界面的用户友好度。通过操作系统向供电系统中的接触器及液压系统中的电控液压阀发送操作指令，并采用万用表等测量工具，检测指令信号的传递正确性。在检测过程中，必须对系统进行精细调试，以排除所有潜在的软件缺陷。鉴于电机处于断开状态，机械液压系统在该阶段不会启动，从而保障了测试的安全性。

（4）系统断电，接好之前断开的高压电机。在对高压电路的绝缘性和安全性进行复核并确认无误后，方可执行系统上电操作。随后，通过控制计算机对系统主电机进行短暂的启动（持续数秒）以监测液压系统是否成功建立压力和液流，并验证电机相序的准确性（此操作在先前的空载试验中已得到确认）。值得注意的是，在液压系统首次启动的过程中，应避免长时间运转，以防止因液压油未能完全充满系统而导致泵体过热，进而造成设备损坏。

（5）系统加载。在确认液压系统空载运转正常之后，通过操作计算机关闭系统卸荷阀，随后，对系统进行加载，观察并调定系统最大压力和功率（泵最大压力应在出厂前调定）。

（6）机械液压初步调通。操作计算机逐一启动各液压功能，并进行调试，完成机械液压功能动作初步调通，调试过程中注意随时排气和补注液压油。

（7）液压系统各相关参数的设定。设定泵的恒功能控制相关参数，系统压力和各节流阀、减压阀及溢流阀参数等。初步设定推进油缸各挡压力、动力头及油泵电机功率、支腿油缸推进速度及压力、左右储管架转盘速度、移管机械手转动速度等。

（8）接卸存储功能调试试验。给系统加载钻杆钻具，执行空载钻进和钻杆钻具接卸存储功能的调试试验，并对系统各个液压参数进行最后整定。

（9）系统无功功率就地补偿功能试验。再次检测并确认高压电路绝缘性符合安全标准后，系统方可进行上电操作。采用 1.7~6.8 μF 的高压电容器，分别以星形接法和三角形接法并联接入电机输入端，旨在与未接入电容器的试验结果进行对比分析，以评估无功功率就地补偿的效果。在试验过程中，通过模拟装置对海底钻机液压系统施加不同负载（轻载、中载和重载），并对各节点的电压、电流、功率及功率因数进行精确测量。最终，通过对比试验结果，验证强电供电系统设计计算的准确性和精度，并深入分析各参数的变化趋势以及功率因数的改善效果，从而确定补偿电容的最佳值。这一过程不仅涉及电容器接线方式的比较，也包括对液压系统在不同负载下的性能评估，为电力系统的优化提供了重要的试验依据。

8.1.4　实验室钻进取芯

实验室钻进取芯试验包括室内试验和室外试验两部分。室内试验采用三种方式：地面模拟海底岩石试块浅孔钻进、水池模拟海底岩石试块浅孔钻进以及地面套管深孔钻进。室外试验则利用实验室周边的自然条件，在室外自然山坡岩体中实施钻进作业。针对不同类型的海底钻机，在进行实验室试验时，其试验过程与方法可能存在差异，以我国海底中深孔钻机和加拿大 ROVDrill3 钻机为例介绍室外钻进取芯试验，其余部分是以我国海底中深孔钻机为例进行阐述。

8.1.4.1 海底岩石及地形模拟

基于海底常见岩石的硬度和强度特性，设计并制备了模拟海底岩石的特殊混凝土试块。该试块灰砂比约 1：3，硬度与海底中的硬岩石相当，尺寸为 500 mm × 500 mm × 700 mm。为模拟海底地形的坡度变化，将试块上表面加工成 0°、5°、10°、15°、20°、25° 和 30° 的倾斜面，通过这种方式，检验海底钻机在不同斜坡角度下的开孔性能。为克服模拟海底岩石试块在钻进过程中孔深不足的问题，在实验室室内地面上预先使用陆地钻机钻制了 4 个大直径孔，其中，2 个孔的深度为 15 m，另外 2 个孔的深度为 20 m。所有孔内均完全埋置内径为 100 mm 的套管，并在套管内注入与模拟海底岩石试块相同的混凝土。此外，为了检验钻机在海底复杂地形条件下的支撑和调平能力，在其中一个 20 m 钻孔所对应的地表区域开凿 3 m × 3 m × 2 m 的方坑，方坑底采用混凝土浇筑成凹凸不平的 15° 斜坡，并在坑内注满水，以模拟真实的海底地形环境。

8.1.4.2 地面试块钻进试验

利用支腿将钻机提升至约 750 mm 的高度，并将模拟的海底岩石试块置于钻机下方，将旁置自来水水箱作为冲洗水源，启动钻机按正常钻进程序进行钻进试验，共计使用 7 个试块钻进 7 次，试验参数设定如表 8-1 所示。

在试验过程中，海底钻机呈现出了平稳的运行状态和均匀的进尺表现，展现了良好的工作性能，岩芯拔断速度快，且钻具对岩芯的保护作用明显，确保了岩芯的光滑度和完整性。在一般情况下，增加进给压力会导致液压系统的压力上升和流量减少，同时电机电流也会相应增大，导致系统能耗增加。钻进速度通常会随着进给压力的增加而提高，最高可达约 200 mm/min。所有试验均取得了良好的结果，进一步验证了海底钻机的性能和效率。

表 8-1 我国海底中深孔钻机地面试块钻进试验参数设定

试验参数	设定值
试块表面坡度	0°、5°、10°、15°、20°、25° 和 30°
冲洗液量	50 L/min
进给压力	1500~6000 N
钻进深度	500~600 mm
岩芯长度	450~500 mm

试验参数	设定值
钻进速度	50~200 mm/min
纯钻进时间	3~8 min

8.1.4.3 水池试块钻进试验

以我国海底中深孔钻机为例，在 5 m 深的集矿试验水池中，通过使用特制的钻进试验底座，成功进行了 3 m 深的水池钻进试验。该试验底座几乎完全浸没于水池中，从而验证了海底钻机在水下环境中能正常运作，并且浅水水密性也得到了验证。通过对比水池中的钻进试验与地面钻进试验的数据和结果，发现两者高度一致，进一步证实了浅水环境对钻机功能的正常发挥并无不利影响。

8.1.4.4 地面钻进取芯试验

由于模拟海底岩石试块的高度为 0.7 m，导致钻孔深度受限，因此仅适用于测试钻机的基本钻进性能，该限制妨碍了对钻杆接卸存储功能及其他深孔钻进性能的综合测试。为打破该限制，在地面上进行套管深孔钻进试验，包括两次 15 m 和一次 20 m 的钻进。在试验过程中，通过调试海底钻机使其达到最佳工作状态，三次试验均成功完成了全孔深的取芯钻进，钻进速度和取芯率等关键指标均满足了设计规定要求，且钻获的岩芯也较为完整，如图 8-6 所示。这些试验全面验证了海底钻机在钻进、钻杆接卸存储以及钻进操作控制等功能方面的有效性和可靠性。

图 8-6 钻获的部分岩芯

8.1.4.5 室内斜坡钻进取芯试验

室内斜坡钻进取芯试验旨在验证海底钻机在水下不平坦斜坡上的稳定性和调平性

能。在试验过程中，从不同方位角将海底钻机布放于试验坑内的水下不平坦斜坡，并进行调平操作，最终完成 20 m 深的钻孔试验。试验结果表明，在允许的地面坡度和不平度范围内，钻进作业没有受到负面影响。在整个钻进过程中，海底钻机没有发生移位或倾角变化，验证了海底钻机的支撑系统设计是合理且切实可行的。

8.1.4.6　室外钻进取芯试验

实验室内模拟的海底岩石试块或套管内的模拟海底岩石，虽然能够提供一定的试验数据，但毕竟是人造岩石，缺乏自然岩石中常见的裂隙、节理和破碎带等复杂构造，因此其钻进试验结果和数据往往较为理想化。为了弥补这一不足，将钻机移至户外山坡上，利用自然山体岩石进行钻进试验，如图 8-7（a）所示。试验地点的地面不平，存在约 8° 的坡度，岩体为裂隙和节理发达的红色砂岩，硬度较高，岩体样品如图 8-7（b）所示。野外钻进试验显示，在自然岩体中钻孔速度相对较慢，偶尔会遇到卡钻和打滑的情况，需要采取更换岩芯管等应对措施。经过约 14 h 的钻进作业，成功完成了 20 m 钻孔的钻进取芯试验。此次试验不仅验证了海底钻机在自然岩体中的钻进性能，同时也初步检验了海底钻机操作规程和现场应急处置措施的可行性。

（a）室外钻进工作场景　　　　　　　　　　（b）室外钻进取芯试验所获样品

图 8-7　我国海底中深孔钻机室外钻进取芯试验

另外，加拿大鹦鹉螺矿业公司（Nautilus Minerals）2009 年初完成 ROVDrill3 的制造和工厂验收测试，2009 年 5 月开展陆地钻探取样，对海底钻机的机电液压和控制系统进行测试，陆地试验测试装置如图 8-8 所示。

利用上述装置，完成 4 个中深孔项目测试（12 m 钻孔 2 个、13 m 钻孔 1 个、15 m 钻孔 1 个），陆地试验钻取样品如图 8-9 所示。

图 8-8 加拿大 ROVDrill3 陆地试验测试装置

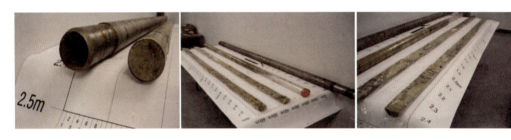

图 8-9 加拿大 ROVDrill3 陆地试验钻取岩芯

8.2 海上联调试验

搭载在我国"大洋一号"科考船的海底中深孔钻机系统样机，于 2010 年在我国南海海域执行样机的海上实钻取芯试验任务。启航前，先在甲板上进行了联调试验，并在码头附近完成了浅水试验，以确保样机在深海作业中的性能和可靠性。本节以我国海底中深孔钻机为例，对海上联调试验进行阐述。

8.2.1 目的与要求

通过执行深海实钻取芯试验，验证系统样机在深海环境条件下的作业性能，并培养操作人员的专业技能，这能为未来的海上资源调查任务提供坚实的设备、技术和人力资源支持。试验的目标是至少完成一个海底钻孔的实钻取芯作业，具体要求为：试验水深至少达到 1500 m；钻孔深度需超过 15 m；在硬岩条件下，取芯率需在 60% 以上。

8.2.2　甲板联调联试

甲板联调联试的核心目标是验证系统样机与母船甲板上的关键设备（如铠装脐带缆、绞车、A 形架等）的兼容性，并在实际连接母船甲板设备的情况下（这与实验室模拟条件有所不同），对部分参数进行重新调整和优化，试验的关键内容如下。

（1）海底钻机与脐带缆承重头的适配性测试。

（2）海底钻机系统与船上设备的光电接口适配，以及相关参数的调整。

（3）对钻机本体的强电系统、液压系统、机械系统等进行细致的调试和检测。

8.2.3　码头浅水试验

在完成甲板联调联试之后，随即在母船停靠的码头进行码头浅水试验，主要目的是验证母船甲板折臂吊车、A 形架等下放回收设备与海底钻机之间的协同作业能力，并对海底钻机的下放与回收进行初步的模拟演练。由于码头区域海底为淤泥质，不适宜开展钻进试验，因此，在大约 20 m 深的水中悬吊（未接触海底）进行功能测试，试验内容如下。

（1）强电送电试验。

（2）钻进系统推进试验。

（3）钻进系统回转试验。

（4）接卸钻杆和钻具试验。

所有测试项目均顺利完成，标志着试验取得了圆满成功。

8.2.4　海上高压供变电系统试验

为了确保海底钻机强电供电系统工作的安全性和可靠性，在研发完成后系统随即与钻机一同进行海上试验，以检测其性能。以下是实际的海上试验情况概述。

8.2.4.1　准备工作

（1）将高压供变电系统吊装至"大洋一号"科考船的后甲板。

（2）完成光缆承重头的固化工作。

（3）对甲板升压变压器、水下降压变压器、电机及光缆进行绝缘电阻测量，结果显示绝缘性能正常。调查部门完成光缆水下分线盒的接线工作后，进行首次上电调试，发现三相电流不均衡。随后，单独对光缆和电滑环进行绝缘电阻测量，结果均显示正常。故判断是由于光缆与电滑环接线端接触不良导致出现绝缘问题。

（4）进行海底钻机整机的联合调试。

（5）移除抓斗，将深钻设备吊装到位，并更换光缆，为深钻试验做准备。在此过程中发现承重头下端已经剥离铠装的光缆外包塑料皮受到了损坏，专家组决定对其进行硫化处理后再使用。之后发现控制柜继电器无法上电，经过检查和测量，我们发现船上的三相对地电压不正常，判断是由于船上多个发电机组中某个机组的三相电源对地存在故障。最后，完成相应的检修工作。

8.2.4.2　第一次下水试验

（1）在入水前，必须进行详尽的设备状态检查。上电后，甲板的三相电压维持在大约 390 V，三相电流约为 9 A，而水下电压则稳定在 220 V 左右；通信系统、钻进摄像、寻址摄像、左转盘摄像、右转盘摄像均运行正常；高度计和 XY 倾角测量设备也显示正常；电机启动后，甲板电流保持正常；动力头的转速和推进功能均表现良好。

（2）钻机下放至 500 m 缆长时，通信动力缆的三相对地绝缘电阻测量值为 20 MΩ。

（3）当水深达到 1739 m，缆长为 1511 m 时，发现在钻机下放过程中三相电流异常增大至约 30 A，随即采取了紧急断电措施。通过使用高压摇表测量后，发现三相对地绝缘电阻为 0，表明通信动力缆和电滑环的某处出现绝缘问题。经过检查，故障被定位为光缆与电滑环接线端的外包绝缘等级不足。发现问题后，立即对接线端进行更高等级的绝缘处理，三相对地绝缘电阻的测量值为 40~70 MΩ，高于下水前的 20 MΩ，表明绝缘性能得到了显著提升。

8.2.4.3　第二次下水试验

（1）航次：2010 试航。

（2）航段：Ⅰ。

（3）海区：1 号海试区（东沙群岛附近）。

（4）调查船："大洋一号"科考船。

（5）取样站号：22ST1-DD2。

（6）取样时间（GMT）：2010 年 10 月 10 日至 11 日。

（7）地形特征：小海山顶部侧翼转折端。

（8）作业过程和指标评估：2010 年 10 月 10 日 21 时第二次下水，23 时着底，水深 1743 m，底质为覆盖结核的沉积物。22 时启动海底钻机开始自动调平和开孔钻进，11 日早 7 时 30 分结束海底钻进开始回收，9 时 30 分设备回收至甲板。在水深为 1753 m、缆长为 242 m 处，三相对地绝缘为 30 MΩ，海底钻机上电后，甲板三相电压为 407 V 左右，甲板三相电流为 9 A 左右，水下电压为 230 V 左右，钻进摄像、寻址摄像、左转盘摄像、右转盘摄像均运行正常，高度计、XY 倾角测量设备显示正常。

表 8-2 所示为海底钻机强电供电系统实际海试的部分数据，可以看到，在电机开始启动时，系统处于空载运行状态，功率因数很低，为 0.07，此时电容的补偿处于过补偿状态；在系统处于满载状态时，功率因数达到 0.96，接近于 1。其他工况下功率因数介于两者之间。在整个海试过程中科研人员按照海试大纲的要求，逐步对作为海底钻机系统重要组成部分的强电供电系统进行了严格的测试和试验，解决了在海试过程中发现的问题，取得了成功，达到了设计的要求，试验中得到的数据与前期理论研究得到的结果相符。

表 8-2　强电系统部分海试数据

时间	甲板电压 A/V	甲板电压 B/V	甲板电压 C/V	甲板电流 A/A	甲板电流 B/A	甲板电流 C/A	有功功率 /W	无功功率 /W	功率因数
2010-10-10 23:09:42	407.42	407.54	407.48	30.02	27.76	28.47	1467.53	−20 157.80	0.07
2010-10-10 23:09:43	407.60	407.72	407.66	30.04	27.78	28.49	1469.02	−20 179.29	0.07
2010-10-10 23:09:44	407.74	407.86	407.80	30.06	27.80	28.51	1469.88	−20 193.45	0.07
2010-10-10 23:09:45	407.70	407.83	407.76	30.06	27.79	28.51	1469.41	−20 187.13	0.07
2010-10-10 23:10:25	406.03	406.21	406.12	19.32	18.28	19.87	12 015.56	−5922.90	0.90
2010-10-10 23:10:26	405.97	406.15	406.06	19.31	18.28	19.87	12 006.98	−5924.13	0.90
2010-10-10 23:10:27	405.87	406.05	405.96	19.30	18.26	19.85	12 005.19	−5921.31	0.90
2010-10-10 23:11:43	405.31	405.49	405.40	23.60	22.68	24.36	15 495.63	−5586.54	0.94

时间	甲板电压 A/V	甲板电压 B/V	甲板电压 C/V	甲板电流 A/A	甲板电流 B/A	甲板电流 C/A	有功功率 /W	无功功率 /W	功率因数
2010-10-10 23:11:44	405.18	405.35	405.26	23.58	22.66	24.34	15 477.47	−5569.96	0.94
2010-10-10 23:11:45	405.15	405.32	405.24	23.58	22.66	24.34	15 475.35	−5558.68	0.94
2010-10-10 23:11:49	405.89	406.04	405.96	19.14	17.98	19.70	11 835.30	−5972.17	0.89
2010-10-10 23:11:50	405.88	406.04	405.96	19.15	17.99	19.71	11 837.30	−5970.17	0.89
2010-10-10 23:11:51	405.85	406.02	405.94	19.15	17.99	19.71	11 839.56	−5967.12	0.89
2010-10-10 23:12:01	405.69	405.85	405.77	23.54	22.64	24.27	15 443.47	−5571.23	0.94
2010-10-10 23:12:02	405.67	405.85	405.76	23.50	22.62	24.24	15 415.88	−5573.42	0.94
2010-10-10 23:12:03	405.58	405.76	405.67	23.47	22.59	24.20	15 383.56	−5570.47	0.94
2010-10-10 23:12:21	405.01	405.18	405.09	25.99	25.19	26.82	17 404.30	−5272.87	0.96
2010-10-10 23:12:22	404.94	405.09	405.01	26.01	25.21	26.85	17 430.19	−5253.09	0.96
2010-10-10 23:12:23	405.04	405.20	405.12	26.03	25.23	26.86	17 446.24	−5247.96	0.96
2010-10-10 23:12:33	405.44	405.61	405.52	23.27	22.40	24.00	15 248.03	−5581.03	0.94
2010-10-10 23:12:34	405.70	405.87	406.79	23.28	22.41	24.00	15 258.13	−5598.7	0.94
2010-10-10 23:12:35	405.92	406.09	406.01	23.29	22.42	24.00	15 255.75	−5618.37	0.94
2010-10-10 23:12:37	405.75	405.91	405.83	18.50	17.43	18.99	11 253.10	−5668.65	0.89
2010-10-10 23:12:38	405.74	405.89	405.81	29.94	27.67	28.38	1597 20	−20 044.00	0.08
2010-10-10 23:12:39	405.97	406.12	406.04	29.96	27.69	28.40	1593.52	−20 054.71	0.08
2010-10-10 23:12:40	406.20	406.34	406.27	29.97	27.70	28.41	1590.76	−20 066.39	0.08

8.2.5 深海实钻取芯试验

8.2.5.1 试验地点、地形

（1）海区：1 号海试区（东沙群岛附近）。

（2）取样站号：22ST1–DD2。

（3）地理位置：经度为 119.228 51° E，纬度为 21.139 57° N。

（4）水深：1756 m。

（5）地形特征：小海山顶部侧翼转折端的底质为覆盖结核的沉积物。

8.2.5.2 试验前准备工作

在正式进行下水试验之前，对选定的海底区域进行详尽的多波束和浅剖扫描，精确绘制微地形图和沉积物剖面图，如图 8-10 所示。基于这些数据，选取一个符合地质条件要求的试验区域。在试验过程中，海况始终保持在 3 级以下，确保了试验的顺利进行。

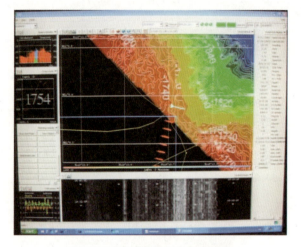

图 8-10　海试海底多波束地形图

8.2.5.3 试验步骤

以我国中深孔钻机为例进行实验步骤（图 8-11）的详细介绍。

（1）使用船艉折臂吊将钻机移至 A 形架下方。

（2）将铠装脐带缆连接至海底钻机，接通光纤和高压接插件，装载钻杆和钻具，调整补偿器，并设置水压抛弃装置。

（3）对强电系统进行全面的绝缘性能检查，并确认其状态。

（4）进行甲板通电试验，上电后检查各项参数，包括甲板电压、电流和水下电压等，检查四个摄像头的图像是否清晰且正常，启动液压系统电机，验证系统电压和电流是否正常。

（5）海底钻机下水 100 m，暂停下放过程，进行绝缘性能检测。

（6）海底钻机下水至 500 m 时，再次暂停下放过程，进行绝缘性能检测，并启动液压系统 1 min 以确认其可正常运作后关闭。

（7）当海底钻机离海底 100 m 时，开启高度计，监测离底高度。

（8）当离底高度在 3~10 m 之间时，海底钻机进行寻址移位，找到合适地点后着底。如果 X、Y 倾角大于或等于 15°，则提起海底钻机重新寻址，确认地点合适后，下放钻机着底，并继续放缆 20~30 m。

（9）启动电机和液压系统。

（10）调整海底钻机至水平状态。

（11）按照预定的操作规程进行钻进作业。

（12）达到预定的钻进孔深后，结束钻进作业，收回支腿，关闭电机和液压系统。

（13）按照预定的下放回收方案，将海底钻机回收至母船甲板。

（14）卸下钻杆并取出岩芯样本。

（15）对海底钻机进行检查和维护。

（a）海底钻机海试入水

（b）铠装脐带缆挂浮力球

（c）甲板操控室工作情况

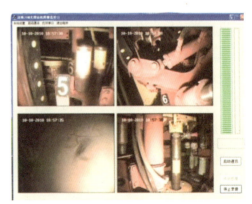

（d）海试图像监视画面

图 8-11　我国海底中深孔钻机海上联调试验过程

8.2.5.4　试验结果

（1）设备在水下作业总计耗时 12.5 h，其中在海底的实际工作时间为 9.5 h，累计钻进深度达 15.7 m。具体来看，钻探的上部 11 m 为沉积物层，未能获取岩芯样本；而下部 4.7 m 则为硬岩层，在此层段成功取得 3.8 m 的岩芯，硬岩取芯率达到了80%，且岩芯样本基本保持完整。

（2）甲板操控台显示，供电系统的三相低压电压维持在大约 390 V，低压供电电流约为 9 A。海底钻机经过降压后，电压稳定在 230 V 左右。控制信号和高速数据通信系统运行顺畅，钻进摄像、寻址摄像、左转盘摄像和右转盘摄像均显示正常；同时，高度计和 XY 倾角测量设备工作正常。

（3）海试结果证实，该型海底钻机在整个海试过程中表现出色，性能稳定、可靠。海底钻机的调平、取芯钻进、视像观测、遥测遥控、高压供电、钻杆接卸以及数据传输与通信等功能均运行正常，操作界面设计友好易用。试验成功实现了既定目标，全面达到了海底钻机系统的设计指标。

8.2.5.5　样品描述

在钻探过程中，共使用了八根 2 m 长的钻杆。第五根钻杆底部发现约 15 cm 长的含火山灰碎屑的半固结黏土，呈灰绿色，推测该部分可能由水力作用从钻杆顶部冲刷至底部，估计埋藏深度为 8~9 m。第六根钻杆根部近半根为岩芯，顶部为黄绿色的含火山碎屑半固结黏土，长约 20 cm，紧接着是长约 70 cm 的褐灰绿色火山角砾岩，其顶部与冲积物界面处呈黑色，显示出铁锰氧化物的浸染现象。第七根钻杆整根完全由褐灰绿色火山角砾岩岩芯构成，在从表层算起的 13.5 m 处有一层较松脆的部分，局部可见岩石裂隙中存在细小的硅质晶簇，火山角砾粒径细小，介于 1~10 mm 之间，多数角砾粒径为 4~5 mm，角砾多呈暗褐色。第八根钻杆仅钻进 1.7 m，实际观察到的火山碎屑角砾岩岩芯长约 86 cm，可能有一部分岩芯被拔断，该段岩芯呈黄绿色，多处松脆，显示出一定的蚀变现象。该段岩芯上部还存在约 15 cm 的黑褐色黏土层和约 1 m 长的黄褐色软泥，推测这是由于钻进深度的增加，约 1 m 长的套管周围的冲积物被冲掉，在换管过程中，顶部的部分黑褐色黏土和表层的稀软冲积物落入所致，并非原位的，实际取得的岩芯长度约为 3.56 m，另有约 35 cm 含火山碎屑的黏土层。我国海底中深孔钻机取得样品如图 8-12 所示。

图 8-12　我国海底中深孔钻机取得的样品

8.3　工程应用实例

8.3.1　海底矿产资源勘探

8.3.1.1　RockDrill 系列钻机

在 2002 年 9 月至 10 月期间，英国使用 RockDrill 钻机，对巴布亚新几内亚的圆锥形海山和帕克马努斯海盆的海底热液系统进行了浅层钻探研究，揭示了两个不同热液系统地下性质的关键信息，其中所采集的样本显示出高浓度的贵金属和基础金属成分。两地的岩芯样品分别如图 8-13（a）和（b）所示。

2013 年，明治大学与英国地质调查局合作，利用 RockDrill2 钻机在日本海上越盆地钻探了含有天然气水合物和碳酸盐岩的非均匀硬质沉积物，同时也钻探了软质和含气沉积物。但是，在取芯过程中和取芯后，由于天然气水合物的膨胀与解离，导致整个取芯过程中的岩芯取芯率很低。根据钻探过程的监控与测量，并结合不连续沉积物岩芯样品，预测出数个 2~7 m 厚的天然气水合物聚集带。

　　　　　　（a）圆锥形海山　　　　　　　　　　　　（b）帕克马努斯海盆

图 8-13　RockDrill 钻机回收钻芯

8.3.1.2　ROVDrill 系列钻机

　　针对海底大规模硫化物（SMS）沉积物的钻探和取样的全面集成解决方案，鹦鹉螺矿业公司（Nautilus Minerals）在综合分析了 ROVDrill1 和 ROVDrill2 在 2007 年和 2008 年的钻探作业情况后，开发研制了全新的 ROVDrill3 钻机。

8.3.1.3　CRD100 海底钻机

　　2017 年，加拿大和日本利用 CRD100 海底钻机成功完成一取芯项目，此项目位于水深 1400 m、浪高 4 m 的日本海岸。钻探的主要目标是回收海床中的大型硫化物样本，以期更深入地研究该区域的特征，在五个点位进行了取芯作业，取芯深度为 6~63 m。

8.3.1.4　MeBo200 海底钻机

　　2017 年，MeBo200 海底钻机搭载于"RV METEOR"号多学科研究船，调查位于黑海海域多瑙河深海扇砂岩峡谷的古三角洲天然气水合物。德国利用 MeBo200 海底钻机获取了长沉积物岩芯，总共在三个站点进行了四次作业，部署的水深深度范围为 765~1400 m，总用时 231 h，共钻进 444 m，其中有两次进行了孔眼测井、温度测量和压力取芯作业。在数次部署钻探过程中，共取得岩芯总长度为 324 m。值得一提的是，在此次调查过程中，在水深 876 m 处，钻取了该钻机历史上最深的钻孔深度 147.3 m，获取的岩芯长度为 124.9 m。

8.3.1.5 我国浅地层海底钻机

我国自主研发的首台海底浅孔钻机的成功问世，标志着我国在海底钻探技术领域实现了从无到有的重大技术突破，成功打破了国际上对我国海底钻探的技术封锁，解决了我国大洋富钴结壳资源勘探中面临的重大装备瓶颈难题。在中国大洋矿产资源研究开发协会的持续支持和国家高技术研究发展计划（简称 863 计划）的资助下，研究团队主导研发了取芯富钴结壳潜钻和大洋海底深孔钻机系统。自 2004 年起，上述海底钻探装备陆续投入到富钴结壳资源调查中，为 2013 年我国向国际海底管理局成功申请面积达 3000 km² 的富钴结壳勘探矿区提供了有力的技术支撑。截至 2022 年末，在西太平洋海山区富钴结壳勘探区高效、高质量地完成了结壳取芯作业，为我国富钴结壳勘探区的资源评价提供了重要技术支撑。

我国海底浅孔钻机在多个海域成功部署并完成了数次作业。特别是在 2011 年第 23 次科考任务中，海底浅孔钻机搭载在"海洋六号"综合调查船执行第二航段计划作业，在西太平洋海山区的海山上进行富钴结壳资源调查，完成了 14 个站位的浅钻作业，获取了富钴结壳样品。其中，在千余米水深的某平顶海山钻获约长 28 cm 的岩芯样品。迄今为止，该浅孔系列钻机已在海底钻获超过 800 个富钴结壳岩芯样本，成为了全球范围内同类产品中在深海海底实钻取芯次数最多的装备。

我国自主研发的首台海底中深孔钻机的诞生，标志着我国深海钻探技术实现了从浅孔到中深孔的飞跃性进步，攻克了在海底多金属硫化物调查中急需的关键装备难题。该钻机的应用不仅为我国在多金属硫化物勘探领域的国际规章谈判提供了有力的技术支撑，还为我国向国际海底管理局成功申请面积达 10 000 km² 的多金属硫化物勘探矿区奠定了坚实的技术基础。海底中深孔钻机的成功研发与应用，对于推动我国深海科技装备自主创新能力的提升具有重大意义。

8.3.1.6 "海牛号"海底钻机

2016 年 6 月至 7 月期间，"海牛号"海底钻机系统在我国某海域凭借独创的深海底复杂地层资源钻探取芯技术，成功完成了 5 个站位共 11 个钻孔的作业，单孔作业时间（即从钻机下放入海至完孔回收至甲板）为 8.5~22 h，平均取芯率高达

90.98%。图 8-14 所示为"海牛号"在进行海上作业。

"海牛号"圆满完成了目标站位的海底矿产资源钻探取芯任务，标志着世界上首次采用海底钻机钻获了高品质、高纯度的"可燃冰"芯样，这也是我国首次利用国产装备技术获得"可燃冰"芯样，结束了长期依赖高成本租用国外钻探船的历史（图 8-15）。获得的芯样揭示了我国某海域天然气水合物与其他海域已探明的天然气水合物完全不同的成藏机理，对我国海域天然气水合物不同的成藏机理研究具有重要的参考价值。

| 图 8-14　"海牛号"进行海上作业 | 图 8-15　天然气水合物岩芯样品 |

2021 年，"海牛Ⅱ号"海底大孔深保压取芯钻机系统完成海试验收后，迅速在南海水合物矿区开展了高强度的试验性应用，共完成 9 个钻孔，总进尺深度达到 801 m，其中单孔最大取芯深度达到 159 m。如图 8-16 所示，"海牛Ⅱ号"在甲板上进行钻进作业前的准备工作。如图 8-17 所示，"海牛Ⅱ号"在进行收放作业。

图 8-16　"海牛Ⅱ号"钻机作业准备

"海牛Ⅱ号"钻机系统以其高保压岩芯样品取芯率和效率，实现了全程一键式智能操作。经实践验证，"海牛Ⅱ号"具备强大的海底复杂地层适应性、高钻探效率、

高取芯率、高保压成功率、优质的取芯质量以及高度自动
化的智能专家操控系统。此外，"海牛 II 号"的勘探成本
仅为国际同类工程普遍采用的海洋钻探船技术的 20%，其
勘探效率是钻探船的四到五倍，是同类海底钻机的二到三
倍，同时母船使用成本可降低 40% 以上。这不仅解决了我
国海底天然气水合物大孔深全孔全程保压取芯的重大装备
需求，也攻克了水合物复杂赋存地层保压取芯钻进工艺的
难题，为我国南海海域海底天然气水合物成藏机理研究、
矿体品位和储量评估提供了重要的科学依据，其勘探成果
在经济效益和社会效益上均具有显著意义。

图 8-17　收放作业

8.3.2　海底工程地质勘察

8.3.2.1　MeBo 钻机

2005—2006 年，德国"RV METEOR"号多学科研究船和爱尔兰"RV Celtic
Explorer"号多用途研究船分别搭载 MeBo 钻机，执行了三次地质勘察，主要在非洲
西北部的大陆坡进行了深水测试，在波罗的海进行了浅水测试，以及爱尔兰石油研
究小组（ISPSG）在爱尔兰西部豪猪海岸进行了首次科学巡航。在这三次航行中，
MeBo 钻机在 20~1700 m 的海底钻探了 20 次，完成了软沉积物的推压取芯作业和硬
岩石的钻进任务，岩芯样品如图 8-18 所示。

a- 泥灰岩　　b- 花岗岩　　c- 砾岩　　d- 片麻岩

图 8-18　MeBo 钻机采集的海底样品

8.3.2.2　RockDrill2 钻机

2007 年，RockDrill2 钻机在中大西洋海岭进行钻探，由于海底地形不均匀、稀软地质等技术难题，导致定位极为困难。但经过多次尝试，最终成功获取了岩芯样本。这些样本的获取既为地质勘察提供了重要的地质样本和数据，又展示了 RockDrill2 在复杂海底环境中的灵活性和适应性。

2015 年，RockDrill2 钻机对日本海的含水沉积物进行了取样，最大取芯深度为 32 m，单次作业时间超过 50 h。2015 年还完成了两次海上作业，第一次是在苏格兰奥本近海进行采样活动，第二次是与不来梅大学 MeBo 钻机合作，作为国际大洋发现计划"远征 357"项目的一部分，在大西洋中部亚特兰蒂斯地区进行蛇纹岩岩芯取样。值得一提的是，为了更好地完成"远征 357"项目，RockDrill2 钻机还特别增加了钻机机架的高度，以便于将标准长度的测试工具部署到钻机上。

8.3.2.3　FUGRO 钻机

FUGRO 海底钻机拥有 SFD–I 和 SFD–II 两种型号，作业适应性较强，曾用于在澳大利亚西北大陆架、墨西哥湾、里海和东非等地进行海上岩土工程勘察以及海洋地质灾害调查。例如，SFD–II 钻机曾被用于在澳大利亚进行海上岩土工程勘测，水深 112 m，采用钻井下 PCPT 系统和绳索取芯技术，共钻进 323 m，该钻机在进行海底下 62 m 的联合采样和 PCPT 钻孔作业时，创造了 2923 m 的工作水深纪录。

8.3.2.4　CRD100 钻机

2016 年，CRD100 钻机搭载于"Fukada Shin Chou Maru"船在日本"Ohshima""Mikurajima"两个钻井进行钻探作业。其中，"Ohshima"钻井水深约 900 m，主要的地质特征包括玄武岩和沉积岩；"Mikurajima"钻井水深 750 m，主要地质特征为安山岩，安山岩上有含热液沉淀的沉积层，钻孔深度最大为 24.5 m，取芯长度最大为 17.5 m。

2017 年，加拿大 Cellula 公司使用 CRD100 海底钻机圆满完成了其在解明（Kaimei）号日本海洋调查船上的钻探巡航支持任务，此次巡航的主要目标是为操作人员提供实际操作培训，并采集位于日本相模湾的 1000 m 水下枕状熔岩样本，其间完成了两次下潜钻探作业，岩芯样品如图 8-19 所示。

图 8-19 CRD100 钻机取芯样品

8.3.2.5 "海牛号"海底钻机系统

2017 年，"海牛号"海底钻机系统经过升级改造，其钻探深度提升至 90 m。在我国某海域，该系统采用独创的深海海底低扰动高品质工程地质取样技术，成功完成了我国首个深水（1500 m）天然气田的海底工程地质钻探取芯任务。共计 15 个站位 24 个钻孔的作业，作业水深为 1300~1700 m，累计获取了 900 m 高品质低扰动岩芯样品。其中，5 个钻孔的取芯深度达到了 82.5 m，海底钻机全程取芯钻探深度超过 80 m，岩芯质量优良且扰动极小，平均取芯率高达 87.15%。在约 1500 m 水深的环境下，"海牛号"海底钻机系统实现了全天候的钻孔取样作业，这不仅标志着我国首次运用国产装备和技术在深海油气田工程地质勘察中取得合格的低扰动高品质工程地质芯样，也象征着我国海底钻机在工程地质勘察取芯作业中的首次成功应用，为我国南海陵水深水天然气田工程建设做出了重大贡献。南海陵水深水天然气田项目由中国海洋石油集团有限公司在我国南海投资建设，是我国首个大型自营深水天然气田。该项目对我国南海油气资源的开发以及缓解南方地区天然气供应紧张状况具有重要的战略意义。

2022 年，"海牛Ⅱ号"海底大孔深保压取芯钻机系统在南海陵水工区成功完成了深海海底低扰动工程地质取样任务，并取得了高质量的岩芯样品，如图 8-20 所示。这些样品为该气田群深水平台锚点、

图 8-20 "海牛Ⅱ号"钻机系统取得的岩芯样品

水下管汇、水下井口等设施提供了精确的原位岩土力学参数，为我国自主开发深水大气田做出了重要贡献。

8.3.3 海洋科学钻探

8.3.3.1 PROD 钻机

2010 年，PROD 钻机在作业水深为 316.6 m 的东海西部朝鲜大陆边缘的 DH-2 测点获得了 27.2 m 长的岩芯，研究人员也得以首次研究了东海西部朝鲜大陆边缘深层沉积序列的地球声学特征。2013 年，PROD 钻机系统被部署在两个涉及不同地质条件的深海区域进行现场调查作业，在里海、阿塞拜疆近海、帝汶海、澳大利亚西北部近海的 90~600 m 的水深范围内进行了现场测量，同时将地震锥系统成功部署到海底以下 76 m 的深度。

对海平面升降和全球气候变化机制的理解，长期受限于缺乏过去 50 万年间适宜的珊瑚化石记录。国际海洋探索计划第 389 号探险队，通过钻探位于夏威夷的一系列独特的淹没珊瑚礁来解决此问题，这些珊瑚礁位于海平面以下 110~1300 m，共在 16 个地点钻取了 35 个孔。样品包括保存完好的珊瑚藻和微生物礁框架，以及夹层和基底火山岩的混合物，涵盖了全球冰盖和海平面不稳定的多个关键时期。通过对采集的岩芯样品进行计算机断层扫描和高光谱扫描分析，结合整体岩性、主要和次要成分以及沉积边界显示，夏威夷周围化石礁的主要岩性相组成如图 8-21 所示。

图 8-21　夏威夷周围化石礁的主要岩性相

8.3.3.2 BMS 钻机

日本使用 BMS 钻机于 2001 至 2002 年在伊豆诸岛、小笠原诸岛弧的 Suiyo 海山钻取了 10 个浅孔，继而在 2003 年于马里亚纳海槽南部钻取了 4 个浅孔，取芯率差别较大，且钻进深度有限，最深仅 10 m。BMS 钻机和回收的岩芯样品如图 8-22 所示。所获取的样品提供了关于热液改造和矿化的直接证据，并揭示了生物圈中微生物的独特分布模式，有助于科研人员更深入地了解海底生态系统。

图 8-22 BMS 钻机和回收的岩芯样品

此外，作为日本政府对大陆架延伸调查的一部分，日本使用 BMS 钻机于 2006 年 6 月 23 日在紧邻小笠原诸岛的上田山脊，从海底 5815 m 的深度钻探，成功获取 4.4 m 长的岩芯样品。随后，2006 年 6 月 25 日，又从海底 5300 m 处成功获取了长为 2.8 m 的岩芯。

8.3.3.3 "海牛号"海底钻机

2015 年 6 月，"海牛号"海底钻机搭载"海大号"科考船，在我国南海北部海域（18° 18.28' N，115° 4.19' E）成功完成了 1 个站位共 1 个钻孔的海底沉积物钻探取芯任务，如图 8-23 和图 8-24 所示。此次作业水深达到 3109 m，钻孔深度为 57.5 m，总计获取样品 37.2 m。这标志着我国首次利用国产深海钻探取样装备，在水深超过 3000 m 的南海海底开展了孔深超过 20 m 的钻探取样作业。在海底钻探取样调查期间，"海牛号"海底钻机运行稳定、钻探作业安全可靠。此次作业所获得的海底沉积物样品为该海域海底地质沉积历史、海底微生物生命科学、海底沉积及动力环境等研究提供了重要的直接证据，具有重大的科学意义。

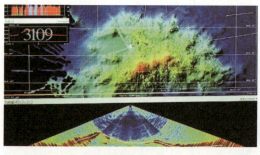

图 8-23　站位水深与海底多波束地形扫描图　　　　图 8-24　"海牛号"钻机下放

　　2018 年 8 月至 9 月，"海牛号"海底钻机在我国南海北部海域的复杂地层中，成功开展了地质钻探取芯作业，所获岩芯样品及其分析测试如图 8-25 所示。该海域沉积物与生物沉积岩交错分布，地层条件极为复杂，包括软泥、非固结流砂及脆硬岩石。针对这一挑战，"海牛号"采用了独创的钻进工艺模式，完成了 7 个站位共 7 个钻孔任务，平均取芯率高达 83.31%，单孔作业时间仅需 8.5~22 h。在本次作业中，"海牛号"海底钻机克服了传统钻进工艺易发生钻孔偏斜、烧钻、钻进效率低等难题，结合自主创新的钻进工艺，在千米级海深的特殊地层中首次钻获生物沉积岩样品，为古地理环境研究及地质年代判定提供了重要参考依据。同时，本次作业还揭示了沉积物与生物沉积岩交错分布的新型成矿环境，将某海域沉积层编年地质史的记录从两万年提前至三十万年，具有重大的科学价值。

图 8-25　"海牛号"海底钻机所获样品及其分析测试

参考文献

[1] LIU J B, YE M H, ZHU H F, et al. Progress and perspective of seafloor regolith-sampling robots for ocean exploration[J]. Journal of Field Robotics, 2024:1-25.

[2] PETERSEN S, HERZIG P M, KUHN T, et al. Shallow drilling of seafloor hydrothermal systems using the BGS rockdrill:conical seamount (New Ireland Fore-Arc)and PACMANUS (Eastern Manus Basin), Papua New Guinea[J]. Marine Georesources & Geotechnology, 2005, 23(3):175-193.

[3] SPENCER A G, REMMES B, ROWSON I. A fully integrated solution for the geotechnical drilling and sampling of seafloor massive sulfide deposits[C]//Offshore Technology Conference, 2011.

[4] SPAGNOLI G, FREUDENTHAL T, STRASSER M, et al. Development and possible applications of Mebo200 for geotechnical investigations for the underwater mining[C]//Offshore Technology Conference, 2014.

[5] FREUDENTHAL T, WEFER G. Scientific drilling with the sea floor drill rig MeBo[J]. Scientific Drilling, 2007, 5:63-66.

[6] FREUDENTHAL T, WEFER G. Drilling cores on the sea floor with the remote-controlled sea floor drilling rig MeBo[J]. Geoscientific Instrumentation, Methods and Data Systems, 2013, 2(2):329-337.

[7] KOPF A, HAMMERSCHMIDT S, DAVIS E, et al. Simple, affordable and sustainable borehole observatories for complex monitoring objectives[J]. Geoscientific Instrumentation, Methods and Data Systems, 2015, 4(1):99-109.

[8] ISHIBASHI J I, MARUMO K, MARUYAMA A, et al. Direct access to the sub-vent biosphere by shallow drilling[J].Oceanography, 2007, 20(1):24-25.

[9] PHEASANT I, WILSON M, STEWART H A. British geological survey remotely operated sea bed rockdrills and vibrocorers:new advances to meet the needs of the scientific community[C]//Agu Fall Meeting.AGU, 2014.

[10] EDMUNDS J, MACHIN J B, COWIE M. Development of the ROV Drill Mk.2 seabed push sampling, rotary coring and in-situ testing system[C]//Offshore Technology Conference. OTC, 2012.

[11] SPAGNOLI G, FINKENZELLER S, FREUDENTHAL T, et al. First deployment of the underwater drill rig MeBo200 in the North Sea and its applications for the geotechnical

exploration[C]//SPE offshore Europe conference and exhibition. SPE, 2015.

［12］SOYLU S, HAMPTON P, CREES T, et al. Automation of CRD100 seafloor drill[C]// OCEANS 2016 MTS/IEEE Monterey. IEEE, 2016.

［13］MTSUMOTO R, WILSON M. First attempt to drill down hydrate mound and gas chimney by BGS RockDrill 2 [C]//Japan Geoscience Union Meeting, 2014.

［14］黄牧, 石学法, 毕东杰, 等. 深海稀土资源勘察开发研究进展 [J]. 中国有色金属学报, 2021, 31(10):2665-2681.

［15］万步炎, 彭奋飞, 金永平, 等. 深海海底钻机钻探技术现状与发展趋势 [J]. 机械工程学报, 2024, 60(22):385-402.

［16］刘德顺, 金永平, 万步炎, 等. 深海矿产资源岩芯探测取样技术与装备发展历程与趋势 [J]. 中国机械工程, 2014, 25(23):3255-3265.